全国高职高专教育土建类专业教学指导委员会规划推荐教材

机 械 基 础

(供热通风与空调工程技术专业适用)

本教材编审委员会组织编写
胡伯书　主　编
李柏格　副主编
李卫平　主　审

中国建筑工业出版社

图书在版编目（CIP）数据

机械基础/胡伯书主编．—北京：中国建筑工业出版社，2004

全国高职高专教育土建类专业教学指导委员会规划推荐教材．

（供热通风与空调工程技术专业适用）

ISBN 978-7-112-06922-4

Ⅰ．机… Ⅱ．胡… Ⅲ．机械学－高等学校：技术学校－教材 Ⅳ．TH11

中国版本图书馆 CIP 数据核字（2004）第 112323 号

全国高职高专教育土建类专业教学指导委员会规划推荐教材

机 械 基 础

（供热通风与空调工程技术专业适用）

本教材编审委员会组织编写

胡伯书 主 编

李柏格 副主编

李卫平 主 审

*

中国建筑工业出版社出版、发行（北京西郊百万庄）

各地新华书店、建筑书店经销

北京同文印刷有限责任公司印刷

*

开本：787×1092 毫米 1/16 印张：13 1/2 字数：326 千字

2004 年 12 月第一版 2009 年 7 月第四次印刷

定价：22.00 元

ISBN 978-7-112-06922-4

（12876）

版权所有 翻印必究

如有印装质量问题，可寄本社退换

（邮政编码 100037）

本书是全国高职高专教育土建类专业教学指导委员会规划推荐教材。在编写过程中突出了高职教育的特色，注重职业能力的培养，以适应高等职业教育的要求。本书主要内容有：金属材料的性能、金属的晶体结构和结晶过程、二元合金、铁碳合金、钢的热处理、常用金属材料、非金属材料、手工电弧焊、气焊与气割、其他焊接方法、焊接缺陷与检验、公差与配合、常用机构、常用机械传动、轴系零件和螺纹连接等。

本书是高职高专供热通风与空调工程技术专业的教材。可作为高等职业院校和成人教育学院的近机类、非机类专业的机械基础课程教材，也可供有关专业技术人员参考。

* * *

责任编辑：齐庆梅　朱首明
责任设计：孙　梅
责任校对：刘　梅　王金珠

本教材编审委员会名单

主　任：贺俊杰

副主任：刘春泽　张　健

委　员：陈思仿　范柳先　孙景芝　刘　玲　蔡可键
　　　　　蒋志良　贾永康　王青山　余　宁　白　桦
　　　　　杨　婉　吴耀伟　王　丽　马志彪　刘成毅
　　　　　程广振　丁春静　胡伯书　尚久明　于　英
　　　　　崔吉福

序　言

　　全国高职高专教育土建类专业教学指导委员会建筑设备类专业指导分委员会（原名高等学校土建学科教学指导委员会高等职业教育专业委员会水暖电类专业指导小组）是建设部受教育部委托，并由建设部聘任和管理的专家机构。其主要工作任务是，研究建筑设备类高职高专教育的专业发展方向、专业设置和教育教学改革，按照以能力为本位的教学指导思想，围绕职业岗位范围、知识结构、能力结构、业务规格和素质要求，组织制定并及时修订各专业培养目标、专业教育标准和专业培养方案；组织编写主干课程的教学大纲，以指导全国高职高专院校规范建筑设备类专业办学，达到专业基本标准要求；研究建筑设备类高职高专教材建设，组织教材编审工作；制定专业教育评估标准，协调配合专业教育评估工作的开展；组织开展教学研究活动，构建理论与实践紧密结合的教学内容体系，构筑"校企合作、产学研结合"的人才培养模式，为我国建设事业的健康发展提供智力支持。

　　在建设部人事教育司和全国高职高专教育土建类专业教学指导委员会的领导下，2002年以来，全国高职高专教育土建类专业教学指导委员会建筑设备类专业指导分委员会的工作取得了多项成果，编制了建筑设备类高职高专教育指导性专业目录；制定了"供热通风与空调工程技术"、"建筑电气工程技术"、"给水排水工程技术"等专业的教育标准、人才培养方案、主干课程教学大纲、教材编审原则，深入研究了建筑设备类专业人才培养模式。

　　为适应高职高专教育人才培养模式，使毕业生成为具备本专业必需的文化基础、专业理论知识和专业技能、能胜任建筑设备类专业设计、施工、监理、运行及物业设施管理的高等技术应用性人才，全国高职高专教育土建类专业教学指导委员会建筑设备类专业指导分委员会，在总结近几年高职高专教育教学改革与实践经验的基础上，通过开发新课程，整合原有课程，更新课程内容，构建了新的课程体系，并于2004年启动了"供热通风与空调工程技术"、"建筑电气工程技术"、"给水排水工程技术"三个专业主干课程的教材编写工作。

　　这套教材的编写坚持贯彻以全面素质为基础，以能力为本位，以实用为主的指导思想。注意反映国内外最新技术和研究成果，突出高等职业教育的特点，并及时与我国最新技术标准和行业规范相结合，充分体现其先进性、创新性、适用性。它是我国近年来工程技术应用研究和教学工作实践的科学总结，本套教材的使用将会进一步推动建筑设备类专业的建设与发展。

　　"供热通风与空调工程技术"、"建筑电气工程技术"、"给水排水工程技术"三个专业教材的编写工作得到了教育部、建设部相关部门的支持，在全国高职高专教育土建类专业教学指导委员会的领导下，诚聘全国高职高专院校本专业享有盛誉、多年从事"供热通风与空调工程技术"、"建筑电气工程技术"、"给水排水工程技术"专业教学、科研、设计的副教授以上的专家担任主编和主审,同时吸收工程一线具有丰富实践经验的高级工程师及优秀中青年教师参加编写。可以说,该系列教材的出版凝聚了全国各高职高专院校"供热通风与空调工程技术"、"建筑电气工程技术"、"给水排水工程技术"三个专业同行的心血,也是他们多年来教学工作的结晶和精诚协作的体现。

各门教材的主编和主审在教材编写过程中认真负责,工作严谨,值此教材出版之际,全国高职高专教育土建类专业教学指导委员会建筑设备类专业指导分委员会谨向他们致以崇高的敬意。此外,对大力支持这套教材出版的中国建筑工业出版社表示衷心的感谢,向在编写、审稿、出版过程中给予关心和帮助的单位和同仁致以诚挚的谢意。衷心希望"供热通风与空调工程技术"、"建筑电气工程技术"、"给水排水工程技术"这三个专业教材的面世,能够受到各高职高专院校和从事本专业工程技术人员的欢迎,能够对高职高专教学改革以及高职高专教育的发展起到积极的推动作用。

全国高职高专教育土建类专业教学指导委员会
建筑设备类专业指导分委员会
2004年9月

前　言

　　机械基础是高等职业技术学院供热通风与空调工程技术专业开设的一门专业基础课。本书是根据全国高职高专教育土建类专业教学指导委员会建筑设备类专业指导分委员会制定的教学计划以及经过讨论的教学大纲编写的。

　　按照高等职业教育培养应用性技术人才的要求，本书在力求精练的前提下，注重对学生基本技能的训练和综合分析能力的培养。尽量在培养应用性人才上下功夫，突出高职的特色。理论部分以够用为度，着重阐述基本知识、基本理论、基本概念、基本方法和必要的计算外，删除了一些不必要的内容。

　　本书由新疆建设职业技术学院胡伯书任主编，黑龙江建筑职业技术学院李柏格副主编，本书的参编有：平顶山工学院赵海鹏、四川建筑职业技术学院陶勇、刘俊清。本书由沈阳建筑大学职业技术学院李卫平教授主审。本书编写分工如下：绪纶、第一、二、三、四、五章，胡伯书；第六、七、十二章，赵海鹏；第八、九、十、十一章，李柏格；第十三、十四章，陶勇；第十五、十六章，刘俊清。在本书的整理过程中，新疆建设职业技术学院冯翠英高级讲师、郑亚丽副教授给予了大力支持；同时还得到一些同行专家的帮助，在此表示衷心的感谢。

　　由于本课程所涉及的知识面较广且不断发展和更新，加之编写时间比较仓促，书中难免存在不少欠妥之处，敬请广大读者批评指正。

目 录

绪论 ··· 1
第一章 金属的性能 ··· 3
第一节 金属的力学性能 ·· 3
第二节 金属的其他性能 ·· 10
思考题与习题 ·· 12
第二章 金属的晶体结构和结晶过程 ··· 14
第一节 金属的晶体结构 ·· 14
第二节 金属的结晶 ·· 17
第三节 金属的同素异晶转变 ·· 21
思考题与习题 ·· 22
第三章 二元合金 ··· 23
第一节 基本概念 ··· 23
第二节 固态合金的基本结构 ·· 24
第三节 二元合金状态图 ·· 25
思考题与习题 ·· 29
第四章 铁碳合金 ··· 30
第一节 铁碳合金的基本组织 ·· 30
第二节 铁碳状态图 ·· 32
思考题与习题 ·· 41
第五章 钢的热处理 ··· 42
第一节 概述 ·· 42
第二节 钢在加热时的组织转变 ·· 43
第三节 钢在冷却时的组织转变 ·· 46
第四节 钢的退火与正火 ·· 49
第五节 钢的淬火 ··· 51
第六节 钢的回火 ··· 56
第七节 钢的淬透性概念 ·· 57
第八节 钢的表面热处理 ·· 58
思考题与习题 ·· 61
第六章 常用金属材料 ·· 63
第一节 碳素钢 ·· 63
第二节 合金钢 ·· 68
第三节 铸铁与铸钢 ·· 74

第四节　有色金属及其合金 …………………………………………… 77
　　思考题与习题 ……………………………………………………………… 81
第七章　非金属材料 …………………………………………………………… 82
　　第一节　工程塑料 ………………………………………………………… 82
　　第二节　橡胶 ……………………………………………………………… 86
　　第三节　复合材料 ………………………………………………………… 88
　　第四节　陶瓷 ……………………………………………………………… 89
　　思考题与习题 ……………………………………………………………… 90
第八章　手工电弧焊 …………………………………………………………… 92
　　第一节　焊接电弧及焊接过程 …………………………………………… 92
　　第二节　手工电弧焊的焊接设备 ………………………………………… 93
　　第三节　电焊条 …………………………………………………………… 94
　　第四节　手工电弧焊焊接工艺 ………………………………………… 100
　　第五节　焊接接头和坡口形式 ………………………………………… 103
　　第六节　常用金属材料的焊接 ………………………………………… 104
　　第七节　焊接应力和变形 ……………………………………………… 107
　　思考题与习题 …………………………………………………………… 110
第九章　气焊与气割 ………………………………………………………… 111
　　第一节　氧—乙炔焰 …………………………………………………… 111
　　第二节　气焊与气割设备 ……………………………………………… 113
　　第三节　气焊与气割工艺 ……………………………………………… 117
　　思考题与习题 …………………………………………………………… 119
第十章　其他焊接方法 ……………………………………………………… 120
　　第一节　埋弧自动焊 …………………………………………………… 120
　　第二节　气体保护焊 …………………………………………………… 121
　　第三节　等离子切割与焊接 …………………………………………… 122
　　第四节　电渣焊 ………………………………………………………… 123
　　第五节　电阻焊 ………………………………………………………… 124
　　第六节　钎焊 …………………………………………………………… 125
　　第七节　电子束焊与激光焊 …………………………………………… 126
　　思考题与习题 …………………………………………………………… 127
第十一章　焊接的缺陷与检验 ……………………………………………… 128
　　第一节　常见焊接缺陷 ………………………………………………… 128
　　第二节　焊接质量的检验 ……………………………………………… 131
　　思考题与习题 …………………………………………………………… 133
第十二章　公差与配合 ……………………………………………………… 134
　　第一节　公差与配合的基本概念 ……………………………………… 134
　　第二节　光滑圆柱体的公差与配合 …………………………………… 138
　　第三节　形状和位置公差 ……………………………………………… 144

第四节　表面粗糙度	145
思考题与习题	146

第十三章　常用机构 … 147
 第一节　平面连杆机构 … 147
 第二节　凸轮机构 … 153
 第三节　间歇运动机构 … 158
 思考题与习题 … 161

第十四章　常用机械传动 … 163
 第一节　带传动 … 163
 第二节　链传动 … 167
 第三节　齿轮传动 … 170
 第四节　蜗杆传动 … 174
 思考题与习题 … 177

第十五章　轴系零件 … 179
 第一节　轴 … 179
 第二节　键连接与销连接 … 182
 第三节　滚动轴承 … 186
 第四节　滑动轴承 … 191
 第五节　联轴器 … 193
 第六节　离合器 … 196
 思考题与习题 … 197

第十六章　螺纹连接 … 199
 第一节　螺纹的类型和用途 … 199
 第二节　螺纹连接与螺纹连接件 … 201
 思考题与习题 … 203

参考文献 … 204

绪　论

人类为了适应社会生产和生活，从利用石器开始，至今创造出各种机械用来减轻人的体力劳动和提高生产能力。数千年来随着生产的发展越来越显示出机械在生产和生活中的重要性。18世纪中叶，随着蒸汽机的发明，将机械工业推向了一个新的起点，使机械的发展产生了一个质的变化，各种机械随之产生。为了满足机械发展的需要，相关产业也得到了飞速发展，并对其提出了新的要求。近20年来，我国的机械工业和其他行业一样从理论研究到实际应用已达到了一个相当高的水平。

机械工业是国民经济的支柱产业。它的发展程度是社会发展水平的标志之一。

一、课程的性质和主要内容

本课程是供热通风与空调工程技术专业的一门专业基础课。其主要内容包括以下六个方面：

（一）金属学的一般知识

主要介绍金属材料的性能；金属的晶体结构结晶过程；二元合金和铁碳合金的基本概念。

（二）金属材料与热处理

主要介绍钢在加热和冷却时的转变；钢的热处理的一般知识；常用金属材料的主要成分、性能与用途和一般选用原则。

（三）焊接与切割

主要介绍焊接与切割的原理；焊接设备、手工电弧焊；焊接的基本工艺和其他焊接方法；焊接的缺陷与检验。

（四）非金属材料

主要介绍塑料、橡胶、陶瓷和复合材料的牌号、性能及用途。

（五）公差与配合

主要介绍尺寸公差与配合；形状与位置公差和表面粗糙度的基本概念、术语等国家标准。

（六）机械传动和机械零件

主要介绍机械的基本概念；常用机械的类型、特点及应用；常用机械零件的原理、特点，一般计算及应用。

二、本课程的主要任务

（一）使学生了解金属材料的力学性能的种类，领会试验方法；理解同素异晶转变的概念；领会合金的基本结构组织；掌握碳对铁碳合金组织及力学性能的影响。为以后各章的学习打下必要的基础。

（二）了解金属材料热处理的基本概念；掌握钢在加热和冷却时的转变规律及不同材料热处理的加热温度范围；能够根据材料及用途不同制定热处理工艺。

（三）使学生了解钢的分类；掌握常用碳素钢、合金钢和铸铁的性能、牌号和用途；领会常用有色金属的牌号及用途；初步掌握选材的一般知识。

（四）了解常用非金属材料的种类、特点、应用及发展概况。

（五）了解焊接电弧的形成、构造，焊接电弧的特性及稳定性的影响因素；领会焊接电弧极性及应用；了解焊接设备的类型、特点及应用；初步掌握手工电弧焊的焊接工艺；领会气焊与气割的工艺方法；了解焊接缺陷种类、产生原因及防止的方法，培养学生的实际操作能力。

（六）了解机械中常用机构运动的特点、原理和应用，培养具有分析和选用常用机构的基本能力。使学生掌握专用零件和通用零件的类型、特点、参数的选择和基本计算方法，主要以通用零、部件为主，培养初步运用手册和规范选择机械零、部件的能力。

三、本课程在供热通风与空调工程技术专业中的地位和作用

机械基础课程在供热通风与空调工程技术专业中占有十分重要的地位。该课程既是一门覆盖面较广的综合性专业基础课，又具有其独立性，独立于其他专业课程直接在工程中应用，同时又为后续专业课的开设打下必要的基础。通过该课程的学习，可解决给排水、供热、制冷、通风与空调、锅炉设备安装工程、施工机械和机具的选择、工具的制作中所遇到的热处理、选材、零部件之间的配合、焊接、机械传动和机械零件等有关机械方面的问题。所以它的作用是其他课程不可替代的，是本专业必须掌握的一门课程，起到承上启下的作用。

四、本课程的学习方法

本课程部分理论内容比较抽象，同时对实践性要求也很高，各章的联系又很紧密，故在学习中既要求注重基础理论的学习，又要注重实际能力的培养。在学习金属学理论时，可以借助晶核模型增强感性认识，提高空间想像能力，建立牢固的基础知识，为后续金属材料与热处理、焊接等章节的学习打下良好的基础。学习焊接理论时，可利用在现场的实践教学对照实物，并动手操作加以领会。机械传动和机械零件的学习可通过对照教具和实物加以分析弄清其构造及原理。

本教材每章后附有习题，做习题时，应在掌握有关基本概念的基础上结合相关的内容加以思考，以加强知识的巩固。

第一章 金属的性能

金属材料具有优良的性能,是制造现代机器的基本材料,因此得到了广泛的应用。供热通风与空调工程、工程机械、电机电器、水泵、通风机、加热设备、制冷设备等都需要大量的金属材料。

金属材料之所以获得如此广泛的应用,是由于它具有良好的性能。金属的性能包括使用性能和工艺性能两个方面。使用性能是指金属材料在使用条件下表现的性能,如力学性能、物理性能(导电性、导热性、磁性等)、化学性能(抗腐性、耐热性等);工艺性能是指金属材料在加工过程中表现出的性能,如铸造性、可锻性、可焊性和切削加工性等。

一般机械在设计和选择材料时是以金属的力学性能的指标作为主要依据。故本章重点介绍金属的力学性能,对物理性能、化学性能和工艺性能只作简单介绍。

第一节 金属的力学性能

金属的力学性能就是指金属材料在外力作用时,所表现出的抵抗能力。衡量金属力学性能的主要指标有:强度、塑性、冲击韧性、疲劳强度、硬度、蠕变和松弛等。

一、强度

强度是指材料在载荷外力作用下抵抗产生塑性变形和破坏的能力。按载荷(外力)的类型、强度可分为拉伸、压缩、扭转、弯曲、剪切等几种。各强度间有一定的联系。按载荷的类型不同,金属的强度指标也不同。测定金属拉伸强度最普遍,手册与规范上所标出的强度值,一般都指拉伸强度。

(一)拉伸试验

拉伸强度的测定是在拉伸试验机上进行的。按国家标准将金属材料制成一定形状的拉伸试样,如图 1-1 所示。

d_0:试样直径(mm);

L_0:标距长度(mm);

L:试样长度(mm);

$L = 14\ d_0$(或 $9\ d_0$)。

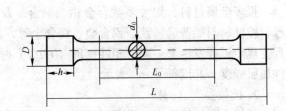

图 1-1 钢的标准拉伸试样

其中 $L_0 = 10\ d_0$ 为长试样;$L_0 = 5d_0$ 为短试样。试验时,将标准试件夹在拉伸试验机的两个卡头上,逐渐加拉力直到试样被拉断为止,其拉力的大小可从拉伸试验机的刻度盘上读出。

(二)拉伸曲线

以试件的伸长为横坐标,载荷(拉力)为纵坐标,便绘成一条用来表示试件所受载荷(拉力)与其伸长关系之间的曲线,此曲线称为拉伸曲线。如图 1-2 所示。

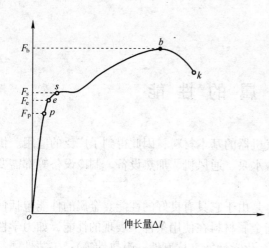

图1-2 退火低碳钢拉伸图

1. 由图中可知，当载荷由零逐渐增大到 F_e，拉伸曲线是一条直线，此时试样伸长和载荷成正比例关系，当载荷 F_e 去除后，试样可恢复到原来的形状和尺寸，此阶段为弹性变形阶段。

2. 当载荷大于 F_e 时，卸载后试样只能部分恢复而保留一部分残余变形。当载荷增加到 F_s 时，图1-2中出现水平阶段，即表示载荷不增加时，变形继续增加，这种现象称为屈服。s 点叫做屈服点。

3. 屈服现象以后，当载荷再增加时，变形也逐渐增大，载荷增大到 F_b 时，试样某一部分便开始急剧缩小，从而出现"颈缩"，此时截面变小，载荷逐渐降低，当到 k 点时，试样在"颈缩"处被拉断，故 F_b 为试验的最大载荷。

根据拉伸图，可以求出金属的拉伸强度指标值。强度指标通常以"应力"表示。所谓应力，就是指金属材料受到载荷作用时，在材料内部产生其大小与外力相等的抵抗力（或称内力），单位横断面积上的内力称为应力，用符号 σ 表示。常用的拉伸强度指标有屈服强度和抗拉强度。

（三）强度的计算

1. 屈服强度（σ_s）

材料产生屈服现象时的应力，称屈服强度，又称屈服极限，用符号 σ_s 表示。

$$\sigma_s = \frac{F_s}{A_0} \quad N/mm^2$$

式中　F_s——试样产生屈服现象时的拉伸载荷（N）；

A_0——试样拉伸前的横截面积（mm^2）。

很多金属材料，如大多数合金钢、铜合金及铝合金的拉伸曲线，没有明显的水平阶段，脆性材料如普通铸铁、钨合金、镁合金等，甚至断裂之前也不发生塑性变形，因此工程上规定试样发生某一微量塑性变形（0.2%）时的应力作为该材料的屈服强度，称为条件屈服强度，并以符号 $\sigma_{0.2}$ 表示。

2. 抗拉强度（σ_b）

材料由开始加载到最后断裂时止，所能承受的最大应力，称为抗拉强度，又称强度极限，用符号 σ_b 表示。

$$\sigma_b = \frac{F_b}{A_0} \quad N/mm^2$$

式中　F_b——试样在断裂前的最大应力（N）；

A_0——试样拉伸前的横截面积（mm^2）。

σ_s 和 σ_b 是零件强度设计的重要依据。某些零件不能在承受超过 σ_s 的载荷下工作，因为这会引起零件的塑性变形，如压缩机的缸盖螺栓等，以 σ_s 计算；某些零件也不能在受

超过 σ_b 的载荷下工作,因为这样会导致零件的断裂,如钢丝绳等,以 σ_b 来计算。

在工程上希望金属材料不仅具有高的 σ_s,并具有一定的屈强比 $\left(\dfrac{\sigma_s}{\sigma_b}\right)$。该值愈小,零件的可靠性愈高,如万一超载,也能由于塑性变形使金属的强度提高,而不致立刻断裂。如该比值太低,则材料强度的有效利用率太低。因此一般希望屈强比高一些。对不同的零件有不同的要求,材料不同,屈强比不同。如碳素结构钢的屈强比为 0.6 左右,普通低合金钢一般为 0.65～0.75,合金结构钢一般为 0.85 左右。

二、塑性

塑性是指材料在载荷(外力)作用下,抵抗产生塑性变形而不破坏的能力。常用的塑性指标有延伸率和断面收缩率。

(一) 延伸率（δ）

它是指试样拉断后,标距长度的伸长量与原来标距长度比值的百分率。

$$\delta = \dfrac{L_1 - L_0}{L_0} \times 100\%$$

式中　L_0——试样原来标距长度（mm）;

　　　L_1——试样拉断后的标距长度（mm）。

由于对同一材料用不同长度的试样所测得延伸率（δ）的数值是不同的,不能直接进行比较。短试样（$L_0 = 5\,d_0$）的延伸率大于长试样（$L_0 = 10d_0$）的延伸率,因此,对不同尺寸的试样应标以不同的符号,长试样用符号 δ_{10} 表示,通常写成 δ;短试样用符号 δ_5 表示。

(二) 断面收缩率（ψ）

它是指试样被拉断后,横截面积的收缩量与试样原来横截面积比值的百分率。

$$\psi = \dfrac{A_0 - A_1}{A_0} \times 100\%$$

式中　A_0——试样原始横截面积（mm^2）;

　　　A_1——试样断口处的横截面积（mm^2）。

δ 和 ψ 代表金属材料拉断前发生塑性变形的最大能力,一般来说塑料性材料的 δ 和 ψ 较大,而脆性材料的 δ 和 ψ 较小。由于 δ 的大小是随试样的尺寸而变化的,因此,它不能充分地代表材料的塑性。而断面收缩率与试样尺寸无关,它能较可靠地代表金属材料的塑性。

材料的塑性指标在工程技术中具有重要的实际意义。在冷冲、冷拔时,变形量较大。如材料的塑性不好,将会产生开裂和拉断。从零件工作时的可靠性来看,也需要较好的塑性。设备使用时,万一过载,也能由于塑性变形使材料强度提高而可避免突然断裂,故在静载荷下使用的零件都需具有一定的塑性。一般 δ 达 5% 或 ψ 达 10% 就能满足绝大多数零件的要求。

三、冲击韧性

冲击韧性是指材料在冲击载荷使用下抵抗断裂的一种能力,用符号 α_K 表示。

冲击韧性值是在专门的冲击试验机上用一次摆锤冲击试验来测定材料抵抗冲击载荷的

能力。把要试验的材料，作成标准试样，如图1-3所示。但在某些工业部门，开始采用夏氏V形缺口试样，如图1-4所示。

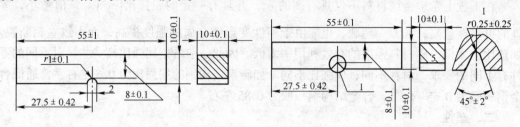

图1-3　冲击试验的标准试样　　　　　图1-4　夏氏V形缺口冲击试样

试验时，试样安放在摆式冲击试验机上的支座上，试样缺口方向应背向摆锤的冲击方向。然后将试验机上的摆锤举至一定的高度H，然后摆锤自由下落，冲击试样。测定原理，如图1-5所示。冲击试样所消耗的功 A_K，直接由试验机的指针指示盘直接读出。用 A_K 除以试样缺口处的横截面积 F 可计算出冲击韧性值 α_K。

$$\alpha_K = \frac{A_K}{F} = \frac{G(H-h)}{F} \quad J/cm^2$$

式中　A_K——冲击试样所消耗的功（J）；
　　　G——摆锤重量（N）；
　　　F——试样缺口处的横截面积（cm²）；
　　　H——摆锤举起的高度（m）；
　　　h——冲断试样后，摆锤回升的高度（m）。

冲击韧性值越大，表明材料的韧性越好。由于 α_K 值的大小与材料本身有关，同时和试样尺寸、形状及试验温度也有关。因而 α_K 值只是一个相对的指标。目前国际上直接采用冲击试样所消耗的功 A_K 作为冲击韧性指标。

金属材料在实际使用时，绝大多数是在小能量多次冲击后才破坏的。研究表明，在小能量的情况下，金属承受小能量多次重复冲击的抗力主要取决于材料的强度。因此对于小能量多次冲击下工作的零件，不必要求过高的冲击值。

四、硬度

硬度就是指材料抵抗比它更硬物体压入的能力。也可以认为硬度是指材料表面上局部体积内抵抗塑性变形和破坏的能力。

金属材料的硬度，对于零件的质量影响很大，某些零件要求表面耐磨而内

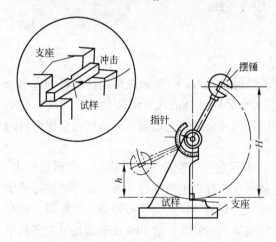

图1-5　摆式冲击试验机

部要求较软，特别是对于模具、刃具、量具等更应具有足够的硬度，硬度值越大，则其耐磨性就越高，同时，硬度和强度之间存在着一定的近似关系。所以硬度是检验模具、刃

具、量具和零件的一项重要指标。在生产中主要对成品和半成品进行硬度测定。

金属材料的硬度是通过专门的硬度试验机进行测定的，它不需专用的试样，可以在工件被测部位直接测定，且又不破坏工件。

测量硬度的方法很多，常用的试验方法有：布氏硬度、洛氏硬度和维氏硬度。

（一）布氏硬度

布氏硬度的测定原理如图 1-6 所示。它是用一个直径 D 为 10mm（或 5mm、2.5mm）的淬火钢球或硬质合金球作为压头，在一定的压力 P 的作用下，压入被测金属表面，并保持一定时间，然后卸去载荷，金属表面形成一个压痕，根据所加压力 P 的大小和压痕直径 d 的大小来求布氏硬度值。当压头为淬火钢球时，符号为 HBS；压头用硬质金球时，符号为 HBW。

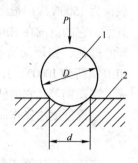

图 1-6 布氏硬度原理示意图
1—钢球；2—试件

由图 1-6 所示可计算出

$$布氏硬度值 = 0.102 \times \frac{2P}{\pi D\left(D - \sqrt{D^2 - d^2}\right)}$$

上式中，P 和 D 是试验时选定的。

布氏硬度值的确定，也可通过用刻度放大镜测量试件压痕的直径 d，然后从有关手册中直接查表即可求得，减少了计算上的麻烦。布氏硬度与抗拉强度 σ_b 之间存在一定的近似关系，例如：

低碳钢　　$\sigma_b \approx 3.6\text{HBS}$　　　　高碳钢　$\sigma_b \approx 3.4\text{HBS}$

调质合金钢　$\sigma_b \approx 3.25\text{HBS}$

灰口铸铁　$\sigma_b \approx \dfrac{5(\text{HBS} - 40)}{3}$

布氏硬度压痕面积较大，故测定的硬度值较准确。主要用于 HBS 小于 450 的金属材料，如退火、正火、调质及灰口铸铁等零件的硬度，不能检验薄片材料或成品。

（二）洛氏硬度

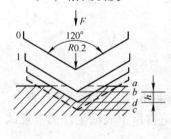

图 1-7 洛氏硬度测定原理图

洛氏硬度的测定原理如图 1-7 所示。它是用一个顶角为 120°的金钢石圆锥体或直径 1.588mm（1/16 英寸）的淬火钢球作为压头，在一定的压力 F 的作用下，压入试样表面，根据压坑深度来确定洛氏硬度值。规定 0.002mm 为一个硬度值。图中 0 处为 120°金钢石压头没有和试样表面接触时的位置，1 处为加入初载使压头和试样表面 a 接触，并压入试样深度 b 处，b 处为衡量压入深度的起点；再加主载荷使压头压入 c 处，保留一定时间将主载荷卸去。由于试样弹性变形的恢复，压头向上回升到 d 处。此时，压头受主载荷作用实际压入材料表面的塑性变形深度为 h，可用 h 值的大小来衡量材料的软硬程度。金属愈硬，h 愈小；反之，金属愈软，h 愈大。作为测量硬度的 h 值从洛氏硬度试机上的计表盘上可直接读出，它没有单位，直接用数字表示。

为了能够用一种试验机测定从软到硬的材料，根据所用压头和载荷的不同，组成了三种不同的洛氏硬度标度,有一种标度分别用 A、B、C 在洛氏硬度符号 HR 后注明。HRC 载荷为 1500N 应用最多,压头为 120°的金钢锥适用于经淬火处理的钢制零件、调质钢或工具钢,它的范围在 HRC20 ~ 67 之间。HRA 载荷为 600N,压头为 120°的金钢锥,适用于更硬的材料,如硬质合金,淬硬层或渗碳层,它的硬度值有效范围在 HRA60 ~ 85 之间。HRB 载荷为 1000N,压头为 1.588mm 钢球,适用于较软的材料,如有色金属及退火、正火、调质钢等,它的硬度值有效范围在 HRB25 ~ 100 之间。

洛氏硬度法操作简单迅速、简便、压痕小,可测成品及薄层材料,可测最硬的金属与合金。

洛氏硬度计算式为:
$$HRC = 100 - \frac{h}{0.002}$$

式中 100——常数;

h——主载荷所引起的塑性变形深度(mm);

0.002——人为规定,0.002mm 压痕深度为 1 洛氏单位,刻度盘上的一度(mm)。

布氏硬度和洛氏硬度虽然是两种不同硬度的表示法,但在数值上仍存在着一定的关系。当 HB = 220 ~ 250,洛氏硬度与布氏硬度值的关系为:$HRC = \frac{1}{10}HB$

(三)维氏硬度

为了更准确测量金属零件的表面硬度或测量硬度很高的材料需要采用维氏硬度,用符号 HV 表示。

维氏强度的测定原理如图 1-8 所示。它是用一个顶角为 136°的金钢石正棱角锥体作为压头,在一定压力 F 的作用下,将压头压入试样表面,此时试样表面压出一个 $a \times a$ 四方锥形的压痕,测量压痕对角线 d,求出平均值,用以计算压痕的表面积 A,以 F/A 的数值表示维氏硬度值,即:

$$HV = \frac{F}{A} = 1.8544 \frac{F}{d^2}$$

式中 d——压痕对角线平均值(mm);

F——外载荷(N);

A——压痕面积(mm^2)。

$$A = \frac{d^2}{2\sin\frac{136°}{2}} = \frac{d^2}{1.8544}$$

但是,由于维氏硬度值需测对角线长度,然后计算或查表,所以生产率不如洛氏硬度高,故不适宜用于成批生产的常规试验。

维氏硬度试验适用于测定金属镀层,薄片金属,化学热处理后的表面硬度,精密工业和材料科学研究中。

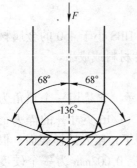
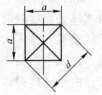

图 1-8 维氏硬度测定原理及压痕示意图

五、疲劳强度

疲劳强度就是金属材料在无数次交变载荷作用下而不致引起断裂的最大应力。当交变应力对称时用符号 σ_{-1} 表示。通常用疲劳曲线来描述,如图 1-9 所示。

实际上各种金属材料不可能进行无数次的重复试验,故应有一定的应力循环基数。实践证明,对钢铁材料来讲,如果应力循环次数 N 达到 10^7 次仍不断裂,就可以认为该材料能经受无限次应力循环而不会断裂,所以钢以 10^7 为基数,同理有色金属和某些超高强度钢常取 10^8 为基数。

金属材料的疲劳强度与抗拉强度之间存在着近似比例关系:

碳素钢 $\sigma_{-1} \approx (0.4 \sim 0.55) \sigma_b$;
灰口铸钢 $\sigma_{-1} \approx 0.4 \sigma_b$;
有色金属 $\sigma_{-1} \approx (0.3 \sim 0.4) \sigma_b$。

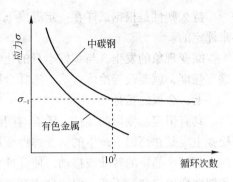

图 1-9 材料的疲劳曲线

很多零件虽然在工作时受到的应力在屈服点以内,但经过长时间的工作也会断裂。例如:金属的疲劳会危害飞机,也威胁着舰船、桥梁、车辆、压力容器、车辆中的车轴等。疲劳的断裂与静载下的断裂不同,发生疲劳断裂时不产生明显的塑性变形,断裂是突然发生的,具有很大的危险性。据统计,约有 80% 的机械零件失效原因归咎于"金属的疲劳"。

研究金属疲劳的问题已经得到很大的重视,但是人们对于金属的疲劳本质的许多问题还没有弄清楚,因此疲劳破坏事故还不断出现。金属的疲劳强度与很多因素有关,如合金的成分,表面质量,组织结构,本身的质量,零件的表面形状,结构形状及承受载荷的性质等。减小零件表面粗糙度值,避免断面形状的急剧变化,对材料表面进行各种强化处理,如表面喷丸、表面淬火、冷挤压等,都能提高零件的疲劳强度。

六、金属的蠕变

金属材料在高温中及一定应力作用下,随着时间的增加而产生缓慢的连续塑性变形的现象,叫做金属的蠕变。蠕变现象主要出现在长期处于高温下工作的锅炉、汽轮机、燃汽机、炼油和化工设备长期受热的部位,如锅炉钢管,由于蠕变会使管径越来越大,管壁越来越薄,最终导致爆裂;又如汽轮机叶片,由于蠕变而使汽轮叶片末端与汽缸之间的间隙逐渐消失最终导致叶片与汽缸壁碰坏等。故对于此类设备的受热零部件,金属的蠕变在设计、使用和维修中要着重考虑。

实践证明,蠕变是在一定温度下产生的,金属材料发生蠕变现象,与所处工作温度有关,对于碳钢多在 400℃ 以上才发生蠕变。材料开始发生蠕变时的温度,决定于材料本身的熔点,熔点高,材料发生蠕变时温度也高;熔点低,材料发生蠕变时的温度也低。如铅、锡等熔点低的金属在一定应力作用时,在室温下也会发生蠕变现象。

发生蠕变现象时间相当长,一般达几百甚至几万小时;应力并不很大,一般低于材料的屈服极限甚至低于弹性极限。

常用的指标有:蠕变极限(蠕变强度),持久极限(持久强度)和持久塑性。

蠕变极限是指试样在一定温度下经过一定时间产生一定伸长率的应力值。如 $\sigma_{0.2}^{700}/1000$ 值表示试样在 700℃ 下经过 1000 小时产生 0.2% 的伸长率的应力值。

持久极限是指试样在一定温度下经过一定时间发生断裂的应力值,如 $\sigma_{10^5}^{500}$ 值表示试样在 500℃ 下经过 10^5 小时发生断裂的应力值。20 钢的 $\sigma_{10^5}^{500} = 40\text{MPa}$。

持久塑性是根据试样在一定温度下，经过一定时间发生断裂后的延伸率和断面收缩率来评定的。

蠕变现象的发生，与零件本身的化学成分、组织结构有很大的关系。因此提高材料的蠕变强度，就要改善冶炼方法，选择合理的热处理，选材上要考虑选择耐热钢。

七、金属的松弛

具有恒定总变形的零件，随着时间的延长而自行减低应力的现象，叫做金属的松弛。松弛主要是在高温下产生的，受弹性变形的金属，在高温条件下由于晶界的扩散过程和晶粒内部更小晶块的转动或移动，使弹性变形逐步转变为塑性变形，这样虽然总变形（弹性和塑性变形之和）不变，但弹性逐渐减小，而拉应力也随之减小。

在实际中，经常采用螺栓连接。如热力管线接头处，用螺栓连接两个法兰盘，旋紧螺母产生一个预紧力，使管线紧密的连成一体，防止泄漏。但在高温下经过一段时间后，螺栓总变形不变，但拉应力自行减小。为了克服松弛的现象，蒸汽管接头螺栓工作一定时间后必须拧紧一次，以免产生漏水或漏气的现象。

第二节　金属的其他性能

金属材料除具有力学性能之外还包括物理性能、化学性能和工艺性能。

一、物理性能

不需要发生化学反应就能表现出来的性能，即金属材料导电、导热、导磁的程度，叫做金属的物理性能。它的主要指标有比重、熔点、导电性、导热性、热膨胀性和磁性等。

（一）比重

物体单位体积的重量叫做比重，即一个物体的重量与同等体积水重量的比值。

在常用金属中，比重最重的是锇，比重为 22.5；比重最轻的是钾，比重为 0.86；钢材的比重为 7.87；纯铜的比重为 8.93；纯铝的比重为 2.7。一般比重在 $5g/cm^3$ 以下的称为轻金属；比重在 $5g/cm^3$ 以上的称为重金属。

同一种金属，温度的高低、成分和杂质的含量都会影响材料的比重。例如灰口铸铁比重 6.6~7.4；低碳钢（含碳 0.1%时）比重 7.85；中碳钢（含碳 0.4%时）比重 7.81。在实际工作中一般利用比重来计算大型零、部件的数量。

（二）熔点

金属和合金从固体状态向液体转变时的熔化温度叫做熔点。金属都有固定的熔点，根据其熔化的难易程度分为：难熔金属（如钨、钼、铬、钒等）和易熔金属（如锡、铅、锌等）。

在主要的纯金属和非金属中，熔点最高的非金属为碳，熔点为 3600℃；熔点最高的纯金属为钨，熔点为 3410℃；熔点最低的非金属为磷，熔点为 44.1℃；熔点最低的纯金属为锡，熔点为 231.9℃。工业上常用的钢熔点 1400~1500℃；生铁 1130~1350℃。

对于摩擦和受热大的零件，选用材料时要考虑材料的熔点。易熔金属可用来进行钎焊，熔点高的金属，可做灯丝、高速钢和硬质合金。

（三）导电性

金属能够导电的性能叫做导电性。导电性的好坏，用电阻系数表示，电阻系数越小，导电性就越好，一般金属都具有良好的导电性。银的导电性最好，可以用100%来表示银的导电率，导电性比较差的铋是银的1%。

制造电机绕组、导线等的材料要具有良好的导电性。

（四）导热性

金属在加热和冷却时能够传导热量的性质，叫做导热性。导电性好的材料导热性也好。

为比较金属的导热性，设导热性最好的材料银的导热率为1，则铜0.9、铝0.5、铁0.15、汞0.02。

利用材料的导热性，来考虑材料的加工工艺，如合金钢的导热性差，进行锻造和热处理时，应该用较低的速度进行加热，以免产生裂纹。制造散热器、热交换器等要选用导热性好的材料。

（五）热膨胀性

金属在温度升高时，产生体积胀大现象称为热膨胀性。通常用线膨胀系数来表示，它的单位是金属在温度升高1℃时其单位长度（mm）所伸长的大小（mm）。

在生产中，某些场合必须考虑热膨胀的影响。如测量工件，温度高时尺寸符合要求，冷却后尺寸就变小了。内燃机气门应具备热膨胀系数小的材料以避免热冷转换过程中气门漏气；又如汽轮机中活塞和气缸间隙不能过小，否则，升温后会造成拉缸事故。

（六）磁性

金属的导磁性能，叫做磁性。

具有导磁性的金属材料能被磁铁吸引，如铁、镍、钴等都具有较高的磁性，也称为磁性金属。但对于某些金属来说，磁性也不是固定不变的，当温度升高时，磁性金属或合金有的会消失磁性，如铁在768℃以上就没有磁性。

在生产中制造永久磁铁、电动机变压器铁芯等要选用硬磁钢等。

二、化学性能

金属材料在室温或高温条件下与其他物质发生化学变化的性能，叫做金属的化学性能。它的主要指标有耐腐蚀性、抗氧化性和化学稳定性等。

（一）耐腐蚀性

金属材料在室温条件下抵抗氧、水蒸气及其他化学介质腐蚀破坏作用的能力，叫做耐腐蚀性。

腐蚀对金属材料的危害很大，腐蚀不仅使金属材料本身受到损失，严重时还会使金属结构遭到破坏以及引起重大伤亡事故。这种现象在供热、空调、制药、化肥、制酸、制碱设备中要引起足够的重视，根据腐蚀介质的不同选择不同抗腐蚀的材料。

（二）抗氧化性

金属材料在加热时抵抗氧气氧化作用的能力，叫做抗氧化性。

金属材料在加热时，氧化作用加速，如钢材在铸造、锻造、热处理、焊接等热加工时，会发生氧化和脱碳，造成材料的损耗和各种缺陷。因此在加热时常在坯件或材料的周围制造一种还原气氛和保护气氛，以免金属材料的氧化。

（三）化学稳定性

化学稳定性是金属材料的耐腐蚀性和抗氧化性的总称。金属材料在高温下的化学稳定性叫做热稳定性。如工业用的锅炉、加热设备、汽轮机、蒸气泵等设备中的许多零部件都是在高温下工作的，对制造这些设备零部件的材料要求具有良好的热稳定性。

三、工艺性能

所谓工艺性能是金属材料在冷、热加工中表现出来的性能。它是物理、化学、机械性能的综合。金属工艺性能的主要指标有切削加工性、铸造性、可锻性和可焊性。

（一）金属的切削加工性

金属材料在用切削方法加工时所反映出来的难易程度，称为金属的切削加工性。

切削加工性好的金属材料，在加工时，切削刀具的磨量小，进刀量大加工的表面质量也比较好。在现代机械制造中，绝大多数零件都要进行切削加工。因此，切削加工在机械设备制造过程中占有重要的地位。

（二）金属的铸造性能

金属材料能否用铸造的方法制成优良铸件的性能，称为铸造性能。

铸造性包括流动性、收缩性和偏析倾向等。凡流动性好、收缩性小和偏析倾向小的金属材料，则铸造性良好。常用的钢铁材料中，铸铁具有优良的铸造成性，而钢的铸造成性低于铸铁。

（三）金属的可锻性能

金属材料在热压力加工过程中所反映出的加工易难程度，称为可锻性能。

可锻性与材料的变形抗力和塑性有关。变形抗力愈小，塑性愈高，则可锻性愈好。一般来说，含碳量低的钢比含碳量高的钢具有较好的可锻性。而铸铁不可锻造。

（四）金属的可焊性

金属材料在采用一定焊接工艺方法、焊接材料、工艺参数及结构型式条件下，获得优质焊接接头的难易程度，称为可焊性。

焊接性是产品设计、施工准备及正确拟定焊接工艺的重要依据。一般情况下，钢材的焊接性用抗裂性来评定。

可焊性好的金属材料能获得没有裂纹、气孔等缺陷的焊缝，易于用一般的焊接工艺。可焊性较差或可焊性不好的金属材料，则必须采用特定的工艺进行焊接。

对于以上工艺性能的四项指标来看，任何一种金属材料都不可能同时满足所有的指标，故在设计、选材等具体问题上要有侧重。如对于做构件的材料主要保证可焊性；对机械零件，要锻造的在保证切削性前提下同时要保证可锻性；对于铸造毛坯的机械零件，尤其结构复杂的构件在保证切削性的前提下要保证铸造性；对于以切削加工为主的零件一般均要保证切削性。

思 考 题 与 习 题

1. 什么是金属的力学性能？各包括哪几项主要指标？各自的定义和符号是什么？
2. 什么是金属的物理性能、化学性能和工艺性能？各包括哪几项指标？各自的定义是什么？
3. 有一低碳钢短试样，原直径 10mm，屈服时拉力为 21000N，断裂前最大拉力为 30000N，拉断后将试样接起来量得标距长度为 133mm，断裂处最小直径为 6mm，问该试样的 σ_s、σ_b、δ 和 ψ 各为多少？
4. 机械零件设计时主要用哪两种强度指标？为什么？
5. 屈服强度 σ_s 与条件屈服强度 $\sigma_{0.2}$ 有什么不同？

6. 常用的硬度试验方法有哪三种？各应用范围如何？布氏硬度与抗拉强度有什么相互关系？
7. 下列几种零件应采取何种硬度试验法来测定硬度？
(1) 压缩机连杆；
(2) 齿轮表面渗碳层；
(3) 板牙。
8. 疲劳破坏是怎样形成的？疲劳强度和抗拉强度之间有什么关系？如何提高零件的疲劳强度？
9. 金属的蠕变主要发生在什么场合和设备中？在选材时怎样考虑？

第二章 金属的晶体结构和结晶过程

凡具有导电、导热和可锻性的元素称为金属元素。以金属元素为主而构成的物质为金属。化学成分不同的金属具有不同的性能,例如化学元素不同的纯铁和纯铝组织结构不同,其性能也不同,纯铁的强度和硬度比纯铝高的多,但导热和导电性却比纯铝差的多;生产工艺不同或在不同的状态下,它们的性能也差别很大,如一块共析钢不经任何处理,硬度为 HRC20,另一块共析钢进行热处理,组织结构发生了变化,硬度可达 HRC60 以上。由此可见,金属内部组织结构不同,则表现出的力学性能不同。

第一节 金属的晶体结构

一、晶体与非晶体

自然界中的一切物质都是由原子构成的。根据原子在其内部排列的方式不同,可以将固态物质分为晶体与非晶体两大类。所谓晶体就是指其内部的原子(质点)在空间有规则的排列,具有一定的熔点并具有各向异性的特征。例如:金钢石、石墨和所有的金属在固态下都是晶体。所谓非晶体就是指其内部的原子在空间无规则的排列,也有一定的熔点。例如玻璃、松香、沥青在固态下都是非晶体。晶体中原子排列的情况如图 2-1 (a) 所示。

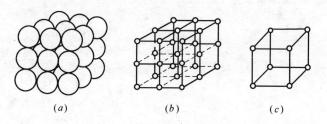

图 2-1 晶格和晶胞
(a) 晶体中的原子排列;(b) 晶格;(c) 晶胞

二、金属晶体结构的基本知识

为了便于研究金属的结构,假定,以金属为原子是静止的;金属原子外形视为一个小球,晶体由这些小球按一定的规律在空间紧紧地排列而成。把这些小球用线条连接起来,得到了一个空间格架,这种用线条连接起来的空间格架称为晶格,如图 2-1 (b) 所示。晶格的最小几何组成单元称为晶胞,如图 2-1 (c) 所示。晶胞中各棱边的长度称为晶格常数,单位用 Å 来表示 ($1\text{Å} = 10^{-8}\text{cm}$)。晶胞是晶格中的一个具有代表性的结构单元,所以研究金属晶体结构只需研究晶胞的特征。由于原子的排列方式不同,便组成不同的晶格类型,晶格的类型有很多种,常见的有以下三种:

(一)体心立方晶格

体心立方晶格的晶胞如图 2-2 所示，它的晶胞形状是一个立方体，三个边长相等并且互相垂直。晶格常数 $a=b=c$，晶胞间的夹角 $\alpha=\beta=\gamma=90°$，原子分布在立方体的八个角上，由于晶体是由许多晶胞堆积而成，因此，体心立方晶胞八个角上的原子同属于与其相邻的八个晶胞共有，每个晶胞实际上只占有 1/8 个原子。在立方体的中心还有一个该晶胞独有的原子，所以原子数为 $\frac{1}{8}×8+1=2$（个）。

体心立方晶格的致密度约为 0.68（致密度是晶胞中原子所占的体积与晶胞体积之比）。室温时 α-Fe 的晶格常数为 2.866Å，原子半径为 1.23Å，约有二十多种金属具有体心立方晶格。纯铁在 910℃ 以下就是体心立方晶格，称为 α 铁。具有这种晶格的金属有：铁（α-Fe）、钨（W）、钼（Mo）、钒（V）、铬（Cr）等。这类金属一般都具有较好的强度和塑性。

（二）面心立方晶格

面心立方晶格的晶胞如图 2-3 所示，和体心立方晶格一样，它的晶胞形状是一个立方体，三个边长相等并互为垂直，晶格 $a=b=c$，晶胞间夹角 $\alpha=\beta=\gamma=90°$，原子分布在立方体的八个角上，其晶胞八个角上的每个原子为八个相邻晶胞共有，在立方体六个面中心也各有一个原子，则只属于相邻两个晶胞共有。原子数为 $\frac{1}{8}×8+\frac{1}{2}×6=4$（个），面心立方晶格的致密度约为 0.74。910℃ 时的 γ-Fe 的晶格常数为 3.64Å，原子半径为 1.228Å。约有二十多种金属具有面心晶格。纯铁在 910～1390℃ 之间，具有面心立方晶格，称为 γ 铁。具有这种晶格的金属有铝（Al）、铜（Cu）、镍（Ni）、铁（γ-Fe）等。这类金属的塑性都较好。

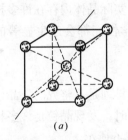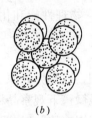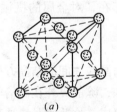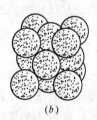

图 2-2　体心立方晶格　　　　　　　图 2-3　面心立方晶格

（三）密排六方晶格

密排六方晶格的晶胞如图 2-4 所示，它的晶胞形状是一个正六角柱体，在六角柱体的十二个角上各有一个原子，每个原子为相邻的六个晶胞所共有，上底和下底各有一个原子，为相邻两个晶胞所共有，在六柱体的中心还有三个原子，为该晶胞所独有，原子数为 $\frac{1}{6}×12+\frac{1}{2}×2+3=6$（个），密排六方晶格的致密度约为 0.74，约有三十余种金属具有密排六方晶格。具有这种晶格类型的金属有：镁（Mg）、锌（Zn）、铍（Be）、钛（α-Ti）等。

三、实际金属的晶体结构

（一）单晶体与多晶体

如果一块晶体，内部的晶格具有完全一致的结晶方位，该块晶体称为单晶体，如图 2-

5（a）所示。金属的单晶体在自然界里几乎是不存在的。由于结晶位向一致，原子排列整齐，各个方向原子密度不同，因此各方向的物理性能、化学性能和力学性能也不同，故单晶体具有"有向性"或"各向异性"。但是，用人工的方法可以制造出金属的单晶体。常见的金属都是由许多形状不规则的、各自结晶方位不同的小晶体组成在一起的，称为多晶体。这些小晶体称为"晶粒"，晶粒与晶粒相接触的界面称为"晶界"。

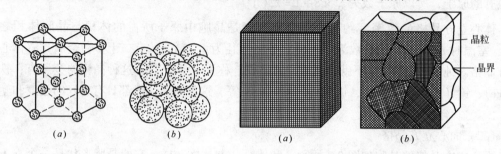

图 2-4 密排六方晶格

图 2-5 单晶体和多晶体
(a) 单晶体；(b) 多晶体

对于纯金属，各个小晶体的晶格结构形式都是相同的，但各晶粒的结晶方位则是不同的，如图 2-5（b）所示。这就使得各晶粒的有向性互相抵消，因而整个多晶体呈现出"无向性"或者"各向同性。"

（二）实际金属的晶体缺陷

前面讨论金属结构时，假定原子排列得极为规则，但这是一种完全理想化的晶体结构，而实际金属晶体中，金属不但大多数是多晶体，并且，在晶体内部由于种种原因，某些局部区域原子的排列往往受到干扰和破坏，不是理想的排列。实际晶体内存在许多扭曲和缺陷。晶体缺陷的存在，对金属的机械性能、物理性能和化学性能都会产生显著的影响。

1. 面缺陷

由于多晶体晶粒与晶粒之间的结晶方位不同，在晶界处原子排列是不整齐的，晶格歪扭畸变并常有杂质存在，除晶界外在高倍电子显微镜下观察晶粒时，发现晶粒是许多相位差小于一度的小晶块组成。这些小晶块被称为"嵌镶块"，如图 2-6 所示。

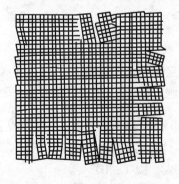

图 2-6 嵌镶块结构示意图

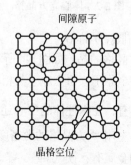

图 2-7 晶格空位和间隙原子示意图

两个相邻的嵌镶块的交界地带，称为嵌镶边界。这里的原子排列，也有一定的歪曲畸变。因此,也是一种面缺陷。面缺陷对金属的强度有着重要的影响,晶界越多,强度越高。

2. 空位和间隙原子(点缺陷)

金属中每个原子并不都处在结点上,有些位置是空着的,这些空着的位置被称为晶格空位。有的原子挤在其他原子的间隙中,这种不占有正常晶格位置,而处在晶格空隙中的原子称为间隙原子,如图2-7所示。

在晶格空位和间隙原子的附近,由于原子间的作用力的平衡被破坏,使其周围的其他原子发生靠拢或分开的现象。因此发生晶格畸变,其结果使金属的屈服强度提高,塑性降低。应该说明的是,晶体中的间隙原子和空位并不是固定不动和一成不变的,它们时时刻刻处于变化之中。当空位周围的原子由于热振动而获得足够的能量时,就可能进入这个空位,而在原来原子的位置上形成了一个新的空位,空位发生了位移运动。间隙原子也可以由原来的位置跳到另一个间隙位置。空位和间隙原子的运动,是金属中原子扩散的主要方式之一。热处理的相变过程和化学热处理,都是依赖于原子的扩散。

3. 线缺陷

线缺陷是指在晶体中呈线状分布的缺陷。它的具体形式是各种类型的位错,其中比较简单的一种是"刃型位错",如图2-8所示。在一个完整晶体的某一晶面(图中 ABCD 晶面)以上,在图中 E 处多出一个半原子面(EFGH),这个多余的半原子面呈刀刃一样沿 EF 插入,使位于 ABCD 晶面的上下两部分产生了错位形象,因而称刃型位错,EF 线称位错线。ABCD 晶面上方位错线附近的原子将受到两侧的压力,而晶面下方位错线附近的原子将受到两侧的拉力。实际金属晶体内存在大量的位错,一般在每平方厘米有 10^8 个位错,冷加工后每平方厘米 10^{12} 个。由于位错密度增加,使金属的强度大大提高。我们研究晶体缺陷的实际意义就是利用微观缺陷来提高金属的硬度。

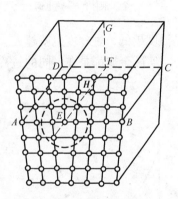

图 2-8 刃型位错示意图

第二节 金属的结晶

物质由液态冷却为固态过程称为凝固。如果凝固的固态物质是原子(或分子)作有规则排列的状态,这种由液态金属转变为固态金属的过程称为金属的结晶。

在实际生产中,无论铸造还是焊接等热加工都与金属的结晶过程有关。如焊接,首先将焊件和焊条熔化,然后使其形成焊缝至冷却、凝结,其一系列过程为结晶。为了保证焊件的质量和其他热加工的质量,了解其结晶过程十分重要。

一、纯金属的冷却曲线及过程

金属的结晶过程可以通过热分析法进行研究,利用如图2-9所示的装置。将纯金属加热熔化成液体,然后慢慢冷却,在冷却过程中,每隔一定的时间测量一次温度并记录下来,直到凝固为止。这样可得到一系列时间与温度相对应的数据,把这些数据描绘在时间——温度坐标上,并画出一条温度与时间的关系曲线。这条曲线称为纯金属冷却曲线,

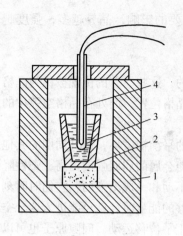

图 2-9　热分析装置示意图
1—电炉；2—坩锅；
3—金属液体；4—热电偶

如图 2-10 所示。

由冷却曲线可见，液态金属随着冷却时间的延长，它所含的热量不断向外散失，温度也不断下降，但当冷却到某一温度时，液态金属开始结晶。由于结晶过程中释放出结晶潜热，补偿了散失在空气中的热量，因而温度不随时间的延长而下降，而是出现了一个水平线段，该水平线段所对应的温度就是纯金属的结晶温度。

金属在无限缓慢冷却的条件下，所测得的结晶温度 T_0，称为理论结晶温度，如图 2-11（a）所示。但在实际生产中，金属由液态转为固态时，冷却速度都相当快，实际上金属的结晶温度 T_1 如图 2-11（b）所示，总是低于理论结晶温度 T_0。这一现象称为过冷现象，而 T_0 与 T_1 的差值称为过冷度，即 $\Delta T = T_0 - T_1$。过冷度 ΔT 大小与冷却速度有关，冷却速度越快，液态金属的实际结晶温度越低，过冷度也就越大。

实际金属都是在不同的过冷情况下进行结晶的，所以过冷是金属结晶的一个必要条件。

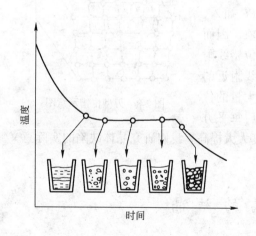

图 2-10　纯金属冷却曲线的绘制过程

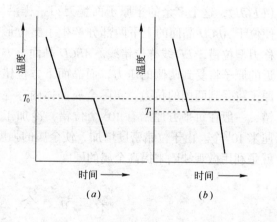

图 2-11　纯金属结晶时的冷却曲线
（a）理论结晶温度；（b）实际结晶温度

二、金属的结晶过程

从金属的冷却曲线可以看出，液态纯铁在冷却到结晶温度时，首先从液态金属中自发的生成一批结晶核心，如图 2-12（a）所示，简称晶核。然后其他一些原子按固有的规律向这些晶核聚集长大，形成许多小晶体。在小晶体长大的同时，新的晶核又继续产生，如图 2-12（b）～（e）所示。在整个结晶过程中，生核和成长不断的进行，直到全部液态金属凝固成固体为止。最后便由许多外形不规则的小晶体（晶粒）所组成，如图 2-11（f）所示。由此可见，固态金属就是由许多小颗粒晶体组成的多晶体。研究液态金属的结晶过程，主要是为了找到控制晶粒大小的手段。以上研究可见，每一个晶体是由生核逐渐形成的，单位体积内形核数越多，则晶体就越多越细。

一般情况下我们希望获得细小的晶体，在实际生产中，为了获得细小的晶粒组织，常用以下四种方法：

（一）增加过冷度

提高液态金属的冷却速度。使液态金属过冷到较低的温度，增强其结晶能力，使生核数目增多，达到结晶后金属晶粒的细化。

（二）进行变质处理

对于大型构件，要用提高冷却速度细化晶粒是很困难的。提高冷却速度来细化铸件晶粒的方法只能用于小件或薄壁件的生产。对于大件或厚度较大的铸件，要获得很大的冷却速度是十分困难的，为了得到细晶粒的铸件，在实际生产中一般采用变质处理。

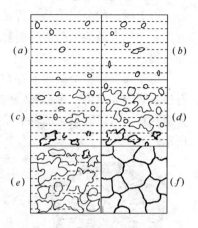

图2-12 金属液结晶过程示意图
(a) 生核；($b \sim e$) 晶核长大和生核；(f) 晶体

变质处理是在浇注前向液态金属中加入被称为变质剂的元素、合金或化合物。如往钢水中加入钛、钴、铝作为脱氮剂，以增加生核数目，降低核的长大速度达到细化晶粒的目的，再如往铁水中加入硅铁、硅钙合金，能使石墨变细。这种方法在生产中得到了广泛的应用。

（三）附加振动

许多实践证实：金属结晶时，采用机械振动、电磁振动和超声波振动等措施，使液态金属在铸锭中运动，使正在生长的晶体破碎而细化，破碎的晶体又起到了晶核的作用，从而达到增核、细化晶粒的目的。

（四）热处理（在第五章专门介绍）

此外采用压力加工等方法，还能进一步细化固态晶粒。

三、晶粒大小对机械性能的影响

实践证明，晶粒的大小对金属的机械性能影响很大。对金属材料来说，其规律如下：

(1) 晶粒越细小，则强度和硬度越高，同时塑性也较好。其影响见表2-1。

晶粒大小对纯铁的强度和塑性的影响　　　　表2-1

晶粒平均直径（μm）	σ_b（N/mm^2）	σ_S（N/mm^2）	σ（%）
70	184	34	30.6
25	216	45	39.5
2.0	268	58	48.8
1.6	270	64	50.7

(2) 在某些情况下，如高温下使用材料，晶粒过大过小都不好，它希望得到晶粒度适中的材料。

(3) 对某些设备的工件则希望获得大的晶粒，如制造电动机和变压器的硅钢片，总希望晶粒越大越好，有时还希望形成单晶体。

以上说明对晶粒大小的要求要从更多方面加以考虑，从机械创造来说要求晶粒细化。第(2)、(3)点主要从导电等方面考虑。

四、金属的铸态组织

以上讨论的金属结晶过程是理想的结晶过程，是在体积小、内部温度均匀的前提下研究的。实际金属的结晶情况要复杂得多。我们以铸锭组织为研究对象，讨论实际金属的结晶过程。

由于铸锭沿整个截面上存在温度梯度，即冷却速度不同，使其结晶条件与小体积结晶有所不同。如果将一个金属铸锭沿纵向及横向剖开并磨光加以浸蚀，一般用肉眼或低倍放大镜观看，可以看出它的晶粒完全不同，可以分为以下三个不同的区域组织，如图2-13所示。

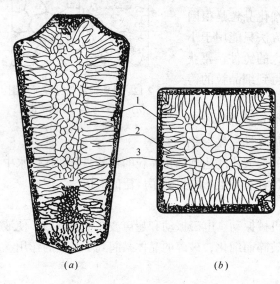

图2-13 铸锭结晶构造示意图
（a）纵向剖面；（b）横向剖面

（一）表面细晶区

如图2-13中1所示，当液态金属刚一注入锭模时，便受到锭模剧冷的影响，与模壁接触的一层液态金属达到很大的过冷度，与模壁接触的金属液大量生核，每个晶粒的长大余地也很小，各方向的长大速度相近，就形成了表面细晶区，模壁的冷却能力越大，铸锭的表面层晶粒越细，表面细晶区的组织致密，故机械性能较好。但在铸件中，表面细晶区往往很薄，所以除对某些薄壁铸件具有较好的效果外，对一般铸件的性能影响不大。

（二）柱状晶粒区

如图2-13中2所示，紧接表面细晶区的为柱状晶粒区。表面细晶区形成后，液态金属与锭模被隔开，此时模温升高，散热减慢，过冷度减小，使形核很困难，加上散热的方向性，因此在垂直于模壁方向比其他方向稍快，则形成了粗大密集的柱状晶粒区。柱状晶粒区的组织比较致密，但在垂直于模壁处发展起来的两排相邻的柱状晶体的界面上的强度塑性较差，且常聚集了易溶杂质和非金属杂物，形成一个明显的脆弱面，在锻、轧加工时，可能沿此脆弱面开裂，因此对塑性较差的黑色金属而言，一般不希望有较大的柱状晶粒区。

（三）中心等轴晶区

如图2-13中3所示，铸锭中心区域为中心等轴晶区，随着柱状区的发展，模壁温度逐渐升高，使模壁方向的散热速度渐渐变慢，同时由于结晶潜热的释放，使柱状晶粒区周围的液态金属温度升高，而铸锭中心区的温度逐渐降低，在此过程中剩余液体内的温度逐渐均匀。因此，铸锭中心区域的液态金属处于过冷状态。在外面柱状晶体还未长大到中心区域之前铸锭中心区域的液态金属达到了结晶温度，剩余的液态金属在金属中同时又形成了新的晶核，由于过冷度小，使晶核数目减少，同时向各个方向生长，阻止了柱状晶体的继续发展，因而在铸锭中心区域形成了各个方向性能较为均匀，晶粒粗大，无明显的脆弱面，组织疏松，机械性能较低的粗等轴晶区。在金属铸锭中，无论哪一个晶区，各晶粒的成长大多都经过树枝状的成长过程。

第三节 金属的同素异晶转变

先做一个简单的实验：取一根直径约为 2mm，长 1～2m 的铁丝，两端固定在支架上，通以电源，使其缓慢加热，如图 2-14 所示。随着电流的增大，铁丝受热膨胀而下垂，当铁丝加热到呈橙色（约 910℃ 以上）时，铁丝突然发生回升的现象，这表明此时铁丝产生了收缩。如果再继续升温，则又出现下垂现象。相反铁丝由高温（1000℃）冷却时，到一定温度就会出现冷却时的伸长现象。显然这与铁丝内部发生的某种变化有关。

原来，在常压下大多数金属结晶完成后，晶格稳定不再发生变化，但有一些金属如铁（Fe）、锰（Mn）、锡（Sn）、钛（Ti）、钴（Co）等在结晶成固态之后继续冷却时，还会发生晶格的变化，从一种晶格

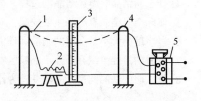

图 2-14 铁丝加热实验的示意图
1—铁丝；2—电阻器；3—标尺；
4—支架；5—自耦变压器

转变为另一种晶格（即原子排列方式改变）。这种转变称为同素异晶转变或同素异构转变。

下面对纯铁的同素异晶转变过程进行分析，如图 2-15 所示。它表示了纯铁由液态转变成固态后，继续冷却，固态金属还会出现晶格类型的转变，即铁的同素异晶转变是铁原子重新排列的过程，实质上也是一种结晶过程，不过它不是由液态转为固态，而是由一种

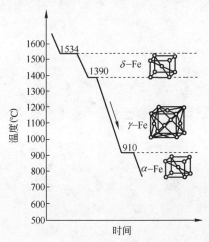

图 2-15 纯铁的冷却曲线和同素异晶转变

结构形式的固态向另一种结构形式的固态的转变过程，它同样遵循生核长大的基本规律。又称为二次结晶或重结晶，以区别由液态转变为固态的初次结晶。由于转变是在固态下发生的，原子扩散困难，因此二次结晶过冷度要大，同时致密度也发生了改变，引起体积也发生了改变，因此同素异晶转变往往产生较大的内应力。纯铁的理论凝点为 1538℃，故从 1538℃ 以下研究转变过程。液态纯铁在 1534℃ 进行结晶，纯铁以体心立方晶格的形式存在，以 δ-Fe 表示，继续冷却到 1390℃ 纯铁发生同素异晶转变，以面心立方晶格的形式存在，以 γ-Fe 表示，继续冷却到 910℃ 时纯铁又发生了同素异晶转变，以体心立方晶格形式存在，以 α-Fe 表示，转变的温度称为临界点。再继续冷却时，晶格的类型不再发生转变，纯铁的冷却曲线可以用下式表示：

$$\delta\text{-Fe} \xrightleftharpoons{1390℃} \gamma\text{-Fe} \xrightleftharpoons{910℃} \alpha\text{-Fe}$$

纯铁的同素异晶转变有着十分重要的意义，所谓合金是由两种或两种以上的元素构成，钢就是铁和碳的合金，由于晶格的致密度不同，铁能发生同素异晶转变，所以铁对碳和合金元素的溶解能力也不同，当改变温度时，引起同素异晶转变，就会有碳化物析出和

溶解，因此生产中才有可能对钢和铸铁进行各种热处理来改变其组织与性能。

思 考 题 与 习 题

1. 什么叫晶格？常见的晶格有哪几种类型？具有什么特征？
2. 什么叫单晶体？什么叫多晶体？两者性能方面各有什么特点？
3. 什么叫晶粒、晶界？
4. 什么叫结晶？简述结晶的过程。
5. 实际金属结晶有哪些主要缺陷？对金属有什么影响？
6. 过冷度的大小对金属的结晶和性能有什么影响？
7. 金属的铸锭组织有哪几个晶粒区？说明它们的形成过程及特征。
8. 什么叫纯铁的同素异晶转变？为什么又叫二次结晶？说明转变过程及同素异晶转变的重要性。

第三章 二元合金

纯金属虽然具有较高的导电性、导热性和良好的塑性等优点，但由于其性能的局限性，不能满足各种不同场合的使用要求。

纯金属的力学性能不高，以强度为例，纯金属的强度一般较低，铁的抗拉强度约为200MPa，纯铝的抗拉强度约为100MPa，显然不适合用于工程中各种结构的用材。加之纯金属种类有限，制取困难，价格相对较高，因此在各行业上应用较少。实际上，工程中使用的金属材料都是合金，如碳钢、合金钢、铸铁、铜合金、铝合金，尤其是铁、碳为主要成份的合金。

合金的组织比纯金属的组织复杂。为了研究合金组织与性能之间的关系，本章主要通过相图来阐述二元合金的成分组织与性能之间的一般规律。

第一节 基本概念

一、合金

两种或两种以上的金属元素（或金属元素与非金属元素）熔合在一起形成具有金属特性的物质，称为合金。如铁元素与碳元素组成铁碳合金；铜元素与锌元素组成普通黄铜合金；铝、铜、镁组成硬铝合金等。

合金除具备纯金属的基本特征外，还兼有优良的机械性能与特殊的物理性能、化学性能，如高强度、强磁性、低膨胀性、耐腐蚀性等。同时，组成合金的各元素的比例可在很大范围内调节，使合金具有不同性能，以满足工程中提出的各种不同性能的要求。

二、组元

组成合金最基本的，独立的物质称为组元，简称元。如铁碳合金中的纯铁和碳是组元，黄铜合金中的铜和锌是组元。它们都是由两个组元组成的合金，又称为二元合金。合金中的组元可以是化学元素（如铁、碳、铜、铝、锌等），也可以是化合物。

三、合金系

合金系是由两种或两种以上的组元，以不同的比例配制出一系列成分不同的合金，这一系列合金组成一组合金系统，称为合金系，简称系。

合金系可以由构成它的组元命名，如铁和碳组元构成的合金系，称为铁碳合金；也可以用组元的数目来命名，如由两个组元组成的一个合金系称为二元合金，简称二元系。由此类推，由三个组元组成的合金称为三元合金，简称为三元系，如铝、铜、镁组成的合金称为三元合金。纯金属只有一个组元。更多组元组成的合金称为多元系。

四、相

合金中具有同一成分，晶体结构及性能相同的组成部分，称为相。例如纯铁在1538℃以上时均为液态，只存在一个液相简称单相。在1538℃结晶时，不断从液相L中结

晶出固相 δ-Fe，在整个结晶过程中既有液相 L 又有固相 δ-Fe，两相并存则为两个相，结晶终了时则只存在一个固相 δ-Fe，为一个单相。

相与相之间有明显的分界线，如温度转变线。相与组织结构概念不同，组织可以有一个相，也可以由多个相组成，称单相或多相组织（如室温条件下的 45 号钢的平衡组织是铁素体和渗碳体组成）。

第二节　固态合金的基本结构

合金的性能与组成合金的各个相本身的结构、性能、形态等关系很大。在合金中，相的结构性质对合金性能起决定性作用；同时，合金中各相的相对数量、晶粒大小、形态和分布情况对合金的性能也会产生较大的影响。为了解合金的性能，则必须了解合金的结构。

合金的结构虽然多而复杂，但其基本结构可以归纳为固溶体、机械混合物和金属化合物三种类型。

一、固溶体

二组元在液态时相互溶解，结晶时以一种组元为基体保持原有的晶格类型，另一种组元的原子均匀地分布在基体组元的晶格里，形成均匀一致的固态合金，此固态合金称为固溶体。其中基体组元的元素称为溶剂，进入基体组元的元素称为溶质。如糖溶于水形成糖水溶液—糖水。此时水是溶剂，糖是溶质；碳和许多元素溶解到铁的晶格里形成固溶体，此时铁是溶剂，碳和其他元素是溶质。

根据溶质原子在溶剂晶格中的配置情况不同，可将固溶体分为置换固溶体和间隙固溶体。

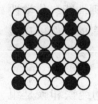

○ 溶剂原子
● 溶质原子

图 3-1　置换固溶体

（一）置换固溶体

当溶质原子部分地占据溶剂晶格中某些结点位置，而将该处溶剂原子置换后所形成的固溶体，称为置换固溶体，如图 3-1 所示。例如在单相奥氏体不锈钢（1Cr18Ni9）中，Cr 和 Ni 溶于具有面心立方晶格的 γ-Fe 中，代替铁原子占据某些晶格点位置，就形成置换固溶体。

根据固溶体中溶质原子的溶解情况，置换固溶体可分为无限固溶体和有限固溶体。若两组元能任意比例相互溶解，即溶质原子能无限制地溶于溶剂中，如铜镍合金中，铜与镍可以任意比例相互溶解，镍原子可以完全置换铜晶格中的铜原子，或铜原子可以完全置换镍晶格中的镍原子，这种固溶体称为无限固溶体。若溶质原子在溶剂中溶解受到限制时，即溶剂晶格只能部分溶解溶质原子，如黄铜中的含锌量小于 39% 时，所有的锌能溶于铜中，形成单相的 α 固溶体，还会出现铜与锌的金属化合物。可见锌在铜中的溶解是具有一定的限度的，这种有限溶解度的固溶体称为有限固溶体。大多数组元的溶解能力是有限的。元素间形成有限固溶体时，溶质元素的溶解度与温度有关。一般来说，温度高，溶解度大，反之降低，这对金属材料的热处理有十分重要的意义。

（二）间隙固溶体

溶质原子分布在溶剂晶格中的间隙中而形成的固溶体，称为间隙固溶体，如图 3-2

所示。例如碳原子溶于 α-Fe 或 γ-Fe 的晶格间隙中，所形成的固溶体就是间隙固溶体。由于溶剂晶格的间隙大小是有限的，所以只有溶质原子小于溶剂原子的间隙时，才能形成间隙固溶体，溶剂晶格中的间隙是有限的，所以间隙固溶体都是有限固溶体。其溶解度大小除与温度有关外，还与晶格类型有关，因为不同类型的晶格有不同大小的间隙。

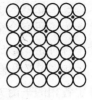

· 溶质原子
○ 溶剂原子

图 3-2　间隙固溶体

在工程上常用的金属材料中，固溶体占有非常重要的地位，它可以是合金中惟一的相，也可是合金中的基本相。由于固溶体存在各种晶体缺陷，同时溶质原子已溶于晶格中，则破坏了原有溶剂原子的排列，即产生了晶格畸变，强度、硬度均有不同程度的提高，而塑性、韧性有不同程度下降。晶格畸变还能使某些物理性能发生变化，如固溶体一般比纯金属具有更高的电阻和较低的导热性。因此，实际使用的金属材料大多数是单相固溶体合金或固溶体为基体的多相合金。

二、金属化合物

在合金中，溶质原子的含量超过固溶体的溶解度时，除形成固溶体外，同时还将出现新相，新相可以是新的固溶体，但对于很多合金来说则为金属化合物。金属化合物可以用一个化学式来表示，但它的成分既可固定不变，也可以在某个范围内变动。金属化合物可以由金属元素与金属元素或金属元素与非金属元素组成，但它们的晶体结构都不同于组元的晶体结构，而且结构复杂。金属化合物通常兼有固溶体和化合物两方面的特性，故又称为中间相。

金属化合物一般都具有较高的熔点，较高的硬度，较大的脆性和较好的耐磨性，如铁和碳组成的化合物 Fe_3C 比例是 3:1，3 个铁原子，1 个碳原子。组成的元素是 Fe 和 C，Fe 的硬度 HBS = 80，C 的硬度 HBS = 3，而 Fe_3C 的硬度 HBS = 800，塑性及韧性极差。可见，金属化合物具有完全不同于组成金属化合物各元素的性质，可以利用金属化合物的特性制造高温合金、硬质合金。

三、机械混合物

机械混合物不是合金相结构，而是合金中的一类多相混合物。组成合金的各组元在固态下既不能互相溶解，又不能形成化合物，而以混合的形式组合在一起的组成物，称为机械混合物，如钢和铸铁都属于机械混合物。

机械混合物各组成的相仍保持原有的晶格和性能，它的性能介于组成相性能之间，并由其各自的形状、大小、数量及分布而定。通常机械混合物比单一固溶体具有更高的强度和硬度，但塑性和可锻性不如单一固溶体。因此碳钢在进行锻造时，总是把它加热转变到单一固溶体（奥氏体）的温度范围，然后再进行锻造。工业上大多数合金属于机械混合物，如钢、铝合金、青铜、钛合金和轴承合金等。

第三节　二元合金状态图

在实际使用的合金中，由于元素不同和元素的含量不同，常常会形成许多相，这些相的不同形状、数量及分布使合金具有多种组织。合金的性质除了受基本相的影响外，在很大程度上还取决于合金的各种组织性能。

为了研究合金的化学成分、组织与性能的关系,必须要了解合金的结晶过程,以及合金中各种组织形成和变化规律。

相图又称为状态图或平衡图,它是用图解的方法来表示不同温度、成分和压力下合金系中各相的平衡关系。由于它是表示金属在平衡状态(即极缓慢加热和冷却条件下的相结构,所以又称为平衡图,在实际生产条件下,压力变化不大,故一般不考虑压力因素。相图以成分为横坐标,温度为纵坐标两大因素,来反映不同成分的合金在不同温度下相的类型、相的相对量、液相的成分、固相和液化相的成分及温度。

在实际生产中,相图可做制定热加工工艺的主要依据,在制定焊接、锻造、热处理和铸造等工艺上都有十分重要的意义。

一、相图的建立

(一)合金相图的测定方法

合金相图都是应用各种实验方法测定出来的,建立相图的首要问题是测定合金的熔点与固态转变温度(即临界点)。目前常用的方法有热分析法、电分析法、磁性分析法、X射线晶体结构分析法、硬度分析法、膨胀分析法和金相分析法等。为了使测出合金的临界点准确,一般采用几种方法配合使用,其中热分析法是最基本与常用的方法,它能较精确地测定合金的结晶过程。在测定合金固态相交温度时,有时还必须配合其他方法。

(二)合金相图的建立

现以 Pb–Sb 铅锑合金为例,用热分析法说明金属相图的建立过程:

1. 配制成分不同的 Pb–Sb 合金

首先配制几组典型成分的合金,配制不同成分的合金越多,所测得相图越精确,现配制五组成分不同的 Pb–Sb 合金。

(1) 100% Pb;
(2) 95% Pb + 5% Sb;
(3) 89% Pb + 11% Sb;
(4) 50% Pb + 50% Sb;
(5) 100% Sb。

2. 测出各临界点温度

测出五种成分不同的 Pb–Sb 合金临界点的结晶开始温度和结晶终了温度,见表 3-1。

五种不同成分的 Pb–Sb 合金转变点　　　　　表 3-1

合金编号	合金成分(%)		结晶开始温度(℃)	结晶终了温度(℃)
	含 Pb 量	含 Sb 量		
Ⅰ	100	0	327	327
Ⅱ	95	5	300	252
Ⅲ	89	11	252	252
Ⅳ	50	50	490	252
Ⅴ	0	100	631	631

3. 绘制不同成分 Pb–Sb 合金冷却曲线

用热分析法绘制出五种不同成分合金的冷却曲线。再由热效应所形成的冷却曲线上的折点或水平线对应的温度就是各临界点，如图 3-3 Ⅰ、Ⅱ、Ⅲ、Ⅳ、Ⅴ所示。由图可知，纯金属只有一个临界点，与纯金属不同的是，合金一般都有两个临界点，这说明合金的结晶过程是在一个温度范围内进行的。

4. 绘制 Pb-Sb 合金状态图

将各临界点分别画到温度为纵坐标，合金成分为横坐标，坐标图上相应坐标点处，然后将各个临界点开始结晶温度连接起来便形成了 ABC 线，再将各临界点结晶终了温度连接起来，便形成 DCE 线，如图 3-3 所示。这样便绘制出了 Pb-Sb 合金状态图。

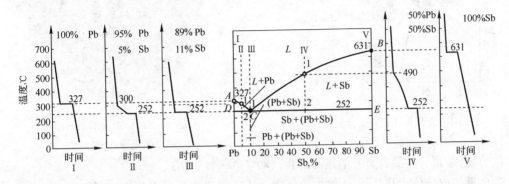

图 3-3　Pb-Sb 合金状态图的测定方法

二、二元合金相图的分析

合金相图上的每个点、每条线、每个区域都有明显的物理含义。下面首先对二元合金相图中各点、线和区域加以说明。图中 A 点（327℃）为纯铅的熔点，B 点（631℃）为纯锑的熔点，ACB 为液相线，不同成分的 Pb-Sb 合金冷却到该线便开始结晶，ACB 线以上的合金只有一个液相存在的单相区；ADC 区域是液相 L 和结晶出的固相 Sb 共存区；CBE 区域是液相 L 和结晶出的固相 Sb 共存区；DCE 线以下的区域是 Pb+Sb 两个固相共存区；DCE 线则是液相 L、固相 Pb 和固相 Sb 共存的三相区。在相图中存在一个相称单相区，存在两相称两相区，以此类推。

下面研究三个不同比例的 Pb-Sb 亚共晶合金、共晶合金和过共晶合金结晶过程，以此来找出一般规律，为下章铁碳平衡图的学习打下必要的基础。

（一）合金Ⅱ（亚共晶合金）的结晶过程（95%Pb+5%Sb）

合金Ⅱ成分位于共晶点 C 的左侧称亚共晶合金。其冷却曲线及组织变化过程如图 3-4 所示。合金在 1 点以上为液体，当合金缓慢冷却到 1 点时，曲线发生了转折，说明放出了一部分潜热，改变了合金的冷却速度，从液相开始结晶出 Pb 晶体。因合金Ⅱ中含 Pb 量大于共晶合金的含 Pb 量，所以从液相中首先析出的是 Pb 晶体，温度继续下降，析出的 Pb 晶体数量不断增加，剩余的液相不断减少。这时，剩余液相将因 Pb 晶体的析出而使 Sb 浓度相对增加。当冷却到 2 点（252℃）时，冷却曲线出现了平台，此时剩余的液体合金成分变为共晶成分，在此温度下发生了共晶转变，即从剩余液体中同时结晶出 Pb+Sb 的共晶体，恒温后结晶到 2' 点结束。继续冷却，合金组织不再发生变化。室温下的合金组织是先析出较粗大的 Pb 晶体和在共晶温度形成的细密的（Pb+Sb）共晶体组成，即 Pb+（Pb+Sb）。

凡是成分在共晶点 C 以左的合金都称为亚共晶合金。这些合金的结晶过程和室温下的组织均与合金Ⅱ相同。只不过是成分越接近共晶点，析出的 Pb 晶体越少，组织中共晶体越多。合金Ⅱ的显微组织如图 3-5 所示。

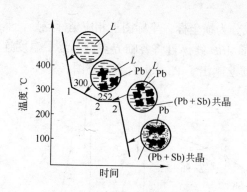

图 3-4 合金Ⅱ（亚共晶合金）的结晶过程示意图

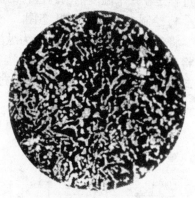

图 3-5 Pb–Sb 亚共晶合金显微组织（100×）

（二）合金Ⅲ（共晶合金）的结晶过程（89%Pb + 11%Sb）

合金Ⅲ的成分位于共晶体 C 称共晶合金。其冷却曲线及组织变化过程如图 3-6 所示。从冷却曲线的形状来看与纯金属的冷却曲线（图 3-3Ⅰ）完全相同，但其组织转变却与纯金属完全不同，1 点以上合金为液体，当缓慢冷却到 252℃（C 点）时，发生了转变，即从液体 L 合金中同时结晶出 Pb 晶体和 Sb 晶体，结晶完成时，形成机械混合物（Pb + Sb）。要说明的是，共晶体不是一个相，而是 Pb 晶体和 Sb 晶体两个相，由于两种晶体共晶转变在 1 开始，恒温结晶到 1′结束，是在一个恒定温度下同时结晶，继续冷却，其组织不再发生变化，晶粒得不到充分长大，因此晶体中的 Pb 晶粒和 Sb 晶体中的 Sb 晶粒都较细，并高度分散且彼此均匀交错分布。

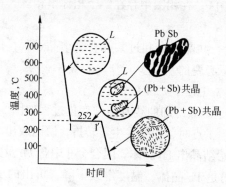

图 3-6 合金Ⅲ（共晶合金）的结晶过程示意图

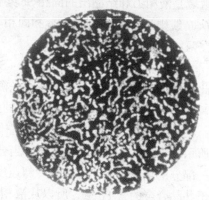

图 3-7 Pb–Sb 共晶合金显微组织（200×）

在恒温条件下，从液态合金中同时结晶出两种晶体的转变过程称为共晶转变，发生共晶转变的温度称为共晶温度，全部为共晶组织的合金称为共晶合金。合金Ⅲ的显微组织如图 3-7 所示。

（三）合金Ⅳ（过共晶合金）的结晶过程（50%Pb + 50%Sb）

合金Ⅳ的成分位于共晶点 C 的右侧称为过共晶合金。其冷却曲线及组织变化过程如图 3-8 所示。从冷却曲线的形状上来看，与共晶合金的冷却曲线相似。转化形式上因该种成分合金的含 Sb 量大于共晶合金，合金在 1 点温度以上为液相，当缓冷到 1 点温度时，从液相中开始析出 Sb 晶体，随温度的降低，在 1～2 点温度区间，Sb 晶体的析出量逐渐增加，液相则逐渐减少，此时剩余的液体，将因 Sb 晶体的析出而使 Pb 的浓度相对增加。当冷却到 2 点（252℃）时，剩余的液体的成分达到共晶成分，在共晶温度下发生共晶转变，即从剩余的液体中同时结晶出（Pb + Sb）的共晶体，恒温结晶到 2' 点结束，继续缓慢冷却，合金组织不再发生变化。室温下这种合金组织由先析出的粗大的 Sb 晶体和在共晶温度下形成的（Sb + Pb）的共晶体组成，即 Sb +（Pb + Sb）。合金Ⅳ的显微组织如图 3-9 所示。

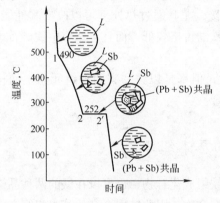

图 3-8　合金Ⅳ（过共晶合金）
的结晶过程示意图

图 3-9　Pb – Sb 过共晶合金
的显微组织（100×）

从以上三个典型实例分析可知，所有成分的 Pb – Sb 合金都在共晶温度（252℃）时，发生共晶转变后而完成结晶。所以固相线 DCE 为一贯穿全图的水平线。C 点成分的合金全部在 252℃结晶成共晶体，而 C 点成分左边的亚共晶合金，从高温缓慢冷却到液相线 AC 时，先析出 Pb 晶体，C 点成分右边的过共晶合金，从高温缓慢冷却到液相线 CB 时，先析出 Sb 晶体，继续缓慢冷却剩余液体，当达到共晶成分时，在共晶温度线转变成共晶体。

思 考 题 与 习 题

1. 什么是合金？与纯金属相比合金具有什么特点？
2. 何谓组元、合金系和相？
3. 何谓固溶体、置换固溶体和间隙固溶体？
4. 什么是金属化合物和机械混合物？
5. 合金相图的测定主要有哪几种方法？使用时有什么要求？
6. 试述二元合金状态图的建立方法。
7. 从以下几个方面分析 Pb – Sb 二元状态图。
   (1) 说明图中各主要点、线、区域的含义及各区相的组织名称；
   (2) 试分析含 100% Pb、95% Pb、89% Pb、50% Pb、100% Sb 合金的结晶过程。

第四章 铁碳合金

现代工业中钢和铸铁是应用最广泛的金属材料，其基本组元是铁碳元素，故统称为铁碳合金。铁碳合金相图是一个比较复杂典型的二元相图。它全面概括了钢铁材料的组织结构、成分及温度之间的关系，对研究钢铁材料、制定热加工工艺等有重要的指导作用。钢和铸铁之所以应用广泛，是由于钢具有良好的使用性能和工艺性能，与其他材料相比具有较高的强度和硬度，可以锻，也可以切削加工和焊接，尤其通过热处理可以改变其性能，铸铁具有良好的铸造性、耐磨性和减震性，此外钢铁的价格较低，而且自然界中铁矿石也较丰富。

目前钢材品种十分繁多，成分与性能相差很大，但都是以铁和碳两种组元为主而构成。为了合理选择钢铁材料，首先必须学习铁碳合金。

第一节 铁碳合金的基本组织

在铁碳合金中，根据含碳量的不同，碳可以与铁组成化合物，也可以在铁的两种晶格中形成两种固溶体，或者形成固溶体与化合物机械混合物。因此铁碳合金的基本组织有以下五种：

一、铁素体

碳溶于 α-Fe 晶格中形成的间隙固溶体，称为铁素体，用符号 F 表示，如图 4-1 所示。

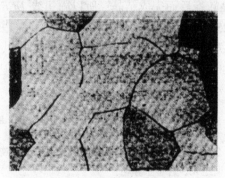

图 4-1 碳在 α-Fe 中的位置　　　　图 4-2 铁素体的显微组织（500×）

由于 α-Fe 是体心立方晶格，晶格中原子之间的间隙较小，所以碳在 α-Fe 中的溶解度也较小。在 727℃ 时 α-Fe 中最大溶碳量仅为 0.02%，随温度的降低，α-Fe 中的溶碳量在减小，在室温时降至 0.0008%，由于铁素体溶碳量低，铁素体的显微组织呈光亮的多边形晶粒，与纯铁没有明显的区别。其机械性能和物理性能也和纯铁相近，即强度和硬度低、塑性和韧性好。$\sigma_b = 250$MPa；HBS = 80；$\delta = 50\%$；$\psi = 80\%$。在铁碳合金中，含铁素体越多，则强度和硬度越低，塑性和韧性越高。铁素体的显微组织如图4-2所示。

二、奥氏体

碳溶于 γ-Fe 晶格中形成的间隙固溶体，它是在高温下存在的一种组织，称为奥氏体，用符号 A 表示，如图4-3所示。

由于 γ-Fe 是面心晶格，晶格中原子之间的间隙较大，所以碳在 γ-Fe 中溶解度比在 α-Fe 中溶解度大，在727℃时 γ-Fe 中的最大溶碳量为0.77%，随温度的升高，溶碳量不断地增加，在1148℃时溶碳量最大，达到2.11%，在平衡状态下，奥氏体在铁碳合金中存在的最低温度是727℃。由于碳在奥氏体中的溶解度比在铁素体中大，使奥氏体具有一定的强度和硬度，没有磁性，但奥氏体是一种单一的固溶体，故其塑性很好，是钢在热压力加工时所需要的组织。其机械性能为 σ_b = 850～1050MPa；HBS = 170～220；δ = 20%～25%。奥氏体显微组织呈现出不规则的多边形，如图4-4所示。

图4-3 碳在 γ-Fe 中的位置

图4-4 奥氏体的显微组织

三、渗碳体

由于碳在 α-Fe 或 γ-Fe 中的溶解度有限，碳的含量超过其溶解度时，多余的碳和铁组成的化合物，称为渗碳体，用符号 Fe_3C 表示。

渗碳体的含碳量为6.69%，结构比较复杂，与铁的晶格截然不同，故其性能与铁素体相差很大。渗碳体在钢和铸铁中与其他相共存时，可呈片状、粒状和网状等不同形状，它是钢中的主要强化相，它的形态、大小和分布对钢的性能影响很大，其碳的溶解度不随温度的变化而变化。渗碳体的硬度很高，HBS = 800；脆性大；塑性几乎等于零；强度低 σ_b = 35MPa；是一个硬而脆的组织。钢中的含碳量越高，渗碳体所占的比重越大，硬度越高，而塑性和韧性越低。

四、珠光体

铁素体和渗碳体组成的机械混合物称为珠光体，用符号 P 表示。珠光体存在于727℃以下的温度。在高倍显微镜下如图4-5所示，珠光体中渗碳体呈条状分布于铁素体基体上。在放大倍数较低时，珠光体呈片状。珠光体的含碳量为0.77%，由于珠光体是硬而脆的渗碳体与软而韧的铁素体相间组成的机械混合物，因此其机械性能介于渗碳体和铁素体之间，强度较高 σ_b = 820～800MPa；硬度适中 HBS = 180；具有一定的塑性 δ = 20%～25%。

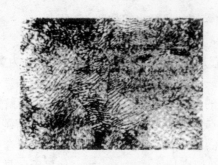 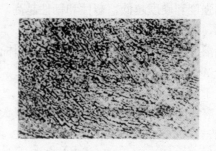

图 4-5　珠光体的显微组织　　　　　图 4-6　莱氏体的显微组织

五、莱氏体

含碳量为 4.3% 液态合金缓冷到 1148℃时，从液态合金中同时结晶出奥氏体和渗碳体的机械混合物，称为莱氏体，用符号 L_d 表示。在 727℃ 以下成为珠光体和渗碳体的混合物，为加以区别称为低温莱氏体，用符号 L'_d 表示。其室温组织是在共晶渗碳体的基体上均匀地分布着许多珠光体小颗粒，其显微组织如图 4-6 所示。莱氏体是白口铁的最基本组织，具有较高的硬度 HBS 大于 700，塑性极差，是一种硬而脆的组织，不易进行机加工，也不能进行锻造。

在以上分析铁碳合金的五种组织中，铁素体、奥氏体和渗碳体都是单相组织，称为铁碳合金的基本相，而珠光体和莱氏体是由基本相混合组成的多相组织。

第二节　铁碳状态图

铁碳状态图，并不是含碳量 0%～100% 的全部图形，目前应用的铁碳状态图的范围是含碳量在 0%～6.69% 之间，因为更高的含碳量的铁碳合金，脆性很大，加工困难，工业上没有实用价值，因此我们仅研究铁碳状态图中的 $Fe-Fe_3C$ 部分，即实际研究的是 $Fe-Fe_3C$ 状态图。

一、铁碳状态图的建立

铁碳状态图和以上研究的二元状态图一样是在极其缓慢加热（或冷却）的条件下，不同成分的铁碳合金在不同的温度下所具有的状态和组织的图形。$Fe-Fe_3C$ 状态图以温度为纵坐标，横坐标表示合金的碳浓度，横坐标的左端表示合金的碳浓度为零，即 100% 的纯铁；右端含碳量为 6.69%，即 100% 的 Fe_3C。所以又叫 $Fe-Fe_3C$ 状态图。

$Fe-Fe_3C$ 状态图的建立与 $Pb-Sb$ 状态图的建立法相似，为了研究方便，仅举 $Fe-Fe_3C$ 合金状态图的左下部分来说明其过程，具体过程如下：

（一）配制由铁和碳二组元组成不同成分的合金

现配制含碳量 1.6% 以下的五种成分的铁碳合金，具体成分如下：

合金①　0% C　　　100%Fe
合金②　0.4% C　　 99.6%Fe
合金③　0.8% C　　 99.2%Fe
合金④　1.2% C　　 98.8%Fe

合金⑤　1.6%C　98.4%Fe

将各成分的合金加热到1100℃左右，然后极缓慢地冷却，并绘出各不同成分合金的冷却曲线，如图4-7左右两图①②③④⑤曲线所示。

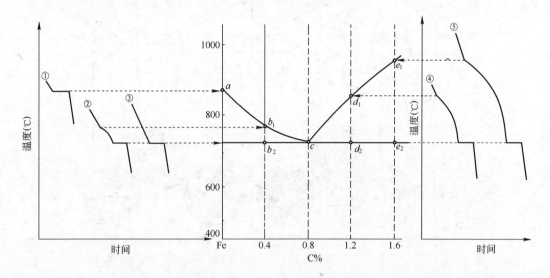

图4-7　用热分析法制作 Fe-Fe₃C 状态图左下部分的示意图

（二）确定不同成分铁碳合金的临界点

根据曲线的各转折点，确立不同成分合金的上临界点（即开始结晶温度）和下临界点（即终止结晶温度），如表4-1所示。

各成分铁碳合金的临界点　　　　　　　　　　　　　　表4-1

合金编号	成　分	上临界点（℃）	下临界点（℃）
①	0%C　100%Fe	912	—
②	0.4%C　99.6%Fe	780	727
③	0.8%C　99.2%Fe	—	727
④	1.2%C　98.8%Fe	870	727
⑤	1.6%C　98.4%Fe	1000	727

（三）绘制简化的 Fe-Fe₃C 状态图

将各成分的临界点，标在图4-7中间的温度—成分坐标图上，得到 a、b_1、b_2、c、d_1、d_2、e_1、e_2 各点。把各个上临界点和下临界点分别连接起来，就得到 Fe-Fe₃C 状态图简化了的左下部分图形。

二、Fe-Fe₃C 铁碳状态图的分析

铁碳合金的状态图如图4-8所示。为了便于分析铁碳合金状态图，将图中左上角实用意义不大的部分省略，简化为图4-9所示。从以上分析和图中可以看出组成 Fe-Fe₃C 状态图的基本相有四个：液相 L、铁素体 F、奥氏体 A 和渗碳体 Fe₃C，它们存在于五个单相区内。以下对铁碳状态图中的特性点与特性线作个介绍：

（一）铁碳状态图中的特性点及意义

状态图中各特性点的温度、含碳量及物理意义见表4-2。

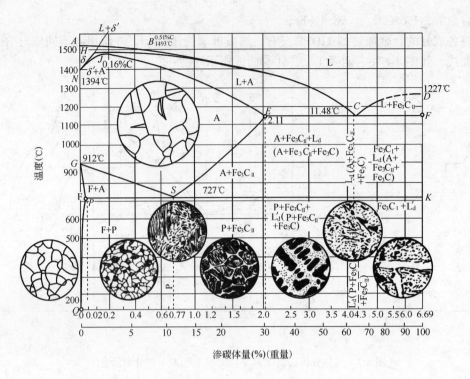

图 4-8 铁碳合金状态图

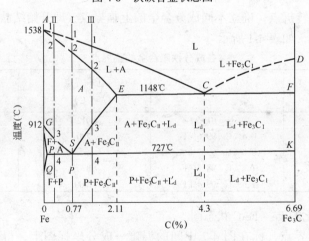

图 4-9 简化后的铁碳合金状态图

铁碳合金状态图各主要特性点　　表 4-2

点的符号	温度（℃）	含碳量（%）	说　明
A	1538	0	纯铁的熔点
C	1148	4.30	共晶点 $L_C \rightleftharpoons A + Fe_3C$
D	~1227	6.69	渗碳体的熔点
E	1148	2.11	碳在 γ-Fe 中最大溶解度
F	1148	6.69	渗碳体的成分
G	912	0	α-Fe $\rightleftharpoons$ γ-Fe 同素异晶转变点
K	727	6.69	渗碳体的成分
P	727	0.02	碳在 α-Fe 中最大溶解度
S	727	0.77	共析点 $A_S \rightleftharpoons F_P + Fe_3C$
Q	室温时	0.0008	碳在 α-Fe 中溶解度

(二) 铁碳状态图中的特性线及意义

1. *ABCD* 线：即液相线，合金冷却到此线开始结晶，在此线以上合金为单相液态金属，用符号 L 表示。液态合金冷却到 *AC* 线以下结晶出奥氏体；在 *CD* 线以下结晶出一次渗碳体，用符号 Fe_3C_I 表示。

2. *AHJECF* 线：即固相线，合金冷却到此线将全部结晶成固态，在此线以下的是固态存在的区域。

3. *ECF* 线：即共晶线，*C* 点称为共晶点，液态合金冷却到此线时发生共晶反应。在恒温（1148℃）下，将从液态中同时有两种物质（奥氏体与渗碳体）结晶出来，其反应式为 L→（A+Fe_3C），此反应称为共晶反应，反应产物（A+Fe_3C），称为莱氏体。

4. *ES* 线：又称 Acm 线，是碳在奥氏体中的溶解曲线，即从奥氏体中析出二元渗碳体的开始线，随着温度的下降，碳在奥氏体中的溶解度减小，将从奥氏体中析出二次渗碳体，用符号 Fe_3C_{II} 表示。

5. *GS* 线：又称 A_3 线，即从奥氏体中析出铁素体的开始线。随着温度的降低从奥氏体中析出铁素体。

6. *PSK* 线：又称 A_1 线或共析线，合金冷却到此线时，在恒温（727℃）下，将从固态奥氏体中同时结晶出奥氏体与渗碳体两种固态物质，其反应式为 A→（F+Fe_3C），此反应为共析反应，反应产物（F+Fe_3C）称为珠光体。

按以上各主要的特性点、线的意义，即可填写出铁碳合金状态图中各区域的组织。

(三) 铁碳合金的分类

铁碳合金根据含碳量组织和性能的特点及在 Fe–Fe_3C 状态中的位置可以分为三大类：

1. 工业纯铁

含碳量小于0.0218%的铁碳合金称为工业纯铁，工业纯铁在工业应用很少。

2. 钢

含碳量大于0.0218%，小于2.11%的铁碳合金称为钢。铁碳成分处于合金状态图中 *E* 点的左端。根据其室温组织的特点，以共析点 *S* 为界分为以下三类：

（1）共析钢：含碳量为0.77%；

（2）亚共析钢：含碳量大于0.0218%，小于0.77%；

（3）过共析钢：含碳量大于0.77%，小于2.11%。

3. 白口铸铁

成分处于铁碳合金状态图 *E* 点至 *F* 点之间，碳的含量为2.11%~6.69%之间的铁碳合金叫白口铸铁，简称白口铁。根据含碳量的不同，以共晶点 *C* 为界分为以下三类：

（1）共晶白口铁：含碳量为4.3%；

（2）亚共晶白口铁：含碳量大于2.11%，小于4.3%；

（3）过共晶白口铁：含碳量大于4.3%，小于6.69%。

(四) 典型合金结晶过程及组织

1. 共析钢

如图4-10所示，合金Ⅰ为共析钢，含碳量为0.77%。合金Ⅰ在1点以上温度时全部为液体。当冷却到1点时，开始从液体中结晶出奥氏体。继续冷却，从液体中不断结晶出

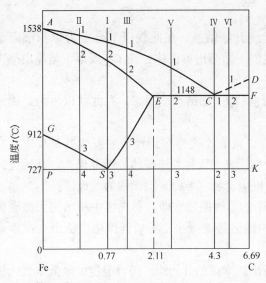

图 4-10 铁碳合金状态图中的典型合金

越来越多的奥氏体。冷却到 2 点时,全部液体结晶成奥氏体。当合金冷却到 S 点(727℃)时,奥氏体发生了共析转变,即同时从奥氏体中析出铁素体和渗碳体构成的片状混合物,该片状混合物称为珠光体。继续冷却,珠光体基本不再发生变化,故合金Ⅰ室温时的显微组织全部是珠光体,其结晶过程如图 4-11 所示。

2. 亚共析钢

如图 4-10 所示,合金Ⅱ为亚共析钢,含碳量小于 0.77%。合金Ⅱ在 1 点以上温度时全部为液体,当冷却到 1 点时,开始从液体中结晶出奥氏体,继续冷却,从液体中不断结晶出越来越多的奥氏体,冷却到 2 点时,全部液体结晶为奥氏体。结晶完毕,继续冷却到 3 点时,从奥氏体中析出部分铁素体,在 3~4 点合金Ⅱ由铁素体和奥氏体构成,在 4 点时,铁素体不变,奥氏体在此温度下进行共析转变,转变为珠光体。在低于 4 点温度时,合金Ⅱ由铁素体和珠光体构成,在室温时,组织不再发生变化。所有的亚共析钢结晶过程均与共析钢相似。故合金Ⅱ室温的显微组织全是由铁素体+珠光体组成,但含碳量不同时,珠光体和铁素体的相对数量不同,含碳量越多,转变产物中的珠光体数量也越多,其结晶过程如图 4-12 所示。

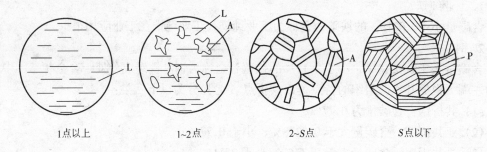

| 1点以上 | 1~2点 | 2~S点 | S点以下 |

图 4-11 共析钢冷却结晶过程示意图

3. 过共析钢

如图 4-10 所示,合金Ⅲ为过共析钢,含碳量大于 0.77%,小于 2.11%。过共析钢在 1 点以上温度时全部为液体,当冷却到 1 点时,开始从液体中结晶出奥氏体,继续冷却,从液体中不断结晶出越来越多的奥氏体,冷却到 2 点时,全部液体结晶为奥氏体。结晶完毕,在 2 点至 3 点阶段过共析钢处于单一的奥氏体状态。当继续冷却到 3 点时,从奥氏体中析出的渗碳体,一般沿奥氏体晶界分布,呈现网状。这种由奥氏体单独析出的渗碳体称为二次渗碳体,用 Fe_3C_{II} 加以表示。在 3 点至 4 点阶段,过共析钢由奥氏体和二次渗碳体构成,再继续冷却至 4 点(727℃)时,二次渗碳体不再变化,此时奥氏体要进行共析反应转变成珠光体,在略低于 4 点以下至室温,合金Ⅲ的组织为珠光体+二次渗碳体,随含

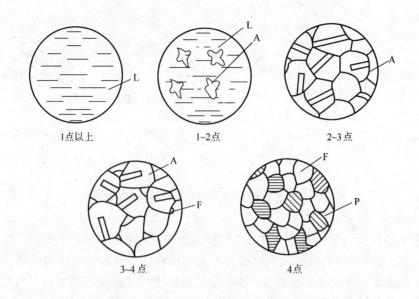

图 4-12 亚共析钢冷却结晶示意图

碳量的增加,其组织中渗碳体越来越多。其结晶过程如图 4-13 所示。

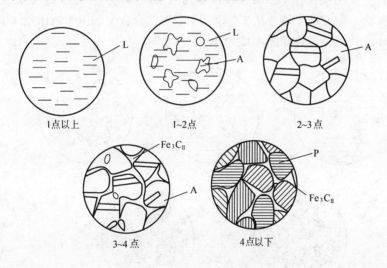

图 4-13 过共析钢冷却结晶示意图

4. 共晶白口铸铁

如图 4-10 所示,合金Ⅳ为共晶白口铸铁,含碳量为 0.43%。合金Ⅳ在 1 点（C 点）以上温度时全部为液体,当冷却到 1 点时发生共晶转变,从液体中结晶出奥氏体和渗碳体的机械混合物,称为高温莱氏体,共晶转变在恒温下进行,转变结束后,液体合金Ⅳ全部结晶成高温莱氏体,用符号 L_d 表示,当冷却到 2 点 (727℃) 时发生共析,反应转变成珠光体组织,即高温莱氏体转变为低温莱氏体组织。继续冷却合金Ⅳ组织不再发生变化,共晶白口铸铁的室温组织由珠光体和渗碳体组成的低温莱氏体,低温莱氏体用 L'_d 表示。其结晶过程如图 4-14 所示。

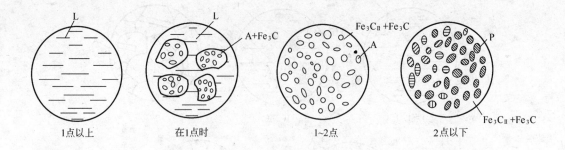

图 4-14 共晶白口铸铁冷却结晶过程示意图

5. 亚共晶白口铸铁

如图 4-10 所示，合金 V 为亚共晶白口铁，含碳量大于 2.11%，小于 4.3%。合金 V 在 1 点以上的温度时全部为液体，当冷却到 1 点时从液体中开始结晶出奥氏体。继续冷却，随着温度的降低，奥氏体不断增多，使剩余的液体中的含碳量不断增高。当冷到 2 点时，剩余的液体在此温度（1148℃）发生了共晶反应，转变成高温莱氏体，合金 V 由奥氏体 + 莱氏体构成，再继续冷却时，无论是先结晶出来的奥氏体还是莱氏体中的奥氏体均要析出二次渗碳体，合金 V 由奥氏体 + 二次渗碳体 + 高温莱氏体构成。在 3 点（727℃）时，奥氏体进行共析反应，变成珠光体，从 3 点以下至室温，合金 V 的组织为珠光体 + 二次渗碳体 + 低温莱氏体。其结晶过程如图 4-15 所示。

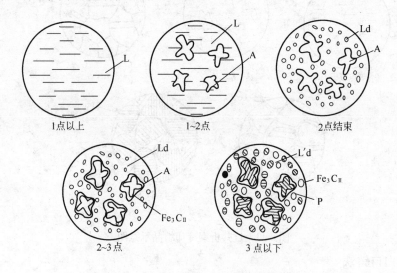

图 4-15 亚共晶白口铸铁的冷却结晶过程示意图

6. 过共晶白口铸铁

如图 4-10 所示，合金 VI 为过共晶白口铸铁，含碳量大于 4.3%，小于 6.69%。合金 VI 在 1 点以上的温度时全部为液体，当冷却到 1 点时，从液体中开始结晶出渗碳体，由液体结晶出的渗碳体称为"一次渗碳体"，用符号 Fe_3C_I 表示。1~2 点之间，合金 VI 由一次渗碳体和液体构成。继续冷却，随着一次渗碳体的结晶，剩余的液体中的含碳量减少，冷却到 2 点时，一次渗碳体结晶完成。剩余的液体要进行共晶反应，转变为高温莱氏体，这时合金由一次渗碳体和高温莱氏体构成。随着温度下降，合金Ⅵ的组织变化与Ⅳ、Ⅴ基本相似。高温莱氏体冷却到了3点时转变成低温莱氏体，继续冷却，合金组织不再发生变化，故在室温时合金Ⅵ的组织为低温莱氏体和一次渗碳体组成。其结晶过程如图4-16所示。

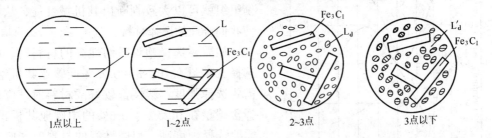

图4-16 过共晶白口铸铁的冷却结晶过程示意图

三、碳对铁碳合金组织和性能的影响

碳是决定铁碳合金性能的主要元素，由以上分析可知铁碳合金中的含碳量不同，它们的组织就不同。由图4-17可以看出，随着含碳量的变化合金的显微组织发生如下变化：

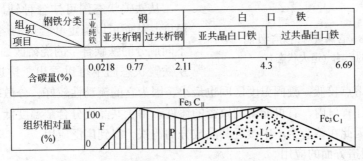

图4-17 铁碳合金的成分与组织的关系

$$Fe + P \rightarrow P \rightarrow P + Fe_3C_{II} \rightarrow P + Fe_3C_{II} + L'_d \rightarrow L'_d \rightarrow L'_d + Fe_3C_I$$
亚共析钢　共析钢　过共析钢　　亚共晶白口铸铁　共晶白口铸铁　过共晶白口铸铁

由此可见随着含碳量的增加，在亚共析钢中珠光体数量在不断地增多，铁素体在逐渐减少，到共析钢时，其显微组织全部为珠光体，对于过共析钢则珠光体有所减少，而二次渗碳体逐渐增多，由于合金组织的改变，故不同成分的铁碳合金具有不同的性能。

图4-18所示为含碳量对钢力学性能的影响。由图可见，钢中含碳量越高，钢中的渗碳体越多。对于亚共析钢（含碳量小于0.77%），随含碳量增加，强度、硬度上升，而塑性、韧性下降。对于过共析钢（含碳量大于0.77%），当含碳量超过0.77%以后，余下的渗碳体沿晶界网状分布，网状渗碳体的出现会导致钢的强度下降，硬度上升，塑性、韧性下降，所以钢的含碳量一般均不超过1.4%。

碳的成分大于2.11%的白口铸铁，由于组织中存在大量的渗碳体和莱氏体，在性能上硬而脆，不易进行切削加工，因此在机械制造业中很少应用。

四、铁碳状态图的应用

铁碳状态图较全面的总结了铁碳合金在缓慢加热或冷却时铁碳合金的组织、性能随成分和温度变化的规律。它是钢进行热处理的理论基础，选择材料的重要依据，又是制定铸、锻、焊等热加工工艺的重要依据。现将铁碳状态图的应用分述如下：

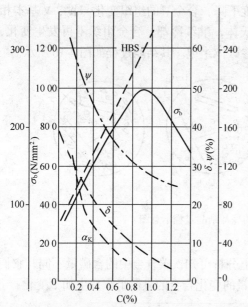

图4-18 含碳量对钢力学性能
的影响（退火状态）

（一）在选择材料方面的应用

铁碳状态图告诉我们，由于铁碳状态合金中含碳量的不同，其组织也不同，根据平衡组织就可以大致判断出其机械性能，从而使我们合理的选择材料。

如需要选择塑性、韧性高的材料时，应选择含碳量在0.1%～0.25%低碳亚共析钢；需要选择强度、塑性都较好的材料时，应选择含碳量在0.25%～0.6%的中碳亚共析钢；需要选择硬度高、耐磨性好的材料时，应选择含碳量在0.6%～1.4%的高碳钢材料。必须指出，为了充分发挥各种材料的性能特点，还需要相应的合理加工工艺配合。

（二）在铸造方面的应用

从铁碳状态图可知各种铁碳合金的凝固温度，从而可以确定其合适的熔化浇注温度，不同成分的铁碳合金的浇铸区如图4-19所示。从铁碳状态图中可以看出，接近共晶成分的铁碳合金不仅熔点较低，凝固温度区间也最小，因为它的流动性较好，分散缩孔少，可使缩孔集中在浇注冒口内，有可能得到致密的铸件。由于共晶成分合金温度低，给操作带来很大的方便，因此在铸造生产中接近共晶成分的铸铁，得到广泛应用。

（三）在锻造方面的应用

碳钢在室温时的组织为两相混合，塑性差、变形困难，只有将其加热到单一的奥氏体状态，才具有较低的强度和较好的塑性，易于锻造成型。

其温度选择原则是开始轧制或锻造的温度不得过高，控制在固相线以下100～200℃范围内，以免钢材氧化严重，甚至发生奥氏体晶界部分熔化，使锻件造成废品。而终轧或终锻温度也不能过低，以免钢材塑性差，在锻造过程中产生裂纹，对于亚共析钢应控制在稍高于 GS 线以上；对于过共析钢应控制在稍高于 PSK 线以上。各种碳钢的锻轧区如图4-19所示。

（四）在焊接方面的应用

金属的可塑性和很多因素有关，其中金属材料的化学成分和焊接工艺是主要因素。钢材的化学成分不同，在焊接时从焊缝到母材各区域的加热温度是不同的，其获得的组织也不同，焊后冷却过程中得到的焊缝组织也不同，为了获得良好的可焊性和符合要求的焊接组织，必须通过铁碳平衡图了解各种材料在不同温度下的熔点和组织，为制定焊接工艺提供依据。

（五）在热处理方面的应用

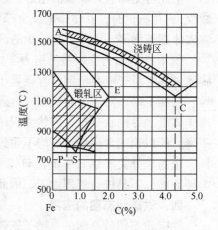

图4-19 Fe-Fe₃C相图与
铸锻工艺的关系

从铁碳状态图中可知,铁碳合金在固态加热和冷却过程中均有相的变化,所以钢和铸铁可以进行有相变化的普通热处理。此外,奥氏体有溶解碳及溶解其他化学元素的能力,而且溶解度随温度的提高而增加,这就是钢可以进行渗碳处理和其他化学热处理的原因。利用铁碳状态图可以确定普通热处理和表面热处理的加热温度范围,是制定热处理工艺的依据。

思 考 题 与 习 题

1. 什么是铁素体、奥氏体、渗碳体、珠光体和莱氏体?并说明其组织形态和性能。
2. 什么是铁碳状态图?简述 $Fe-Fe_3C$ 状态图的建立方法。
3. 画出简易的铁碳状态图,标明各相区,并说明主要特性点、特性线的意义。
4. 试分析含碳量为 0.4% 及 1.1% 的碳钢由液体缓冷到室温时的结晶过程及组织。
5. 什么是工业纯铁?什么是钢?
6. 根据含碳量和室温组织的不同,钢可以分为哪几类?试述它们的含碳范围及室温下存在的组织。
7. 什么是共晶转变?什么是共析转变?
8. 对照图 4-17 说明铁碳合金的成分与组织关系?
9. 对照图 4-18 说明含碳量对钢的力学性能有什么影响?
10. 对照图 4-19 说明含碳量为 0.45% 的 45 钢、含碳量为 1.2% 的 T12 钢锻造区域温度的范围。

第五章 钢的热处理

第一节 概 述

钢的热处理是通过将钢在固态下加热、保温和冷却，有规律的改变钢的内部组织，从而获得所需性能的一种工艺方法。

钢铁是现代工业的重要材料，在各行各业中都占有十分重要的地位，供热通风，给水与排水，机械加工设备，各种轻、重工业机械设备，切削工具等，没有一样能离开钢材的。因此，充分发挥钢材的力学性能和其他性能，合理的利用钢材，对发展经济意义很大。现代科技的发展，对钢的性能提出了更高的要求，为了使各类零件能满足使用要求，通常采用研制新合金和对钢进行热处理的两种手段解决。

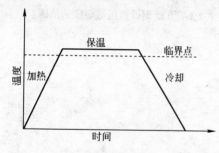

图 5-1 热处理基本工艺曲线图

适当采用热处理工艺，能够显著地提高钢的性能，提高产品质量，发挥钢材潜力，延长零件使用寿命，节约钢材、燃料、电力，是提高机械使用效率的一个重要手段。通常重要的零件大多数都要进行热处理。据统计，汽车中热处理的零件占 70%～80%；机床中占 60%～70%；供热通风与空调中占 40%～60%；而各类刀具、量具、模具、滚动轴承、飞机零件等几乎占 100%。如果将原材料包括在内，几乎所有零件都要进行热处理，可见热处理在机械制造业中的地位。

为了便于操作，热处理工艺一般以热处理工艺曲线表示。热处理方法很多，但各种热处理过程都是由加热、保温、冷却三个阶段组成。通常以"温度—时间"为坐标的曲线图形表示，如图5-1所示。

根据不同的要求、目的以及加热和冷却方式不同，热处理大致分类如下：

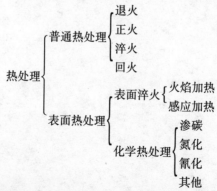

钢的热处理所以能使钢的性能发生变化，其根本原因是由于铁的同素异晶转变，从而

使钢在加热和冷却过程中，其内部组织变化的结果。因此，要正确掌握钢的热处理工艺，必须了解在不同的加热及冷却条件下，钢的组织变化规律。

第二节　钢在加热时的组织转变

加热是任何热处理方法的第一步，本节主要研究钢在加热过程中，钢的室温组织将发生怎样的转变？受哪些因素的影响？在钢中还会出现什么样的新组织。

碳钢在室温下的组织基本上是由铁素体和渗碳体两个相组成的。钢只有在奥氏体状态，才能通过不同的冷却方式使其组织转变为不同组织，从而获得所需要的性能。所以热处理须将钢从室温组织加热到高温奥氏体组织。

一、转变温度

由 $Fe-Fe_3C$ 状态图可知，如图 5-2 所示，共析钢在 A_1（723℃）温度以下为珠光体，加热到 A_1 以上时，珠光体转变为奥氏体。对于亚共析钢加热到 A_1 只能使珠光体向奥氏体转变，还要继续升高温度才能使过剩的铁素体逐渐转变为奥氏体，直到临界点 A_3 以上成为单一的奥氏体组织。同样，对于亚共析钢则要加热到 Acm 温度，二次渗碳体才完全溶于奥氏体中。因此，在组织转变时必然要产生碳原子的重新分配和晶格改组。故奥氏体的形成过程是铁、碳原子扩散过程。下面以共析钢为例，说明奥氏体的形成过程。

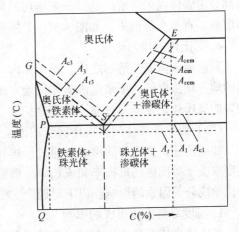

图 5-2　钢的转变温度

二、奥氏体的形成

将共析钢加热到稍高于 A_{c1} 的温度，便发生珠光体向奥氏体的转变，这一转变可表示为 $P(F+Fe_3C) \xrightarrow{A_{c1}} A$。奥氏体的形成是通过形核以及核长大步骤来完成的，如图 5-3 所示。

（一）奥氏体的形成过程

1. 奥氏体的形核

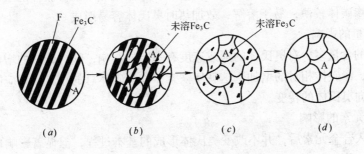

图 5-3　共析钢奥氏体形成过程示意图

(a) A 形核；(b) A 长大；(c) 残余 Fe_3C 溶解；(d) A 均匀化

43

研究表明，奥氏体的晶核是在铁素体和渗碳体的相界面处优先形成的。因为相界面上的原子排列较紊乱，位错和空位的密度较高，处于能量较高状态；此外，因奥氏体中碳的浓度介于铁素体和渗碳体之间，故奥氏体晶核优先在相界面形成，如图5-3（a）所示。

2. 奥氏体晶核的长大

奥氏体晶核形成后逐渐长大，由于它一面与渗碳体相接，另一面与铁素体相接，因此，奥氏体晶核的长大是新相奥氏体的相界面同时往渗碳体与铁素体方向的推移过程，它是依靠铁、碳原子的扩散，使其邻近的渗碳体不断溶解和邻近的铁素体晶格改组而成面心晶格来完成的，如图5-3（b）所示。

3. 残余渗碳体的溶解

在奥氏体形成过程中，铁素体比渗碳体先消失，故在铁素体完全转移为奥氏体后，仍有部分渗碳体尚未溶解，这部分未溶解的残余渗碳体将随时间的延长，继续不断地向奥氏体溶解，直至全部消失，如图5-3（c）所示。

4. 奥氏体的均匀化

剩余渗碳体完全溶解之后，奥氏体内各处含碳量仍然是不均匀的，原来是铁素体的区域的地方碳浓度低，原来是渗碳体的地方碳浓度高，只有再继续保温一段时间后，成分不均匀的奥氏体，才能通过原子的充分扩散，得到均匀的奥氏体，如图5-3（d）所示。

（二）影响珠光体向奥氏体转变的因素

如前所述，奥氏体的形成是通过形核和核长大的过程来完成的。因此，奥氏体的形成速度取决于奥氏体的形核率和成长率。而形核率和成长率受加热温度、原始组织状态和钢的化学成分等因素的影响。以下对四个主要影响因素进行分析：

1. 温度对奥氏体形成的影响

奥氏体形核率和成长率与加热温度有密切的关系，随着加热温度升高，奥氏体形核率和成长率急剧增加，从而使奥氏体转变速度显著提高。这是因为随着温度的升高，原子的扩散能力增大，特别是碳原子在奥氏体中的扩散能力增大，因而加快了奥氏体的形核速度和成长速度。

加热速度愈快，则发生转变的温度越高，转变的温度范围愈宽，完成转变所需时间亦愈短。

2. 原始组织对奥氏体形成的影响

钢的原始组织愈细，即相界面愈多，奥氏体形成速度就愈大。如在钢的成分相同时，原始组织中珠光体愈细，奥氏体形成速度愈快，原始组织中的渗碳体的形状对奥氏体速度也有影响，渗碳体较薄，易于溶解，故加热时奥氏体容易形成。

3. 碳含量的影响

钢中碳的含量多少对奥氏体的形成速度有一定的影响，随含碳量的增加，铁素体数量相对的减少，渗碳体相对的增加，这就使铁素体和渗碳体总的相界面相应的增多，从而加速了珠光体向奥氏体的转变。

4. 合金元素的影响

钢中加入合金元素后，并不改变奥氏体形成的基本过程，但显著影响珠光体向奥氏体形成的速度。除 C 以外，大多数合金元素都会减慢碳在奥氏体中的扩散速度，同时合金元素本身的扩散速度也较小，所以合金钢在加热时奥氏体的形成和均匀过程都比碳钢慢，故必须进行较长时间的保温。

(三) 奥氏体晶粒长大及控制

奥氏体晶粒的大小对热处理的影响很大，如细小的奥氏体晶粒，其强度、韧性比较好；反之其性能较差。为了获得合适的晶粒大小，所以应了解有关奥氏体晶粒的概念及晶粒大小的控制。

1. 奥氏体的晶粒

为了测定钢在加热时奥氏体实际晶粒的大小，规定了评定奥氏体晶粒大小的标准，如图5-4所示。该标准是将加热至930℃的奥氏体的晶粒度分为8级，一般认为1~3级为粗晶粒；4~6级为中等晶粒；7~8级为细晶粒。在评定钢材时，将钢加热到930℃时粒度约为1~4级的称为"本质粗晶粒钢"，而粒度在5~8级的称为"本质细晶粒钢"。

奥氏体晶粒度可分为三种：

(1) 起始晶粒度：它是表示珠光体刚转向奥氏体的晶粒度，这时的晶粒非常细小。

(2) 本质晶粒度：它是表示钢的奥氏体晶粒长大倾向。通常规定在加热到930℃时，奥氏体晶粒的大小为本质晶粒度。凡是长大倾向小的称为本质细晶粒钢；凡是长大倾向大的称为本质粗晶粒钢，如图5-5所示。

(3) 实际晶粒度：它是指在某一具体条件下，所测得的奥氏体晶粒度，例如热轧钢材一般是指热轧终了时，钢中奥氏体晶粒度。

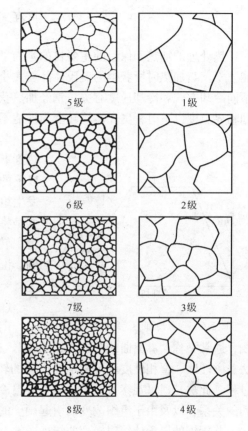

图5-4 标准晶粒度等级示意图

工业生产中，一般经铝脱氧的钢大多数是本质细晶粒钢；而只是用锰、硅脱氧的钢为本质粗晶粒钢。沸腾钢一般都是本质粗晶粒钢，而镇静钢一般为本质细晶粒钢。

2. 奥氏体晶粒长大及控制

奥氏体晶粒长大及控制，一般可采取以下措施：

(1) 合理选择加热温度和保温时间。热处理时加热温度高一些，可使奥氏体形成速度快一些，但温度愈高，奥氏体晶粒长大倾向就愈大，晶粒就愈粗。在一定温度下，保温时间愈长，将促使奥氏体晶粒长大。

(2) 合理选择钢的原始组织。一般来说，片状珠光体比较容易过热，因为片状碳化物的溶解快，

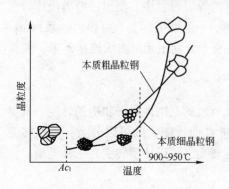

图5-5 钢本质晶粒度示意图

转变成奥氏体的速度也快，奥氏体形成后，就较早开始长大。

(3) 加入一定量的合金元素。钢中加入合金元素影响奥氏体晶粒长大，钢中加入钨、钼、钒、锆等元素时，钢中能形成高熔点化合物，阻碍奥氏体晶粒长大，而钢中加入锰、磷，则加速奥氏体晶粒长大的倾向。

第三节　钢在冷却时的组织转变

热处理的加热和保温的主要目的是为了获得细小而均匀的奥氏体。钢在室温的机械性能，不仅与加热时所获得的奥氏体晶粒大小、化学成分的均匀程度有关，而且与奥氏体的不同冷却方式和冷却速度有关。钢经加热获得均匀的奥氏体后，当以不同的冷却速度冷却到临界温度以下时，奥氏体将转变为性能不同的组织。

奥氏体的转变有以下两种方式。等温转变是将加热到奥氏体的钢先以较快的冷却速度冷却到临界温度以下的某一温度，然后进行保温，使奥氏体在等温下发生组织转变过程，如图5-6曲线1所示。而连续转变是将加热到奥氏体的钢在连续降温的情况下，进行组织转变，如图5-6曲线2所示。下面以共析钢为例，说明冷却方式对钢组织及性能的影响。

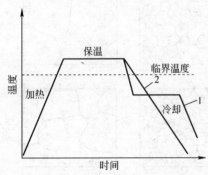

图5-6　等温冷却与连续冷却曲线

一、过冷奥氏体的等温转变

(一) 过冷等温转变曲线的建立

用等温冷却的方法建立起来的过冷奥氏体等温曲线，通常又称"鼻温曲线"或"C曲线"。过冷奥氏体等温曲线可以利用热分析法、膨胀法、磁性法、金相硬度法等测定奥氏体的转变过程。现以金相硬度法说明测定C曲线的过程。此法是通过观察过冷奥氏体在等温冷却转变过程中的转变产物及其数量、温度和时间的关系，以及由于组织改变而引起硬度的变化，绘出等温冷却转变曲线。

共析钢的奥氏体等温转变曲线如图5-7所示。其方法是：将含碳为0.77%的共析钢制成许多小的圆形薄片试样（$\phi 10 \times 1.5$mm），并分成若干组，将试样加热到727℃以上（一般选取900~950℃），使组织转变为均匀细小的奥氏体。然后分别迅速放入727℃以下不同温度（如700℃、650℃、600℃、550℃、500℃、450℃、350℃、200℃等）的恒温槽中等温，迫使过冷奥氏体发生等温转变。再在不同温度的等温过程中，测出过冷奥氏体转变开始和终了的时间，把它们按相应的位置标记在时间——温度坐标上，可得出一系列a_1、a_2……，b_1、b_2……点，将所有开始转变点和终了转变点分别用光滑曲线连接起来，便得到该钢的等温转变曲线。

(二) 过冷奥氏体等温转变产物的组织与性能

从C曲线看出，奥氏体是在过冷度从$A_1 \sim M_s$几百度的范围内进行相应的转变。其奥氏体转变产物的组织和性能，决定于转变温度。根据C曲线图大致可以分为：高温转变（珠光体型转变）、中温转变（贝氏体型转变）和低温转变（马氏体型转变）三种类型。

1. 高温转变（珠光体型转变）

高温转变的温度范围大致在A_1线以下至550℃之间，此范围是珠光体转变区域，得

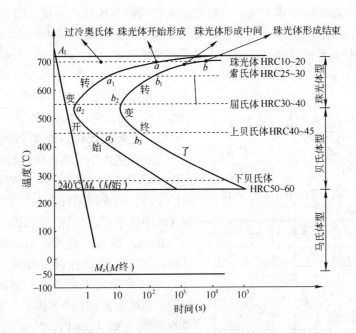

图 5-7 共析钢的奥氏体等温转变曲线

到的组织均属珠光体型组织。

(1) 当温度 A_1 以下至 650℃ 之间时,奥氏体向珠光体转变的产物为粗片状铁素体 + 粗片状渗碳体,即片状较粗的珠光体。其性能 HRC = 10 ~ 20;δ = 20% 左右。

(2) 当温度在 600 ~ 650℃ 之间时,过冷奥氏体转变为比较分散的细片状珠光体,即所谓细珠光体。一般把细珠光体叫做索氏体。其性能是硬度较高、塑性较差,HRC = 25 ~ 30;δ = 10% 左右。

(3) 当温度在 600 ~ 550℃ 之间时,由于过冷度更大转变速度更快,过冷奥氏体转变为极分散的,片层间距比索氏体小的组织,这种组织为极细珠光体。一般把极细的珠光体叫屈氏体。其性能是硬度更高,硬度 HRC = 30 ~ 40。

2. 中温转变(贝氏体型转变)

中温转变的温度范围大致在 550℃ 以下至 M_s 线以上,此范围是贝氏体转变区域,得到的均属贝氏体组织。

(1) 当温度在 550 ~ 350℃ 之间时,过冷奥氏体转变的产物是由许多平行而密集的铁素体片和分布在片间连续、细小的渗碳体共同组成的组织。一般把该组织叫做上贝氏体,其硬度 HRC = 40 ~ 45。

(2) 当温度在 350 ~ 230℃(M_s)之间时,过冷奥氏体转变的产物是由竹叶状的铁素体内分布着渗碳体的质点。一般把该组织叫做下贝氏体。其性能是具有较高的硬度 HRC = 50 ~ 60,较高的强度,同时,塑性、韧性也较好。所以,在生产上常采用"等温淬火"的方法来获得下贝氏体组织。

3. 低温转变(马氏体型转变)

低温转变的温度在 230℃(M_s)以下,此时,由于温度极低,奥氏体来不及分解,即渗碳体来不及析出,只发生晶格转变,由 γ-Fe 转变为 α-Fe,碳原子全部保存在 α-Fe 中,就形成了一种过饱和的固溶体组织，一般把该组织叫做马氏体。其硬度随含碳量而变化，含碳量越多，马氏体的硬度越高，共析钢的马氏体有很高的硬度 HRC = 65，当含碳量超过共析钢后，硬度基本不再增加。冲击钢性很低，脆性很大，延伸率和断面收缩率几乎等于零。

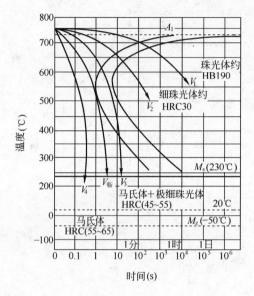

图 5-8 奥氏体连续冷却时的组织转变

要指出的是，由于含碳量的不同，各种钢中的"C"曲线都不相同。

二、过冷奥氏体的连续冷却转变

在实际生产中，奥氏体的转变，大多是在连续冷却的过程中进行的。例如，退火时钢件随炉缓冷，正火时钢件在空气中冷却，淬火时钢在油中或水中冷却等。在工作中往往以钢的"C"曲线，作为依据来近似地分析连续冷却时的转变，即钢在连续冷却时，可使用钢的"C"曲线来确定钢在各种不同冷却速度下降到哪一种组织，如图 5-8 所示。将代表连续冷却的曲线（如 V_1、V_2、V_3、$V_临$、V_A）画在"C"曲线上，根据与"C"曲线相交的位置，就能估计出所得到的组织与性能。

V_1——冷却速度极其缓慢，相当于炉冷时（退火）的情况，根据它与"C"曲线相交的位置，可以判断它会转变为珠光体组织（HB190）。

V_2——冷却速度稍大于 V_1，相当于空气中冷却（正火）的情况，可以判断它会转变为索氏体组织即细珠光体（HRC30）。

V_3——冷却速度相当于钢在油中冷却（油淬）。它与"C"曲线的开始转变线交于鼻部附近，所以一部分过冷奥氏体转变为屈氏体和一部分转变为索氏体的混合组织，这样的组织被认为是没有淬硬的（HRC45~55）。

V_4——冷却速度相当于在中水冷却（水淬），它不与"C"曲线相交，说明由于冷却速度快，奥氏体还来不及分解，便被过冷到 M_s 线（230℃）以下，使奥氏体转变为马氏体（HRC55~65）。

$V_临$——它是得到马氏体的最小冷却速度，$V_临$ 正好与"C"曲线的曲折处相切，它表示奥氏体在连续冷却时，中途没有转变，一直冷到 M_s 点以下才转变为马氏体，$V_临$ 称为"临界冷却速度"。临界速度是决定淬火工艺的一个重要因素，只有知道 $V_临$ 的大小，才能正确选择冷却方式，使淬火达到或超过临界冷却速度。共析钢的临界冷却速度大约 400℃/s。

淬火的目的是将钢淬硬到马氏体组织，因此选用淬火冷却剂时，其冷却速度必须大于工件材料的 $V_临$，利用"C"曲线才能合理的选择淬火剂。

"C"曲线右移，标志着奥氏体稳定性增加，从而使奥氏体的临界冷却速度减小。即可选择冷却速度较慢的淬火剂（油），也能使工件淬硬，得到同样的马氏体不易形成裂纹，一般合金钢就有这种性能。

"C"曲线左移,说明该钢材的临界冷却速度很大,碳钢做成的零件必须在水中淬火才能得到马氏体。

第四节 钢的退火与正火

钢的正火与退火常安排在铸造或锻造以后机械加工之前进行的一种预先热处理。这是因为,其一,在铸造或锻造以后,工件存在锻造或铸造的残余应力,而且在成分和组织上也不均匀,这就会使工件的机械性能较低,而且淬火时会造成变形与裂纹。经过正火或退火,便可得到细而均匀的组织并消除内应力。其二,经过退火及正火以后,所得到的工件接近平衡组织,硬度更低,有利于下一步的机械加工。

一、钢的退火

退火是将钢加热到临界点(A_{c1}或A_{c3})以上30~50℃,在此温度停留一段时间,然后缓慢冷却下来,以获得接近状态图中组织的热处理工艺。

退火的目的是:降低硬度,提高塑性,便于机械加工;消除钢中的内应力,以防止工件变形与开裂;改善组织,细化晶粒,以提高钢的机械性能,为淬火做好准备。

根据钢的成分和工艺目的不同,常用的退火方法可分为:完全退火、等温退火、球化退火和去应力退火等。

(一)完全退火

将亚共析钢加热到A_{c3}以上30~50℃(图5-2所示)保温一定时间后,随炉缓慢冷却(或埋在砂中冷却)至500℃以下出炉,再在空气中冷却,这种处理方法称为完全退火,如图5-9所示。

完全退火主要用于亚共析钢和共析钢的铸、锻件的热处理。其目的是:细化晶粒、降低硬度、提高塑性和冲击韧性、消除内应力、改善切削加工性能。退火后的组织为铁素体+珠光体。

完全退火不能用于过共析钢,因为加热到A_{ccm}以上缓慢冷却时,则析出网状渗碳体,使钢的机械性能变坏。

(二)等温退火

完全退火所需时间非常长,特别是对于某些奥氏体比较稳定的合金钢,其退火工艺往往需要数十小时甚至数天的时间。但如果在对应于钢的 C 曲线上的珠光体形成温度进行奥氏体的等温转变处理,这样便可在等温处理的前后,稍快地进行冷却,以便大大缩短整个退火过程。这种退火的方法称为等温退火。等温退火不仅可以缩短退火时间,而且能获得均匀组织和良好的性能,因此生产中常用等温退火来代替完全退火。

(三)球化退火

将钢加热到A_{c1}以上20~30℃(图5-2所示)保温一段时间,再在A_{r1}以下20℃左右等温,使组织转变完成,然后冷却至500℃以下再空冷,这种热处理方法称为球化退火,如图5-9所示。

球化退火主要用于共析钢、过共析钢及合金工具钢,如刀具、量具、模具等。其目的是:使珠光体中的片状渗碳体和网状二次渗碳体发生球化,形成球状珠光体,降低硬度,提高塑性，改善切削加工性能，并为淬火做好准备。

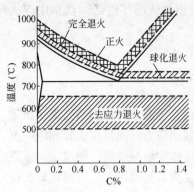

图 5-9 几种退火与正火加热温度范围

共析钢、过共析钢和合金工具钢加热之后，组织中出现粗片状珠光体和网状渗碳体，增加了钢的硬度和塑性，使切削性能变坏，且淬火时易产生变形和开裂。为了消除这些缺点，在热加工时，必须进行一次球化退火，使网状二次渗碳体和珠光体组织中的片状渗碳体都变为球状渗碳体。这种铁素体与球状渗碳体的组织叫做球状珠光体，它的硬度比片层珠光体与网状二次渗碳体组织的硬度低。如 T10 碳素工具钢球化退火前硬度 HBS255～321，球化退火后硬度降到 HBS 小于等于 197。

为了便于球化过程的进行，对于网状较严重者，可在球化退火之前先进行一次正火，以便消除网状渗碳体，以有利于球化过程顺利进行。

近年来，球化退火应用于亚共析钢已获得成效，使其获得最佳的塑性和较低的硬度，从而大大有利于冷挤、冷拉、冷冲成型加工，在建筑工程和机械制造业中得到应用。

（四）去应力退火

将钢加热到 500～650℃，保温足够时间，然后随炉温缓慢冷却（50～100℃/h），冷到 200～300℃时，出炉在空气中冷却的热处理方法，称为去应力退火，如图 5-9 所示。

去应力退火又称低温退火，由于加热温度没有达到临界温度，钢的组织不发生变化，只是在加热状态下消除内应力。主要用于消除铸件、焊件的内应力，消除精密工件在切削加工时产生的内应力，使工件在使用过程中不变形。

钢制压力容器在制造过程中，经过弯曲、压力、锤击及焊接都会产生内应力，而焊接产生的残余应力最大。压力容器存在残余应力时，将引起变形，冷裂纹和延迟裂纹。当存在残余应力的容器在腐蚀介质中工作时，容器极易出现腐蚀裂纹。压力容器一旦破坏，将会造成极大的损失。因此，对于一定厚度的铁素体钢制压力容器，焊接后一定要进行退火消除应力。对于大型的焊接构件（如大型球罐），无法装入炉中退火，可采用火焰及感应加热方法对焊缝影响区进行局部去应力退火。

二、钢的正火

将钢加热到 A_{c3}（亚共析钢）或 A_{ccm}（过共析钢）以上（图 5-2 所示）进行奥氏体化，保温一定时间后从炉中取出在空气中冷却的一种热处理工艺过程，称为正火，如图 5-9 所示。一般低碳钢的加热温度在 A_{c3} 以上 100～150℃；中碳钢的加热温度在 A_{c3} 以上 50～100℃；过共析钢的加热温度在 A_{ccm} 以上 30～50℃。

正火的目的是：提高低碳钢的硬度，以便于切削加工；细化晶粒，提高钢的机械性能；消除粗大的晶粒，网状渗碳体组织，从而改善钢的组织，并为淬火作好组织准备。

正火实质上是退火的一种特殊形式，与退火的主要区别是冷却速度比退火快，因此正火后的组织比退火细，强度、硬度和韧性都比退火有所提高。操作简便、成本较低和生产周期短，因而它的应用比较广泛，主要用于：含碳量低于 0.3% 的低碳钢，通过正火适当提高硬度和强度避免"粘刀子"以便于切削加工；含碳量在 0.3%～0.5% 范围内的钢材，用正火代替退火，硬度不至于过高，还能进行加工，且表面质量较好；工件需要返修时，可采用正火作为重新淬火前的预先热处理,用于消除过共析钢中的网状渗碳体,以利于球化退火。

三、退火与正火的选择

退火与正火属于同一类型的热处理,达到的目的也基本相同,在实际生产中,有时可以互相代替的。那么,在什么情况下采用退火?什么情况下采用正火?主要从以下三个方面来考虑:

（一）切削加工性能

金属的切削加工性能一般包括切削脆性、表面粗糙度、硬度和切削刀具的磨损。实际生产中,金属的硬度 HBS170~230 范围内切削性较好,如果硬度过大不但难以加工,而且会加剧刀具磨损;如果硬度过低,在切削时易形成切屑缠绕在刀具、工件和刀架上,造成刀具的发热和磨损,加工后的零件表面粗糙度很低,且有时会造成严重的工伤事故。故一般情况下低碳钢和中碳钢结构钢多采用正火作为预先热处理,而高碳钢结构钢和工具钢则采用退火作为预先热处理。至于合金钢,由于合金元素的加入,使钢的硬度有所提高,故在大多数情况下,中碳以上的合金钢都需要退火,合金工具钢要进行球化退火。

（二）使用性能

对于性能要求不太高的工件,随后不再进行淬火与回火时,则往往采用正火来提高机械性能;对于形状比较复杂的零件,因正火冷却速度比较快对工件可能造成裂纹,此时应采用退火;另外,从减少最终热处理（淬火）的变形开裂倾向来看,也应采用退火。

（三）经济性

由于正火比退火的生产周期短、耗热量少、成本低、效率高、操作简便等,故在可能的条件下,应优先考虑以正火代替退火。

第五节　钢　的　淬　火

钢的淬火是将钢加热到 A_{c3} 或 A_{c1} 以上 30~50℃,经保温一定时间,然后急速冷却（大于临界冷却速度）以获得高硬度马氏体组织的一种热处理工艺。

一、淬火的目的

淬火的目的是改变钢的内部组织,获得高的硬度和强度的马氏体,更好的发挥钢材的性能潜力。一般动载荷作用下相对运动的零件、部件、刀具和各种切削工具及模具等都要进行淬火。例如：各种切削刀具,退火状态的硬度很低 HRC 小于 20,同被切削零件硬度相近,无法对工件进行切削,只有通过正火,使硬度提高至 HRC 大于 60,方可切削零件并且有良好的耐磨性,以保证使用。

二、淬火加热温度的选择

钢淬火的加热温度是由其临界点位置来确定的,碳钢淬火的加热温度可根据 Fe-Fe₃C 状态图

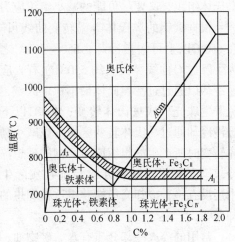

图 5-10　碳钢的淬火加热温度范围

来选择，如图5-10所示。为了防止奥氏体晶粒粗大，淬火温度不宜选的过高，一般只允许比临界点高30～50℃。对于亚共析钢，适宜的淬火加热温度一般为 A_{c3} +（30～50）℃。得到组织为细晶粒的奥氏体，淬火后的组织为均匀细小的马氏体。如果加热温度不足（<A_{c3}），则淬火后的组织中将出现铁素体，造成淬火硬度不足，达不到要求。对于共析钢、过共析钢，适宜的淬火加热温度一般为 A_{c1} +（30～50）℃，得到的组织为奥氏体和渗碳体，淬火后的组织为细小的马氏体和少量未溶的渗碳体。多余的渗碳体不但不减低淬火钢的硬度，而且会增加钢的耐磨性。反之如果是将钢加热到 A_{ccm} 以上温度淬火，则不仅会得到粗大的马氏体，脆性极大，而且由于二次渗碳体的全部溶解，使奥氏体的含碳量过高，从而降低马氏体的转变温度，增加淬火钢中的残余奥氏体量，使钢的硬度和耐磨性降低。

对于合金钢，由于大多数合金元素（除锰、磷外）都阻碍奥氏体晶粒长大，因此其淬火温度允许比碳钢稍微提高一些，这样可使合金元素充分溶解和均匀化，以便获得较好的淬火效果。

三、淬火加热时间

淬火加热时间包括升温和保温时间两部分。升温时间是指工件由低温达到淬火温度所需要的时间。保温时间是指工件内外温度一致，达到奥氏体均匀化的时间。在淬火加热时，两个阶段很难划分，故通常以总的加热时间来考虑。

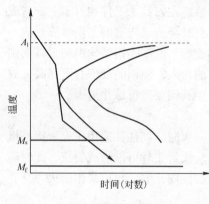

图5-11 钢的理想淬火冷却速度曲线

影响加热时间的因素很多，如钢的成分、加热介质和加热速度、炉温的高低、工件的尺寸和形状、装炉量和装炉的方式等。其时间可查有关阅热处理资料和手册来确定。

四、淬火冷却介质

淬火时工件要得到马氏体，冷却速度必须大于临界冷却速度，否则工件不能淬硬和达到一定的淬硬深度。但是冷却速度过大，在奥氏体向马氏体转变过程中，将产生巨大的组织应力的热应力，容易造成工件的变形及开裂。因此，在选择冷却介质时，既要保证得到马氏体组织，又要尽可能的减小组织应力和热应力，才能保证热处理的质量。

根据碳钢的奥氏体等温转变曲线可知，在650℃以上可缓慢冷却；650～400℃之间为了躲过C曲线鼻尖（约550℃左右）应快速冷却以通过过冷奥氏体最不稳定区域，避免发生珠光体或贝氏体转变；400℃以下应缓慢冷却通过马氏体转变区域，以减小马氏体转变时所产生的组织应力。钢的理想淬火冷却速度如图5-11所示。目前在实际生产中还没有一种冷却介质能获得这种理想的冷却曲线。

钢在各种冷却介质中的冷却速度

表5-1

淬火冷却介质	下列温度范围内冷却速度（℃/s）	
	650～550℃	300～200℃
水（18℃）	600	270
水（50℃）	100	270
水（74℃）	30	200
10%苛性钠水溶液（18℃）	1200	300
10%氯化钠水溶液（18℃）	1100	300
50℃矿物油	150	20

常用的淬火冷却介质有水、矿物油、盐水溶液、碱水溶液等，其冷却能力如表5-1所示。

水是最常用的冷却介质。其特点是冷却速度快，使用方便。水在高温区（650~550℃范围内）能满足淬火要求，但在低温区（200~300℃的范围内）冷却速度仍然很快，容易引起变形和开裂，这是水淬的最大缺点。淬火过程中，水温不断的升高，冷却能力显著下降，使钢件不能淬硬。

一般规定水温不得超过40℃，如超过40℃，须冷却后或重换低于40℃的水再使用。水淬一般用于形状简单的工件。

盐水作为淬火冷却介质时，能增加在650~550℃范围内的冷却速度，但在200~300℃范围内冷却能力基本不改变，所以用盐水溶液时，可使零件获得均匀的高硬度和更深的淬硬层，但组织应力较大，易使工件变形或开裂，主要适用形状简单的低、中碳钢工件的淬火。

油也是最常用的淬火冷却介质，生产中多用10号、20号、30号机械油或变压器油，油的冷却能力较小，最大的优点是当工件在200~300℃时冷却较慢，冷却能力很少受油的温度影响，这有利于减少工件变形，缺点是在650~550℃范围内冷却能力也低，不适用于碳钢，一般只用作合金钢淬火的冷却介质。淬火时油温不能太高，以免着火。

碱水溶液冷却能力介于水和油之间，有良好的流动性，但有强烈的腐蚀性，使用时要采取保护措施。该溶液一般供等温淬火及分级淬火使用。

近年来国内外在淬火冷却介质上有了很大的发展，广泛研究和采用冷却能力介于水和油之间的冷却介质，使高温区的冷却能力接近于水，低温区的冷却能力接近于油，如目前广泛用于生产中的聚醚水溶液、聚丙烯酸钠水溶液等。

五、淬火冷却方法

淬火冷却方法是根据工件特点（化学成分、工件形状、工件尺寸和技术要求等）综合各种冷却介质的特征，为了保证工件淬火质量所采用的方法，目前常用的淬火方法有：单液淬火、双液淬火、分级淬火、等温淬火、局部淬火、冷处理等。

（一）单液淬火

将加热的工件放在一种淬火介质中连续冷却到室温的一种热处理操作，如图5-12①所示。例如碳钢在水中淬火，合金钢在油中的淬火都属于单液淬火。

单液淬火的操作简便，易实现机械化、自动化，应用广泛，但由于单独使用水或油，冷却特性不够理想，水淬变形开裂倾向大；油淬冷却速度小，容易产生硬度不足或硬度不均匀的现象。单液淬火主要适用于形状简单的工件。

（二）双液淬火

先将加热的工件淬入冷却速度大的淬火介质中冷却，当冷到 M_s 点稍上（约300~400℃）时，立即转入另一种冷却速度较小的淬火介质中冷却，这种方法称双液淬火，如图5-12②所示。它是利用了水在高温区快冷，油在低温区慢冷的优点，进行双液淬火时需要准确掌握工件在水中的停留时间，使工件表面温度恰好接近于 M_s，立即从水中取出，转移到油中冷却。水中停留时间不当，将会引起奥氏体分解或马氏体形成，失去双液淬火的作用。它主要适用于中等形状复杂的高碳钢和尺寸较大的合金钢工件。

（三）分级淬火

先将加热的工件淬入温度为150~260℃的盐浴或碱浴中冷却，稍加停留，待其表面与心部的温差减小后再拿出在空气中冷却，这种方法称为分级淬火。如图5-12③所示，分

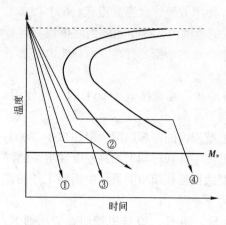

图 5-12 各种淬火方法冷却示意图

级淬火后工件内应力很小，能减少淬火变形。但工件在盐浴或碱浴中冷却速度慢，且等温时间受到限制，所以分级淬火多用于尺寸较小的工件，如刀具、量具和要求变形很小的精密工件。

（四）等温淬火

将工件淬入略高于 M_s 温度的硝盐浴或碱浴中，保温足够的时间，使过冷的奥氏体恒温转变为下贝氏体，转变结束后将工件取出在空气中冷却至室温，这种方法称为等温淬火，如图 5-12④所示。虽然等温淬火后硬度略低于低温回火，但韧性好变形小，故适用于形状复杂尺寸较小或尺寸要求精确的工件，如模具、刀具、齿轮、螺丝刀用 T7 钢制造原用淬火 + 低温回火工艺，硬度 HRC55，因韧性不够，使用时扭到 10°左右就脆断了，用等温淬火，硬度仍达 HRC55 ~ 58，但由于韧性和塑性都较好，故扭到 90°还不断。

（五）局部淬火

有些工件按其工作条件，如果只是局部要求高硬度的话，可对工件全部加热后进行局部淬火。为了避免工件其他部分产生变形和开裂，也可进行局部加热淬火。如图 5-13 所示直径为 60mm 以上的较大卡规进行盐浴炉中加热的示意图。

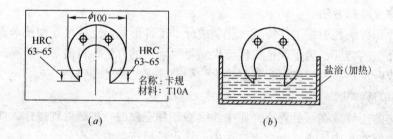

图 5-13 卡规及其局部淬火法

（六）冷处理

高碳钢及一些合金钢，由于 M_f 点在室温以下，工件淬火到室温后组织中有大量的残余奥氏体，若将钢继续冷却到零度以下（-70 ~ -80℃）并保持一定时间，会使残余奥氏体转变为马氏体。这种操作工艺称为冷处理。生产中大多用干冰（固态 CO_2）和酒精混合介质或用冷冻机冷却。这种方法主要用来提高钢的硬度和耐磨性。为了提高工具钢的寿命和稳定精密量具的尺寸，往往也进行冷处理。冷处理时体积要增大，所以这种方法也用于恢复某些高精度件（如量规）的尺寸，冷处理后可进行回火，以消除内应力避免裂纹。

目前，只有特殊冷处理才在 -103℃ 的液化乙烯或在 -192℃ 的液态氮或液态空气中进行。此类处理在工具及耐磨工件中获得应用，显著增加了它们的寿命。

六、淬火缺陷及防止

工件在热处理加热和冷却过程中，由于淬火工艺控制不当，工件常会出现硬度不足和软点、过热和过烧、变形和开裂及氧化脱氧等缺陷。

（一）硬度不足和软点

当淬火时加热温度过低，保温时间不足或冷却速度不够时，会造成硬度低于所要求的数值，这种现象称为硬度不足。产生硬度不足的原因是：对于亚共析钢，钢中的铁素体不能全部转变成奥氏体，淬火后，得到的是马氏体加铁素体，由于存在铁素体降低了钢的硬度；对于过共析钢加热温度高于A_{cm}，渗碳体全部溶于奥氏体中，淬火后增加了残余奥氏体的含量；冷却能力不够，使奥氏体转变为珠光体，使硬度降低。出现硬度不足时，一般采取重新制定淬火工艺再次淬火。

如果在工件的局部区域产生硬度不足，这种现象称为软点。产生软点的主要原因是工件受热不均匀，工件冷却不均匀等。出现软点时，一般要采取相应的措施，如使工件各部受热温度基本一致均达到需要的温度冷却对工件各部的冷却温度基本相等。

（二）过热和过烧

淬火时加热温度过高或保温时间过长，会引起奥氏体晶粒明显粗大，此种现象称为过热。过热会使淬火后的钢出现针状马氏体，使钢的机械性能下降，尤其是韧性变差，脆性增加。出现过热时对过热工件应进行1~2次的正火或退火处理，使钢的晶粒变细后再严格控制加热温度和保温时间重新淬火。

当工件加热温度更高时，不但奥氏体晶粒很粗大，而且出现沿奥氏体晶界氧化或局部熔化的现象，此现象称为过烧。过烧使钢的机械性能急剧下降，无法补救，工件只有报废。

（三）变形和开裂

淬火缺陷以变形与开裂最为常见。工件在淬火时，由于热应力和组织应力作用产生的内应力使工件产生变形和开裂。

热应力是在加热过程中，工件内、外层加热和冷却速度不同造成各处温度不一致，使热胀冷缩的程度不同而产生的。冷却速度越大，造成工件内外温度差越大，则内应力也就越大。

组织应力是由于奥氏体转变为马氏体时，使容积增大，而伴随着体积增大，使工件各部组织转变先后不一致而引起的应力。

防止和减少淬火变形与开裂的措施主要有：正确选用钢材，选择变形和开裂倾向小的中碳钢和合金钢钢材；合理进行工件的结构设计，使工件截面厚薄不要过于悬殊，形状尽可能对称；对于导热性差的合金钢要先进行预热；正确的选择冷却剂和冷却方法；除此以外还必须考虑工件的正确淬入方式。各种工件浸入淬火剂的方式如图5-14所示。细长工件（如钻头、丝钻）和薄而平的工件（如圆片）都应垂直淬入；薄壁环状工件（如钢圈），必须垂直的沿轴线方向淬入。

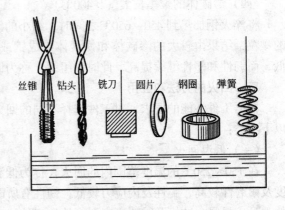

图5-14 各种工件浸入淬火剂的方式

第六节 钢的回火

将淬火后的工件加热到低于 A_{c1} 的某一温度，保温一定时间（一般为 1~2h）待组织转变完成以后，冷却至室温的一种热处理工艺称回火。它是紧接淬火后的一种热处理工序，因为淬火工件虽然具有较高的硬度和强度，但较脆，且有内应力存在，故必须经过回火才能使用，一般也是热处理的最后一道工序。

一、回火的目的

回火的目的是减少或消除工件淬火时产生的内应力，防止工件在使用过程中的变形和开裂；使工件达到所要求的机械性能，通过回火提高钢的韧性，适当调整钢的强度和硬度以满足各种工件的需要；稳定组织，使工件在使用过程中不发生组织转变，从而保证工件的形状和尺寸不变，保证工件的精度，使工件获得满意的综合性能。

二、钢在回火时组织和性能的变化

回火过程中组织变化是分四个阶段进行的，下面以共析钢为例加以说明。

（一）马氏体的分解（80~200℃）

将淬火钢加热到 80~200℃ 范围内回火时，从马氏体中不断地析出细小的碳化物，从而使碳化物周围局部区域的马氏体含碳量下降，所析出的碳化物呈弥散分布，对基体的强化作用比较大，而钢的硬度稍有下降，内应力减小，钢的韧性有所改善，此时的马氏体称为回火马氏体。

（二）残余奥氏体的分解（200~300℃）

将淬火钢加热到 200~300℃ 时，马氏体继续分解，同时残余的奥氏体也开始分解，也转变为回火马氏体，因而，硬度下降缓慢甚至回升，但淬火应力进一步减小。

（三）回火马氏体分解完成（300~400℃）

将淬火钢加热到 300~400℃ 时，碳化物转变，马氏体快速分解，碳从过饱和的固溶体中析出转变为铁素体，同时碳化物转变为稳定的细粒渗碳体，因而钢的内应力基本消除，硬度有所下降，韧性、塑性有所提高，此时的组织，称为回火屈氏体。

（四）渗碳体的聚集长大（>400℃）

将淬火钢加热到 450~650℃ 之间时，细小的渗碳体颗粒自发的聚集并长大。聚成较大的颗粒，结果由较大的渗碳体和铁素体组成钢或混合物，因而，钢的强度和硬度继续降低，而韧性和塑性继续提高，此时的组织，称为回火索氏体。

三、回火的方法和应用

根据工件性能的要求，对工件选择不同的回火温度。按回火温度的高低可将回火分为以下三类：

（一）低温回火

在 150~250℃ 的温度范围内的回火，称为低温回火。所得到的组织为回火马氏体，硬度及耐磨性较高，脆性及内应力较低，韧性有所改善。主要用于高碳钢、合金工具钢制造的刀具、量具、冲模及需要更高耐磨性的工件。

（二）中温回火

在 350~500℃ 的温度范围内的回火，称为中温回火。所得到的组织为回火屈氏体，钢回火后的弹性极限和屈服强度较高，内应力基本消除，有一定的韧性。主要用于各种弹簧、导杆及热锻模等工件的制造。

（三）高温回火

在 500~650℃ 的温度范围内的回火，称为高温回火。所得到的组织为回火索氏体，钢在高温回炉后，可得到强度、塑性、韧性都较好的综合机械性能，主要用于工程机械、机床、汽车、发电机、大型制冷机等中的承受较大载荷的结构及工件。通常将淬火加高温回火称为调质处理。

由于调质后可以获得最理想的综合机械性能，故目前调质处理，主要用于各种重要的结构，特别是那些在交变载荷下工作的连杆、螺栓、齿轮、轴类、曲轴等工件。调质不但可以作为这些重要工件的最终热处理，而且可作为某些精密工件如丝杠、量具、蒸汽泵柱塞、模具等的预先热处理，使其获得均匀细小的回火索氏体组织，以减小随后最终热处理过程中的变形，并为获得较好的最终性能提供组织基础。

此外，生产中还采用一种"时效"的热处理工艺，所谓时效处理是将淬火后的工件加热到 100~280℃，经数小时至十小时停留，随后缓冷的工艺过程。其目的是进一步消除内应力，稳定工件尺寸。时效与回火有类似的作用。时效处理按其加热温度的不同有高温时效和低温时效两种。高温时效的温度略低于高温回火温度，保温后缓冷到 300℃ 以下出炉。低温时效的温度常用 100~160℃。时效主要用来处理要求形状尺寸不再发生变化的精密工件如划线平台，检验平尺等。

第七节 钢的淬透性概念

钢的淬透性是指钢在淬火时，钢获得淬硬层深度的能力。它是衡量钢热处理性能好坏的重要标准之一。钢淬火时能得到深硬层，说明其淬透性高。

一、工件截面冷却速度与淬硬层的关系

淬火时，工件整个截面冷却是不相同的，工件表面冷却较快，而心部冷却较慢，如图 5-15（a）所示。冷却速度大于临界冷却速度的表面部分，淬火后得到马氏体组织，工件表面达到了硬度要求，该部分被称为淬透层。冷却速度小于临界冷却速度的心部将得到非马氏体组织，得到的是屈氏体和索氏体，如图 5-15（b）所示，显然淬火层的深度取决于临界冷却速度的大小，即钢的过冷奥氏体的稳定性，并与工件截面尺寸和淬火介质的冷却能力有关。

二、淬透层的测定

淬透层的测定，按理说应该是淬成马氏体的区域，而实际上马氏体中混入少量屈氏体（5%~10%）时，显微观察和硬度测量都不易发现。根据测试方便，规定从工件表面到半马氏体层（即 50%马氏体 + 50%屈氏体或其他组织）表面距离作为淬透层的深度。

三、影响淬透性和淬硬性的主要因素

钢的淬透性和淬硬性是具有不同含义的两个概念，分述如下：

（一）影响淬透性的主要因素

影响钢的淬透层深度的主要因素是临界冷却速度。临界速度愈小（C 曲线右移）即过冷奥氏体愈稳定，则钢的淬透层深度愈高。因此，淬成马氏体深度（淬透层深度）除含碳

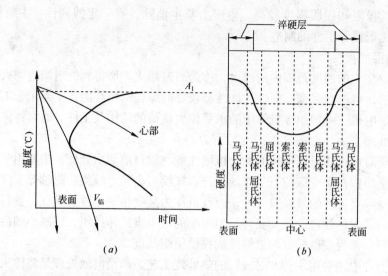

图 5-15 工件截面冷速与淬硬层的关系

量外,还受钢中加入合金元素 Mn、Cr、Si、Ni 等影响。当它们溶入奥氏体后,能增加过冷奥氏体的稳定性,降低 $V_{临}$,从而使钢的淬透性提高。

(二) 影响淬硬性的主要因素

淬硬性是指钢淬火成马氏体所能达到的最大硬度,主要取决于含碳量,与合金元素含量没多大的关系,更确切地说,它决定了淬火时,固溶体在钢的奥氏体中的含碳量。固溶体在奥氏体中的含碳量越多,淬火后的硬度愈高。

从以上分析来看,淬透性好的钢,它的淬硬性不一定高。低碳合金钢的淬透性相当好,但它的淬硬性却不高;高碳钢的淬硬性高,但它的淬透性却差。

第八节 钢的表面热处理

每一台机械设备,都是由许许多多的零部件组成的,它们在各自工作部位起的作用不同。例如:在动载荷和摩擦条件下工作的齿轮,轮齿间的相互接触,既受到冲击载荷,又产生很大的摩擦力,对齿面摩擦很大,故要求齿轮表面具有较高的硬度和耐磨性。减少齿面磨损,而要求齿轮的心部有足够的强度和韧性满足冲击载荷的要求。在上述情况下,如果仅从材料的方面去解决是十分困难的。如采用高碳钢,硬度高,达到齿面的要求,但心部韧性不足,满足不了冲击载荷的要求;如采用低碳钢,心部韧性较高,能满足冲击载荷的要求,但表面硬度低,耐磨性差,满足不了减少齿面磨损的要求。为了满足上述零件的不同要求,在实际中广泛采用表面热处理,克服普通热处理的不足之处。

表面热处理就是通过改变工件表面层的组织或改变表面层的化学成分,从而改变其性能的一种热处理方法。

表面热处理的方法很多,大致可分为两类,即表面淬火和化学热处理。

一、表面淬火

钢的表面淬火是一种不改变表面层化学成分,只改变表层组织,使工件表面得到硬度很高的马氏体组织。而工件中心部分仍然为原来组织的局部热处理工艺。表面淬火适用于含碳量在 0.3%~0.7% 的碳钢及合金元素含量小于 3% 的合金结构钢。

根据表面加热方式不同，钢的表面淬火又可分为：火焰加热表面淬火、感应加热表面淬火、盐浴加热表面淬火等，工业上应用最多的是感应加热表面淬火和火焰加热表面淬火。

（一）火焰加热表面淬火

火焰加热表面淬火利用高温的乙炔—氧或煤气—氧的混合气体燃烧的火焰，喷射到工件表面上，快速加热工件表面，当达到淬火温度时立即喷水冷却，从而达到表面要求的硬度和深度的一种表面淬火方法，如图 5-16 所示。

火焰表面淬火的淬透层深度一般为 2~6mm，若淬硬层过深，往往容易引起工件表面严重过热，易产生淬火裂纹。

火焰淬火主要适用于中碳钢及中碳合金结构钢（合金元素小于 3%）的工件，还可用于对灰铸铁、合金铸铁的表面淬火。

火焰淬火方法简便，不需要特殊设备，但生产率低，工件表面容易过热，质量难以控制，因而限制了它在制造业中的应用，故适用于单件或小批量生产的工件，如各种齿轮、大型轴类、锤子、划规等。

（二）感应加热表面淬火

感应加热表面淬火是使工件表面层产生一定频率的感应电流，将工件表面层快速加热到淬火温度后立即喷水冷却，使工件表层淬火，从而获得细针状马氏体组织的一种表面淬火方法。

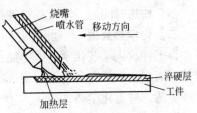

图 5-16 火焰表面淬火示意图

1. 感应加热原理

将工件放在一个特制的线圈中，如图 5-17 所示。通过一定频率的交流电，在线圈周围将会产生一个频率相同的交变磁场，于是在工件中就感应产生同频率的感应电流，这个电流在工件中形成回路，称为"涡流"。形成的涡流能使电能变成热能加热元件。涡流在工件内的分布是不均匀的，表层密度大，心层密度小，通过线圈的电流频率愈高，电流集中的表层愈薄，这种现象称为"集肤效应"。

感应加热就是利用集肤效应这个原理，将工件放在感应器中，感应器（线圈）通过交流电，工件表层由于交流电热效应，很快被加热到淬火温度，随之喷水冷却使工件表面层淬硬。

2. 感应加热的分类及应用

根据所用电流频率的不同，感应加热主要有以下四类：

（1）高频感应加热

电流频率为 100~500kHz（常用 200~300kHz），表面淬硬层浅，一般为 0.5~2mm。主要用于在摩擦条件下工作的要求淬硬层较薄的中、小型工件，如小模数齿轮、中小型轴类等。

（2）中频感应加热

电流频率为 500~10000Hz（常用 2500~8000Hz），表面淬硬层深度为 2~8mm。主要用于承受扭矩、压力载荷的直径较大的工件中，如中等模数的齿轮、大模数齿轮、单齿加

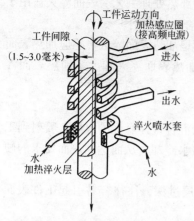

图5-17 感应加热表面淬火示意图

热、尺寸较大的凸轮轴及曲轴等。

(3) 工频感应加热

电流频率为50Hz，表面淬硬层深度为10~20mm。主要用于承受扭矩、压力载荷大的大型工件，如冷轧辊、火车轮。

(4) 超音频感应淬火

电流频率为20~40kHz，表面淬硬层略高于高频，而且沿工件轮廓均匀分布。主要用于加热难以实现沿轮廓表面淬火的工件，如花键轴、链轮等。

3. 感应加热的特点

感应加热淬火与普通加热淬火相比具有以下特点：

(1) 加热速度极快，一般只需几秒至几十秒就把工件加热到淬火温度，没有保温时间，组织转变只能在高温下进行，铁和碳原子来不及扩散，因而珠光体转变为奥氏体的相变温度升高，通常比普通热处理高几十度。

(2) 生产率高，适宜于大批量生产。

(3) 加热时间短，淬火获得极细马氏体，工件表面硬度比普通热处理高HRC2~3。

二、化学热处理

将工件放入某些化学介质中加热，保温和冷却，使某些元素渗入工件的表面层，以改变其表面层化学成分和组织，使表层具有不同的特殊性能（如耐腐蚀、抗磨等）的一种热处理工艺，称为化学热处理。

(一) 化学热处理的主要特点

化学热处理不仅使表面层组织变化，而且表面层化学成分也发生变化；化学热处理不受工件形状的限制，能使渗层与工件形状相似，材料性能不受原始成分的局限。

(二) 化学热处理的种类及应用

钢的化学热处理种类很多，按渗入元素的不同主要有渗碳、氮化、碳氮共渗、渗铬、渗铝等。在生产中最常用的主要是渗碳和氮化。

1. 渗碳

钢的渗碳是向钢的表面渗入碳原子的过程，即把钢放入富碳介质中，在900~950℃之间加热、保温，使活性碳渗入钢表面的过程。其目的是使工件表面层具有较高的硬度和耐磨性，而心部仍保持一定的强度及较高的塑性和韧性等。

(1) 渗碳对材料的要求及渗碳范围。渗碳钢必须是低碳钢或低碳合金钢，碳含量最大等于0.3%；渗碳层深度一般为0.5~2mm，最好在0.8%~11%范围内。

(2) 渗碳法的主要类型。根据采用渗碳剂的不同，有固体渗碳，气体渗碳和液体渗碳。生产中最常用的是前两

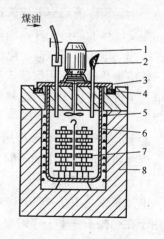

图5-18 气体渗碳法示意图
1—风扇电动机；2—废气火焰；3—炉盖；4—砂封；5—电阻丝；6—耐热罐；7—工件；8—炉体

种。

1) 气体渗碳。将工件放入密封的气体渗碳炉中，通入气体渗碳剂进行渗碳，如图 5-18 所示。常用的气体渗碳剂主要有煤油、复合渗碳剂、丙酮、甲醇、苯等液体，同时将工件加热到 900~950℃，工件在此温度下发生热分解，形成 CO 等。CO 与加热的工件表面接触时，便分解出活性碳，即

$$2CO \rightleftharpoons CO_2 + [C]$$

活性碳原子被工件表面吸收，并向内扩散，形成渗碳层。气体渗碳法时间短，一般仅需 3~9h；受热均匀，不易过热，劳动条件较好；适用于大批量的生产，也可以用于小件、单件和小批量的生产。

2) 固体渗碳。将工件装于四周填满固体渗碳剂的渗碳箱内，如图 5-19 所示。用耐火泥将其封闭，加热到 900~950℃，保温。常用的固体渗碳剂是由木炭和碳酸盐混合组成。分解原理与气体渗碳相同。固体渗碳速度慢，一般要保温 5~15h，生产率低；劳动条件差；设备简单质量难以控制，适宜于单件或小批量的生产。

2. 氮化

氮化就是向工件表面渗入氮原子的过程。目前常用的是气体氮化法。即把工件放入加热炉内密封的铁箱中，加热到 500~560℃，并通入氨气，氨气分解出活性

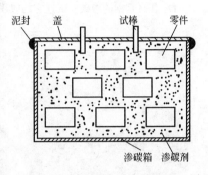

图 5-19　固体渗碳法示意图

氮原子产生下列反应式：$2NH_3 \rightarrow 3H_2 + 2[N]$。分解出的活性氮原子被钢的表面吸收，并向内扩散，形成小于 0.8mm 的氮化层，一般为 0.3~0.5mm。氮化可以提高工件表面的硬度、耐磨性、疲劳性和抗腐性。

为了提高表面硬度、耐磨性和疲劳性的氮化用钢，不宜采用碳钢，因为用碳钢氮化，形成 Fe_4N 和 Fe_2N 较不稳定，温度稍高，就容易聚集粗化，表面不可能得到更高的硬度，并且心部也不能具有更高的强度和韧性。故必须采用合金钢，如 38CrM$_0$ALA、38CrALA 等氮化钢，要求表面较硬但又不要过脆的工件，多选用无铅的中碳含铬的低合金钢，如碳铬钼钢、铬钢等。仅仅要求耐腐蚀性的工件，可用碳钢、合金钢、铸铁等。

氮化与渗碳相比，氮化层具有很高的硬度和耐磨性，氮化层硬度高达 HRC69~72；工件变形小；耐腐蚀性良好。但周期长，成本高，氮化层薄而脆，不宜承受集中的载荷，故主要用来处理重要和复杂的精密工件。

思考题与习题

1. 什么是钢的热处理？常见的热处理怎样分类的？为什么热处理能改变钢的性能？
2. 简述共析钢在加热时奥氏体形成的过程。
3. 共析钢过冷奥氏体在 A_1~M_s 温度范围，转变的产物及性能有什么不同？
4. 什么是 $V_临$？它有什么重要意义？
5. 什么是退火？目的是什么？分为哪几类？
6. 完全退火的目的是什么？为什么不适宜于过共析钢？
7. 什么是正火？目的是什么？退火与正火如何选择？

8. 什么是淬火？目的是什么？常用淬火方式有哪几类？试在 C 曲线上画出。
9. 什么是淬透性？淬透性和淬硬性有什么区别？
10. 为什么合金钢常在油中淬火？
11. 工件淬火时常见的缺陷有哪些？怎样防止？
12. 为什么淬火后的钢一般紧接着要进行回火？
13. 常见的冷却介质有哪些？如何选择？
14. 丝锥、板牙、錾子、钻头、弹簧、螺栓、连杆、油罐、丝杠、热锻模采用什么热处理方法？为什么？并指出得到什么组织。
15. 什么是表面热处理？常用的表面热处理分哪几类？
16. 说明火焰表面淬火的特点及应用。
17. 什么是钢的渗碳？试述它的应用范围。

第六章 常用金属材料

常用金属材料是黑色金属材料和有色金属材料的统称。黑色金属材料主要是以铁、碳为主要成分的合金，即钢和铸铁材料。它是现代工业应用最为广泛的金属材料，是现代工业的基础。有色金属材料是除钢铁材料外的其他金属材料的统称。由于它们具有某些独特性能和优点，也成为现代工业中不可缺少的材料。

第一节 碳 素 钢

一、杂质元素对钢材性能的影响

碳素钢也称为碳钢。它除含铁、碳外，还含有少量的锰、硅、硫、磷、氧、氮和氢等元素。这些元素并非为改善钢材质量有意加入的，而是由矿石及冶炼工程中带入的，故称之为杂质元素。杂质元素对钢性能有一定的影响，长存杂质对钢性能影响如下：

硫 硫来源于炼钢的矿石与燃料焦炭。它是钢中的一种有害元素。硫以硫化亚铁（FeS）的形态存在于钢中，FeS 和 Fe 形成低熔点（985℃）化合物。而钢材的热加工温度一般在 1150~1200℃以上，所以当钢材热加工时，由于 FeS 化合物的过早熔化而导致工件开裂，这种现象称为"热脆"。含硫量愈高，热脆现象愈严重，故必须对钢中含硫量进行控制。

磷 磷是由矿石带入钢中的，一般来说，磷也是有害元素。磷虽能使钢材的强度、硬度增高，但引起塑性、冲击韧性显著降低。特别是在低温时，它使钢材显著变脆，这种现象称"冷脆"。冷脆使钢材的冷加工及焊接性变坏，含磷愈高，冷脆性愈大，故钢中对含磷量控制较严。

锰 锰是炼钢时作为脱氧剂加入钢中的。由于锰可以与硫形成高熔点（1600℃）的 MnS，一定程度上消除了硫的有害作用。锰具有很好的脱氧能力，能够与钢中的 FeO 生成 MnO 进入炉渣，从而改善钢的品质，特别是降低钢的脆性，提高钢的强度和硬度。因此，锰在钢中是一种有益元素。一般认为，钢中含锰量在 0.5%~0.8% 以下时，把锰看成是常存杂质。

硅 硅也是炼钢时作为脱氧剂而加入钢中的元素。硅与钢水中的 FeO 能结成比重较小的硅酸盐炉渣而除去，因此硅是一种有益的元素。硅在钢中溶于铁素体内使钢的强度、硬度增加，塑性、韧性降低。由于钢中硅含量一般不超过 0.5%，对钢性能影响不大。

氧 氧在钢中是有害元素。它是在炼钢过程中进入钢中的，尽管在炼钢末期要加入锰、硅、铁和铝进行脱氧，但不可能除尽。氧在钢中以 FeO、MnO、SiO_2、Al_2O_3 等形式夹杂，使钢的强度、塑性降低。尤其是对疲劳强度、冲击韧性等有严重影响。

氮 铁素体溶解氮的能力很低。当钢中溶有过饱和的氮，在放置较长一段时间后或随后在 200~300℃加热就会发生氮以氮化物形式的析出，并使钢的硬度、强度提高，塑性下降，产生时效。钢液中加入 Al、Ti 或 V 进行固氮处理，使氮固定在 AlN、TiN 或 VN 中，可消除时效倾向。

氢　钢中溶有氢会引起钢的氢脆、白点等缺陷。白点常在轧制的厚板、大锻件中发现，在纵断面中可看到圆形或椭圆形的白色斑点；在横断面上则是细长的发丝状裂纹。锻件中有了白点，使用时会发生突然断裂造成事故。

二、碳素钢的分类

碳素钢有多种分类方法，常用的分类方法有三种：

（一）按钢的含碳量分类

低碳钢：含碳量小于等于 0.25%；

中碳钢：含碳量在 0.25%～0.6% 之间；

高碳钢：含碳量大于等于 0.6%。

（二）按钢的冶炼质量分类

碳钢冶炼质量的高低，主要根据钢中杂质硫、磷的含量来划分。可分为普通碳素钢、优质碳素钢和高级优质碳素钢。

普通钢：$S \leq 0.055\%$，$P \leq 0.045\%$；

优质钢：$S \leq 0.04\%$，$P \leq 0.04\%$；

高级优质钢：$S \leq 0.03\%$，$P \leq 0.035\%$。

（三）按钢的用途分类

碳素结构钢：用于制造金属结构、零件；

碳素工具钢：用于制造刃具、量具和模具；

特殊性能用钢：用于特殊的工艺场合，如高温、低温、腐蚀等。

钢还可以按其他角度来分类，如按脱氧方法不同，钢可分为沸腾钢、镇静钢和半镇静钢三种。而且在实际使用中，钢厂在给钢的产品命名时，往往将成分、质量和用途这三种分类方法结合起来，如将钢称为优质碳素结构钢、高级优质碳素工具钢等。

三、钢号的表示方法

（一）普通碳素钢

根据 GB 700—88 规定，普通碳素钢钢种以屈服强度数值区分，其钢号表示方法为：屈服强度的汉语拼音字首 Q、屈服强度数值、质量等级符号及冶炼时的脱氧方法四部分按顺序组成。

碳钢的质量分为 A、B、C、D 四个等级。为满足各种使用要求，碳钢冶炼工艺中有不同的脱氧方法。根据脱氧方法的不同，有只用弱脱氧剂 Mn 脱氧，脱氧不完全的沸腾钢。这种钢在钢液往钢锭中浇注后，钢液在锭模中发生自脱氧反应，钢液中放出大量 CO 气体，出现"沸腾"现象，故称为沸腾钢，用代号 F 表示，如 Q235—A·F。若在熔炼过程中加入硅、铝等强氧化剂，钢液完全脱氧，则称镇静钢，用代号 Z 表示。Z 在牌号中可不标出，如 Q235—A。脱氧情况介于以上二者之间时，称半镇静钢，用代号 b 表示，如 Q235—A·b。采用特殊脱氧工艺冶炼时脱氧完全，称特殊镇静钢，用代号 TZ 表示，牌号中也可不标。

（二）优质碳素钢

优质钢含硫、磷有害杂质元素较少，其冶炼工艺严格，钢材组织均匀，表面质量高，同时保证钢材的化学成分和力学性能，但成本较高。

优质碳钢的编号仅用两位数字表示，钢号顺序为08、10、15、20、25、30、35、40、45、50、…80等。钢号数字表示钢中平均含碳量的万分之几。如45号钢表示钢中含碳量平均为0.45%（0.42%~0.50%）。

依据含碳量的不同，可分为优质低碳钢（含碳量小于0.25%），如08、10、15、20、25；优质中碳钢（含碳量0.3%~0.6%），如30、40、45、50与55；优质高碳钢（含碳量大于0.6%），如60、65、70、80。优质低碳钢的强度较低，但塑性好，焊接性能好。优质中碳钢的强度较高、韧性较好，但焊接性能较差。优质高碳钢的强度与硬度均较高。

（三）高级优质钢

高级优质钢比优质钢中含硫、磷量还少（均小于0.03%）。它的表示方法是在优质钢号后面加一个A字，如30A。

四、碳素结构钢

凡用于制造机械零件和各种工程结构件的钢都称为结构钢。根据质量可分为普通碳素结构钢和优质碳素结构钢。

（一）普通碳素结构钢

普通碳素结构钢是按质量属于普通钢，按成分属于碳素钢，按用途属于结构钢的一大类钢。这类钢，冶炼容易，不消耗贵重的合金元素，价格低廉，性能能满足一般工程结构、日常生活用品和普通机械零件的要求，所以是各类钢中用量最大的一类。

这类钢的牌号表示方法同普通碳素钢。表6-1列出了这类钢的牌号、化学成分。表6-2列出这类钢材在拉伸和冲击试验条件下的力学性能。

这类钢一般以热轧（包括控制）状态供货，其化学成分和性能必须达到表6-1、表6-2的规定，一般不经热处理强化。这类钢主要用于焊接、铆接、栓接构件。这些构件在常温有冲击负荷条件下工作，可选用相应牌号的B级钢；在低温有冲击负荷条件下工作或重要的焊接构件可选用C、D级钢。在各牌号钢中，Q235具有良好的塑性、韧性及加工工艺性，价格比较便宜，应用最为广泛。其棒材和型钢用作螺栓、螺母、支架、垫片、轴套等零部件，还可制作阀门、管子、管件等等。

普通碳素结构钢的化学成分（GB 700—88） 表6-1

牌号	等级	化学成分（%）					脱氧方法
		C	Mn	Si	S	P	
					不大于		
Q195	—	0.06~0.12	0.25~0.50	0.3	0.050	0.045	F、b、Z
Q215	A	0.09~0.15	0.45~0.55	0.3	0.050	0.045	F、b、Z
	B				0.045		
Q235	A	0.14~0.22	0.30~0.65	0.30	0.050	0.045	F、b、Z
	B	0.12~0.20	0.30~0.70		0.045		
	C	≤0.18	0.35~0.80		0.040	0.040	Z
	D	≤0.17			0.035	0.035	TZ
Q255	A	0.18~0.28	0.40~0.70	0.30	0.050	0.045	Z
	B				0.045		
Q275	—	0.28~0.38	0.50~0.80	0.35	0.050	0.045	Z

普通碳素结构钢的力学性能（GB 700—88） 表6-2

牌号	等级	屈服点 σ_s (N/mm²)(MPa) 钢材厚度（直径）(mm) ≤16	>16~40	>40~60	>60~100	>100~150	>150	抗拉强度 σ_b (N/mm²)(MPa)	伸长率 δ_s (mm) 钢材厚度（直径）(mm) ≤16	>16~40	>40~60	>60~100	>100~150	>150	温度(℃)	V形冲击功（纵向）(J)
		不小于							不小于							不小于
Q195	—	(195)	185	—	—	—	—	315~390	32	32	—	—	—	—	—	—
Q215	A	215	205	195	185	175	165	335~410	31	30	29	28	27	26	—	—
	B														20	27
Q235	A	235	225	215	205	195	185	335~410	26	25	24	23	22	21	—	27
	B														20	
	C														0	
	D														-20	
Q255	A	255	245	235	225	215	205	410~510	24	23	22	21	20	19	—	—
	B														20	27
Q275	—	275	265	255	245	235	225	490~610	20	19	18	17	16	15	—	—

（二）优质碳素结构钢

这类钢中有害杂质元素较少，质量优良，出厂供应既保证产品的化学成分，又保证力学性能。这类钢大多数用于制造机械零件，可以进行热处理以改善和提高其力学性能。它的牌号表示方法同优质碳素钢。如果优质碳素结构钢中含锰量较高（含锰量在0.07%~1.0%范围内），还应在表明含碳量的两位数字后面，附以汉字"锰"或Mn的元素符号，如20Mn表示平均含碳量为0.20%的较高含锰量钢，称为20锰钢。表6-3给出了部分优质碳素结构钢的性能、用途。

优质碳素结构钢性能用途简表 表6-3

钢号	σ_s (N/mm²)	σ_b (N/mm²)	δ (%)	ψ (%)	α_k (J/cm²)	HB 热轧	说明
08	200	330	33	60	—	131	属于软钢。强度低、塑性好，用于制造冷轧钢板、深冲压件
10	210	340	31	55	—	137	
15	230	380	27	55	—	143	属于低碳钢。强度低，塑性、焊接性好，用于制造冲压件、焊接件。如经渗碳淬火可提高表面硬度和耐磨性，用于高速、重载、受冲击件
20	250	420	25	55	—	156	
25	280	460	23	50	90	170	
30	300	500	21	50	80	179	属于中碳钢。调质后具有良好的综合力学性能，用于受力较大的重要件。如再表面淬火，可提高表面硬度和耐磨性，用作高速重载重要件，如齿轮类零件等
35	320	540	20	45	70	187	
45	360	610	16	40	50	241	
55	390	660	13	35	—	255	

续表

钢号	σ_s	σ_b	δ	ψ	α_k	HB	说　　明
	(N/mm²)		(%)		(J/cm²)	热轧	
60	410	690	12	35	—	255	属于高碳钢。经淬火，中、低温回火，弹性或耐磨性高，用作弹性件或耐磨件，如弹簧、板簧等
65	420	710	10	30	—	255	

五、碳素工具钢

碳素工具钢是用于制造刃具、模具、量具以及其他工具的钢。由于工作条件和用途不同，这类钢对性能的要求也不同。高硬度及高耐磨性是工具钢共有的重要使用性能。除了这些共性外，不同用途的工具钢也有各自的特殊性能要求。例如，刃具钢除要求高硬度、高耐磨性外，还要求红硬性及一定的强度和韧性。冷模具钢要求高硬度、高耐磨性、较高的强度和一定的韧性；热模具钢则要求高的韧性和耐热疲劳性及一定的硬度和耐磨性。对于量具钢，除要求具有高硬度、高耐磨性外，还要求高的尺寸稳定性。

在化学成分上，为了使工具钢尤其是刃具钢具有高的硬度，通常都使其含有较高的碳（含碳量为 0.65%~1.55%），以保证淬火后获得高碳马氏体，从而得到高的硬度和切断抗力，这对减少和防止工具损坏是有利的。此外，高的含碳量还可以形成足够数量的碳化物，以保证高的耐磨性。

碳素工具钢对钢材的纯洁度要求很严，对 S、P 含量一般均限制在 0.02%~0.03% 以下，属于优质钢或高级优质钢。钢材出厂时，其化学成分、脱碳层、碳化物不均匀度等均应符合国家有关标准规定，否则会影响工具钢的使用寿命。

碳素工具钢的牌号是拼音字母"T"加数字表示，其中 T 表示碳素工具钢，数字表示平均含碳量的千分数，如 T8，表示平均含碳量为 0.8% 碳素工具钢。若为高级优质碳钢则在牌号后加"A"，如 T10A，表示平均含碳量为 1.0% 高级优质碳素工具钢。

碳素工具钢的牌号及用途见表 6-4。

碳素工具钢的牌号及用途　　　　表 6-4

牌　　号	含碳量（%）	退火后的硬度 HBS（W）不大于	淬火后的硬度 HRC 不大于	应 用 举 例
T7、T7A	0.65~0.74	187	62	凿子、模具、锤子、木工工具及钳工装配工具等不受大的冲击，需要高硬度和耐磨性的工具
T8、T8A	0.75~0.84	187	62	
T9、T9A	0.85~0.94	192	62	刨刀、冲模、丝锥、手工锯条、卡尺等不受较大冲击的工具和耐磨机件
T10、T10A	0.95~1.04	197	62	
T11、T11A	1.05~1.14	207	62	
T12、T12A	1.15~1.24	207	62	钻头、锉刀、刮刀等不受冲击而要求极高硬度的工具和耐磨机件
T13、T13A	1.25~1.35	217	62	

第二节 合 金 钢

随着工业生产和科学技术的不断发展，对钢材的某些性能提出了更高的要求。如对大型重要的结构零件，要求具有更高的综合力学性能；对切削速度较高的刀具要求更高的硬度、耐磨性和红硬性（即在高温时仍能保持高硬度和高耐磨性）；大型电站设备、化工设备等不仅要求高的力学性能，而且还要求具有耐蚀、耐热、抗氧化等特殊物理、化学性能。碳钢不能满足这些要求，于是产生各种合金钢，以适应对钢材更高的要求。

合金钢，就是在碳钢的基础上加入其他元素的钢，加入的其他元素叫合金元素。合金元素在钢中的作用，是通过与钢中的铁和碳两个基本组元发生作用、合金元素之间的相互作用以及影响钢的组织和组织转变过程，从而提高了钢的力学性能，改善钢的热处理工艺性能和获得某些特殊性能。

一、合金钢的分类和牌号

（一）合金钢的分类

合金钢的分类方法很多，最常用的有两种方法。

按合金元素总含量分类：

低合金钢：合金元素总含量质量分数小于 5%；

中合金钢：合金元素总含量质量分数为 5%~10%；

高合金钢：合金元素总含量质量分数大于 10%。

按主要用途分类：

合金结构钢：主要用于制造重要的机械零件和工程结构；

合金工具钢：主要用于制造重要的刀具、量具和模具；

特殊性能钢：具有特殊的物理、化学性能的钢。

（二）合金钢牌号表示方法

根据国家标准规定，我国合金钢牌号采用国际化学元素符号、汉字和汉语拼音字母并用的原则。

合金结构钢的牌号采用"二位数字加元素符号加数字"表示。前面的二位数字表示钢的平均含碳量的万分数，元素符号表示钢中所含的合金元素，而后面数字表示该元素平均含量的质量分数。当合金元素含量小于 1.5% 时，牌号中只标明元素符号，而不标明含量，如果含量大于 1.5%、2.5%、3.5%、……则相应地在元素符号后面标出 2、3、4 等。例如 60Si2Mn（或 60 硅 2 锰）表示平均含碳量为 0.6%；含硅量约为 2%，含锰量小于 1.5%。

合金工具钢的牌号表示方法与合金结构钢相似，其区别在于用一位数字表示平均含碳量的千分数，当含碳量大于或等于 1.00%，则不予标出。如：9SiCr（或 9 硅铬），其中平均含碳量比为 0.9%，Si、Cr 的含量都小于 1.5%；Cr12MoV，表示平均含碳量大于 1.00%，铬含量约为 12%，钼和钒都小于 1.5% 的合金工具钢。

除此之外，还有一些特殊专用钢，为表示钢的用途在钢号前面冠以汉语拼音，而不标出含碳量。如 GCr15 为滚珠轴承钢，"G"为"滚"的汉语拼音字首。还应注意，在滚珠轴承钢中，铬元素符合后面的数字表示铬含量的千分数，其他元素仍用百分数表示。如

GCr15SiMn，表示含铬量为1.5%，硅、锰含量比均小于1.5%的滚珠轴承钢。

合金钢一般都为优质钢。合金结构钢若为高级优质钢，则在钢号后面加"A"，如38CrMoAlA。合金工具钢一般都为高级优质钢，所以其牌号后面不再标"A"。

二、主要合金元素对钢的影响

目前在合金钢中常用的合金元素有铬、锰、镍、硅、硼、钨、钼、钒、钛和稀土元素等。

铬　铬是合金结构钢主加元素之一。在化学性能方面，它不仅能提高金属耐腐蚀性能，也能提高抗氧化性能。当其含量达到13%时，能使钢的耐腐蚀能力显著提高，并增加钢的热强性。铬能提高钢的淬透性，显著提高钢的强度、硬度和耐磨性，但它使钢的塑性和韧性降低。

锰　锰可提高钢的强度，增加锰含量对提高低温冲击韧性有好处。

镍　镍对钢铁性能有良好作用。它能提高淬透性，使钢具有很高的强度，而又保持良好的塑性和韧性。镍能提高耐腐蚀性和低温冲击韧性。镍及合金具有更高的热强性能。镍被广泛应用于不锈耐酸钢和耐热钢中。

硅　硅可提高强度、高温疲劳强度、耐热性及耐H_2S等介质的腐蚀性。硅含量增高会降低钢的塑性和冲击韧性。

铝　铝为强脱氧剂，显著细化晶粒，提高冲击韧性，降低冷脆性。铝还能提高钢的抗氧化性和耐热性，对抵抗介质腐蚀有良好作用。铝的价格较便宜，所以在耐热合金钢中常用它来代替铬。

钼　钼能提高钢的高温强度、硬度、细化晶粒、防止回火脆性。含钼小于0.6%可提高塑性，提高冲击韧性，钼能抗氢腐蚀。

钒　钒能提高钢的高温强度、硬度、细化晶粒、提高淬透性。铬钢中加入少量钒，在保持钢的强度情况下，能改善钢的塑性。

钛　钛为强脱氧剂，可提高强度，细化晶粒，提高韧性，减小铸锭缩孔和焊缝裂纹等倾向。在不锈钢中起稳定碳的作用，减少与铬接触的机会，防止晶间腐蚀，还可提高耐热性。

稀土元素　稀土元素可提高强度、改善塑性、低温脆性、耐腐蚀性及焊接性能。

三、合金结构钢

合金结构钢按用途可分为工程结构用钢和机械制造用钢。

（一）工程结构用钢（普通低合金结构钢）

工程结构用钢主要用于制造各种工程结构，如大跨度桥梁、建筑、船舶、车辆、高压锅炉、大型容器等。这类钢是在普通碳素结构钢的基础上加入少量合金元素制成的钢，故名普通低合金结构钢（简称普低钢）。由于合金元素的作用，普低钢比相同含碳量的普通碳素结构钢强度高得多，而且还具有良好的塑性、韧性、焊接性和较好的耐磨性。因此采用普低钢代替普通碳素结构钢，可减轻结构重量，保证使用可靠，节约钢材。如用普低钢16Mn代替Q235钢，一般可节约钢材25%～30%以上。

我国列入冶金部标准的普低钢，按屈服强度的高低分为300MPa级、350MPa级、400MPa级、450MPa级、500MPa级和650MPa级六个级别。有管材、棒材、板材、型材等各种轧制种类。

普低钢大多数是在热轧状态下使用。加工过程中经常采用冷弯、冷卷和焊接,焊接成构件后不再进行热处理。主加元素为锰(0.8%~1.8%),为了某些需要,还加入钒、钛、铌、铜或铬、钼、硼等元素,合金元素总量一般不超过3%。

常用普低钢的牌号、性能和用途见表6-5。

常用普低钢举例　　　　　　　表6-5

钢　号	强度级别	σ_b(N/mm²)	σ_s(N/mm²)	δ(%)	用　途　举　例
09Mn2	300MPa级	460	310	21	油罐、油槽等
16Mn	350MPa级	520	360	26	桥梁、汽车大梁、船舶、压力容器等
15MnV	400MPa级	540	400	18	锅炉、大型厂房等
14MnMoV	500MPa级	620	500	15	500℃以下高压容器

(二) 机械制造用钢

机械制造用钢主要用于制造各种机械零件。它是在优质或高级优质碳素结构钢的基础上加入合金元素制成的合金结构钢。这类钢一般都要经过热处理,才能发挥其性能。因此,这类钢的性能与使用都与热处理相关。机械制造用合金结构钢按用途和热处理特点,可以分为合金渗碳钢、合金调质钢、合金弹簧钢、滚珠轴承钢等。

1. 合金渗碳钢

在机械工程中有许多零件是在高速、重载、较强烈的冲击和受磨损条件下工作的,如升降机、汽车的变速齿轮、内燃机凸轮轴等,要求零件的表面要有高硬度、高耐磨性,而心部有足够的韧性,为了满足这样的性能要求,可采用合金渗碳钢。所谓合金渗碳钢,就是用于制造渗碳零件的合金钢。合金渗碳钢的含碳量一般在0.1%~0.25%之间,加入的主要合金元素是铬、镍、锰、硼等,还加入少量的钒、钛等元素。经过渗碳处理后,再进行淬火和低温回火处理从而达到表面高硬度、高耐磨性和心部高强度、足够韧性。20CrMnTi是应用最广泛的合金渗碳钢。

2. 合金调质钢

合金调质钢一般指经过调质处理(淬火后高温回火)后使用的合金结构钢。这种钢经调质处理后具有高强度和高韧性相结合的良好的综合力学性能。为了获得综合力学性能,必须具有合理的化学成分。合金调质钢的含碳量在0.25%~0.50%之间,主加合金元素为锰、铬、硅、镍、硼等,还加入少量的钼、钨、钒、钛等元素。合金调质钢主要用于那些在重载荷、受冲击条件下工作的零件,如机床主轴、汽车后桥半轴、连杆等。40Cr钢是合金调质钢中最常用的一种,其强度比40钢高20%,并有良好的韧性。

3. 合金弹簧钢

合金弹簧钢是用于制造各种弹簧的专用合金结构钢。由于弹簧一般是在动载荷下工作,因此要求合金弹簧钢具有高的弹性极限、高疲劳强度、足够的塑性、韧性以及良好的表面质量。因此,合金弹簧钢具有合理的化学成分,并进行适当的热处理。合金弹簧钢含碳量一般在0.45%~0.75%之间,加入主要元素有锰、硅、铬等,有些弹簧钢还加入钼、钨、钒等元素。合金弹簧钢经淬火后进行中温回火处理。

4. 滚珠轴承钢

滚珠轴承钢是制造各种滚动轴承的滚动体和内外套圈的专用钢。由于滚动轴承在工作时,承受着高而集中的交变应力,同时还有强烈摩擦,因此滚珠轴承钢必须具有高而均匀的硬度和耐磨性,高的疲劳强度,足够的韧性和淬透性,以及一定的耐蚀性等。目前应用最广的是高碳铬钢,其含碳量在0.95%~1.15%之间,铬含量在0.6%~1.65%之间,其中GCr15和GCr15SiMn应用最多。

由于滚珠轴承钢的化学成分和主要性能特点与低合金工具钢相近,故在工程及生产中常用它制造刃具、冷冲模具、量具以及性能要求与滚动轴承相似的零件。

四、合金工具钢

碳素工具钢淬火后,虽能达到高的硬度和耐磨性,但因它的淬透性差、红硬性差(只能在200℃以下保持高硬度),因此,尺寸大、精度高和形状复杂的模具、量具及切削速度较高的刃具,都要采用合金工具钢制造。合金工具钢按用途可分为刃具钢、模具钢和量具钢。

(一)合金刃具钢

合金刃具钢分为低合金刃具钢和高速钢。

1. 低合金刃具钢

低合金刃具钢是在碳素工具钢的基础上加入少量合金元素(一般为3%~5%)形成的一类钢。这类钢中常加入铬、锰、硅等元素,此外还加入钨、钒等元素,硬度、耐磨性、强度、淬透性均比碳素工具钢好。但其红硬性略高于碳素工具钢,一般仅在250℃以下保持高硬度。低合金刃具钢的预备热处理是球化退火,最终热处理是淬火后低温回火。

2. 高速钢

高速钢是一种含钨、铬、钒等多种元素的高合金刃具钢。经过适当热处理后,具有高的硬度、红硬性和耐磨性。当其切削刃的温度高达600℃时,仍能保持其高硬度和高耐磨性。高速钢主要合金元素总量达到10%~25%,具有较高的淬透性。为使其具有良好性能,必须经过正确锻造和热处理。

(二)合金模具钢

模具钢是指用于制造冲压、热锻、压铸等成型模具的钢。

(三)合金量具钢

合金量具钢是用于制造测量工具的钢。测量工具即量具,如游标卡尺、千分尺、塞规等,是测量尺寸的工具。它们的工作部分要求高硬度、高耐磨性和高的尺寸稳定性,一般采用微变形合金工具钢制造,如CrWMn、GCr15等。量具钢的最终热处理与刃具钢和冷变形模具钢一样,也是淬火后低温回火,精度要求特别高的量具,可在淬火后进行冷处理(即将淬火冷却到室温的钢件继续冷至摄氏零度以下温度的处理),以保证其尺寸的稳定性。

常用合金工具钢见表6-6。

五、特殊性能钢

特殊性能钢是指具有特殊物理、化学性能的钢。特殊性能钢的种类很多,在工业及工程中常用的有不锈钢、耐热钢、耐磨钢和低温用钢。

(一)不锈钢

常用合金工具钢简表　　　　　　　　　　　表 6-6

类　别	钢　号	特　性	用　途
低合金刃具钢	9SiCr	高硬度、高耐磨性、高淬透性、变形小	要求较高的量具及一般模具刃具，例如块规、丝锥、板牙、铰刀等
	CrMn		
	CrWMn		
高速钢	W18Cr4V	高热硬性、高硬度、高耐磨性及强度	中速切削刃具及复杂刃具，如铣刀、拉刀、耐磨件、冷冲模、冷挤压模等
	W6Mo5Cr4V2		
冷变形模具钢	Cr12	高硬度耐磨性、高淬透性，强度韧性好，变形小	尺寸大，变形小的冷模具，如冲模
	Cr12MoV		
热变形模具钢	5CrNiMo	高温下强度韧性高、耐磨性及抗疲劳性好	尺寸大的热锻模及热挤压模
	3Cr2W8V		
备　注		1. 滚珠轴承钢 GCr6、GCr15 等也是很好的低合金工具钢； 2. 低合金刃具钢的热硬性约 300℃，作低速切削刃具；高速钢热硬性 500℃～600℃，作中速切削刃具； 3. 5CrNiMo 做大锻模，小锻模可用 5CrMnMo 代	

　　不锈钢是指具有抗腐蚀性能的一类钢种。通常所说的不锈钢是不锈钢与耐酸钢的总称。不锈钢不一定耐酸，但耐酸钢同时又是不锈钢。所谓不锈钢是指能抵抗大气及弱腐蚀介质腐蚀的钢种。腐蚀速度小于 0.01mm/年者被称为"完全耐蚀"，腐蚀速度小于 0.1mm/年者称为"耐蚀"。所谓的耐酸钢是指在强腐蚀介质中能耐蚀的钢种，腐蚀速度小于 0.1mm/年者称为"完全耐蚀"，腐蚀速度小于 1mm/年者称为耐蚀。因此，不锈钢并不是不腐蚀，只不过腐蚀速度较慢而已，绝对不被腐蚀的钢是不存在的。

　　按合金元素的特点可以将不锈钢划分为铬不锈钢和铬镍不锈钢。目前考虑到我国的镍资源缺乏，还发展了节镍或无镍不锈钢。

　　1. 铬不锈钢

　　在铬不锈钢中，起耐腐蚀作用的主要元素是铬。铬在氧化性介质中能生成一层稳定而致密的氧化膜，对钢材起保护作用而具有耐腐蚀性。铬不锈钢耐腐蚀性的强弱取决于钢中含碳量和含铬量。当含铬量大于 12%，钢的耐腐蚀性就会显著提高，而且含铬量愈多耐腐蚀性能愈好。但由于钢中碳元素的存在，使其与铬形成铬的碳化物而消耗了铬，致使钢中有效铬含量减少，降低了钢的耐腐蚀性，故不锈钢的含碳量都是较低的。为确保不锈钢具有耐腐蚀性能，其含铬量应大于 12%，实际使用的不锈钢中平均的含铬量都在 13% 以上。常用的铬不锈钢有 1Cr13、2Cr13、0Cr13、0Cr17Ti 等。

　　1Cr13（含碳量小于 0.15%）、2Cr13（含碳量平均为 0.2%）等钢铸造性能良好，经调质处理后有较高的强度与韧性，焊接性能尚好。耐蒸汽、潮湿大气、淡水和海水的腐蚀，对弱腐蚀性介质（人眼水溶液、低浓度有机酸等）温度较低（小于 30℃）时也有较好的耐蚀性。在硫酸、盐酸、热硝酸、熔融碱中耐蚀性较低。主要用在制造受冲击载荷较大的零件，如阀、阀件、高温螺栓、导管及轴与活塞杆等。

0Cr13、0Cr17Ti 等钢中含碳量少（小于1%），含铬量较多。它们具有较好的塑性，但韧性较差。它们能耐氧化性酸（如稀硝酸）和硫化氢气体的腐蚀，广泛使用于化工设备及管道等。

2．铬镍不锈钢

铬镍不锈钢的典型牌号是 0Cr19Ni9，它是国家标准中规定的压力容器用钢，用以代替以前的 1Cr18Ni9Ti 钢。由于铬镍不锈钢中含有能形成奥氏体组织的较多镍元素，经固溶处理（加热至 1100～1150℃，在空气或水中淬火）后，常温下也能得到单一的奥氏体组织，钢中的 C、Cr、Ni 全部固溶于奥氏体晶格中。经这样处理后具有较高的抗拉强度，极好的塑性和韧性。它的焊接性能和冷弯成型工艺性能很好，是目前用来制造各种罐、塔器、贮槽、阀件、容器及管道等的主要材料。

3．镍不锈钢

为适应我国镍资源紧缺情况，我国冶炼多种节镍或无镍不锈耐酸钢，用容易得到的锰和氮代替不锈钢中的镍。例如 Cr18Mn8Ni5 可代替 1Cr18Ni9；Cr17Mn13Mo2N 可代替 1Cr18Ni12Mo2Ti。这些钢种是以铬作为主要合金元素，已能形成稳定奥氏体组织的元素锰、氮代替部分或全部镍元素。

（二）耐热钢

钢的耐热性是高温抗氧化性和高温强度（热强性）的总称。耐热钢通常分为抗氧化钢和热强钢。

1．抗氧化钢

抗氧化钢又称不起皮钢，其特点是高温下有较好的抗氧化能力并有一定强度。这类钢主要用于制造长期工作在高温下的零件，如各种加热炉的炉底板、炉栅等。它们工作时的主要失效形式是高温氧化，而单位面积上承受的载荷并不大。

2．热强钢

热强钢的特点是在高温下有良好的抗氧化能力并具有较高的高温强度。这类钢主要用于制造长期工作在高温下并要求承受较大的载荷的零件，如高温螺栓、涡轮叶片等。失效的主要原因是高温下强度不够。

耐热钢中加入合金元素铬、硅、铝等可提高抗高温氧化性，加入合金元素钨、钼、钒等可提高高温强度。几种耐热钢的特性与用途见表 6-7。

几种耐热钢的特性与用途　　　　　　表 6-7

钢 号	材 料 特 点	使用温度（℃）	用 途 举 例
2Mn18Al15Si2Ti	具有良好的力学性能，有一定的抗氧化性和在石油裂化气、燃烧废气中的抗蚀性	650～850	可代替 1Cr18Ni9Ti 或 Cr5Mo。用于各种加热炉、预热炉的炉管
Cr19Mn12Si2N	具有良好的室温和高温力学性能，并具有良好的抗疲劳性和抗氧化性	850～1000	用在 800～1000℃范围内各种炉用耐热构件，可代替 Cr18Ni25Si2 等高级耐热钢
2Cr20Mn9Ni2Si2N	具有良好的综合性能和高温力学性能，并具有良好的抗氧化性	1200～1400	用在 900～1100℃范围内各种炉用耐热构件

续表

钢 号	材 料 特 点	使用温度（℃）	用 途 举 例
1Cr5Mo	焊接性不好，焊前在350～400℃下预热，焊后缓冷，并于740～760℃下高温回火	-40～550	石油工业中广泛用于制作含硫石油介质的炉管、换热器、塔等

（三）耐磨钢

耐磨钢，习惯上是指在强烈冲击载荷下发生冲击硬化，从而获得高耐磨性的高锰钢。它的主要化学成分是：含碳量1.0%～1.3%，锰量11%～14%（锰/碳=11～12），它的钢号写成 Mn13。由于这种钢基本上都是铸造成型的，因而其钢号写成 ZGMn13（铸造高锰钢）。高锰钢主要用于制造铁路道岔、拖拉机履带、挖土机铲齿等。

（四）耐低温用钢

制造低温设备（设计温度小于等于-20℃）的材料，要求在最低工作温度下具有较好的韧性，以防止设备在运行中发生脆性破裂。而普通碳钢在低温下（-20℃）冲击韧性下降，材料变脆，无法使用。目前国外低温设备及管道用的钢材主要是以高铬镍钢为主，也有使用镍钢、铜和铝等。

第三节 铸铁与铸钢

铸铁是碳量比大于2.11%的铁碳合金。在实际生产中，一般铸铁的含碳量为2.5%～4.33%，硅量为0.8%～3%，锰、硫、磷杂质元素的含量也比碳钢高。有时也加入一定量的其他合金元素，获得合金铸铁，以改善铸铁的某些性能。

铸铁具有良好的铸造性、耐磨性、减振性和切削加工性，生产简单，价格便宜，经合金化后具有良好的耐热性或耐蚀性。因此，铸铁在工业生产中获得广泛应用。由于铸铁的塑性、韧性较差，只能用铸造工艺方法成型零件，而不能用压力加工方法成型零件。

根据碳在铸铁中存在形式，一般可将铸铁分为白口铸铁、灰铸铁、球墨铸铁和可锻铸铁。白口铸铁中的碳几乎全部以渗碳体（Fe_3C）的形式存在，断口呈白亮色，性能硬而脆，不易切削加工，在工程中很少直接应用。

一、灰铸铁

灰铸铁中碳主要以片状石墨的形态存在，分布在铁素体、铁素体加珠光体或珠光体的基体上。由此，又可把灰铸铁分为铁素体灰铸铁、铁素体+珠光体灰铸铁和珠光体灰铸铁。铁素体、珠光体是碳钢的基体组织。因此，灰铸铁实质上是在碳钢的基体上分布着一些片状石墨。由于石墨的强度、硬度较低，塑性、韧性极差，所以石墨的存在相当于钢中分布着许多裂纹和"空洞"，起到割裂基体的作用，严重降低了铸铁的抗拉强度。铸铁中的石墨数量越多，尺寸越大，分布越不均匀，铸件的抗拉强度、塑性和韧性就越差。但石墨的存在对铸铁的抗压强度影响不大，因为铸铁的抗压强度以及硬度，主要取决于基体组织的性能。

石墨虽然降低了铸铁的抗拉强度和塑性，但也给铸铁带来了一系列其他的优越性能，如优良的铸造性能，良好的切削加工性，良好的减摩擦性和减震性。因而被广泛地用来制作各种承受压力和要求消振性的泵体（机座、管路附件等）、阀体、机架、结构复杂的箱体、壳体和经受摩擦的导轨、缸体等。

灰铸铁的牌号以"HT加数字组成"表示，其中"HT"是"灰"与"铁"的汉语拼音字首，表示灰口铸造，数字表示其最低的抗拉强度。常用灰铸铁的牌号、用途见表6-8。

灰铸铁的牌号和用途　　　　　　　　　　　　　　　　　　　　表6-8

铸铁类型	牌　号	σ_b (N/mm^2)（不小于）	硬度（HB）	应 用 举 例
铁素体灰铸铁	HT100	100	143~229	低负荷和不重要的零件，如外罩、手轮、支架、重锤等
铁素体、珠光体灰铸铁	HT150	150	163~229	承受中等负荷的零件，如汽轮机泵体、轴承座、齿轮箱等
珠光体灰铸铁	HT200	200	170~241	承受较大负荷的零件，如气缸、齿轮、液压钢、阀壳、飞轮、床身、活塞、制动鼓、联轴器、轴承座等
珠光体灰铸铁	HT250	250	170~241	
孕育铸铁	HT300	300	187~225	承受高负荷的重要零件，如齿轮、凸轮、车床卡盘、剪床和压力机的机身、高压液压钢、阀壳、飞轮、床身等
孕育铸铁	HT350	350	197~269	

用热处理的方法来提高灰口铸铁的强度、塑性等力学性能效果不大。通常对灰口铸铁进行热处理的目的是减少铸件中的应力、消除铸件薄壁部分的白口组织、提高铸件工作表面的硬度和耐磨性等。常用的热处理方法是去应力退火、表面淬火。

二、可锻铸铁

可锻铸铁是将一定成分的白口铸铁经过退火处理，使渗碳体分解，形成团絮状石墨的铸铁。由于退火工艺不同，可得到基体组织为铁素体和珠光体的可锻铸铁，即可锻铸铁的组织为铁素体基体上分布团絮状石墨或珠光体基体上分布着团絮状石墨。由于石墨呈团絮状，大大减轻了对基体的割裂作用。与灰铸铁相比，可锻铸铁不仅有较高的强度，而且有较好的塑性和韧性，并由此得名"可锻"，但实际上并不可锻。铁素体（基体）可锻铸铁的塑性、韧性好，珠光体（基体）可锻铸铁的强度高、耐磨性好。

铁素体可锻铸铁又称黑心可锻铸铁，牌号由KTH加两组数字组成，KTH表示铁素体可锻铸铁，前组数字表示最低抗拉强度，后组数字表示最小伸长率。珠光体可锻铸铁牌号为KTZ（Z代表珠光体）。

常用可锻铸铁牌号、用途见表6-9。

可锻铸铁的牌号和用途　　　　　　　　　　　　　　　　　　　　表6-9

基本类别	牌　　号	σ_b (N/mm^2)（不小于）	δ（%）（不小于）	硬度（HB）	应 用 举 例
铁素体	KHT300-06	300	6	≤150	汽车、拖拉机的后桥外壳，弹簧钢板支座，纺织机件，农机机件；机床上用的扳手；低压阀门、管接头等
铁素体	KHT330-08	330	8		
铁素体	KHT350-10	350	10		
铁素体	KHT370-12	370	12		

续表

基本类别	牌 号	σ_b (N/mm²)(不小于)	δ (%)(不小于)	硬度(HB)	应用举例
珠光体	KHT450-06	450	6	150~200	曲轴、连杆、齿轮、凸轮轴、摇臂、活塞环等
	KHT550-04	550	4	180~230	
	KHT650-02	650	2	210~260	
	KHT700-02	700	2	240~290	

在球墨铸铁出现之前，可锻铸铁曾是铸铁当中性能最好的，广泛用作汽车、拖拉机的前后轮壳、管道的弯头、三通等形状复杂，尺寸不大，强度和韧性要求较高的零件。但由于生产效率低，生产成本高，故现在有被球墨铸铁取代的趋势。

三、球墨铸铁

球墨铸铁是指石墨以球状形式存在的铸铁。球墨铸铁的获得是在浇注前往铁水中加入适量的球化剂和孕育剂即球化处理，浇注后可使碳呈球状石墨析出分布在基体上。由于石墨呈球状分布在基体上，对基体的割裂作用降到最小，可以充分发挥基体的性能。所以，球墨铸铁的力学性能比灰铸铁和可锻铸铁都高，其抗拉强度、塑性、韧性与相应基体组织的铸钢相近。球墨铸铁兼有铸铁和钢的优点，因而得到广泛应用。它可以代替碳钢、合金钢、可锻铸铁等材料，制成受力复杂、强度、硬度、韧性和耐磨性要求较高的零件，如曲轴、齿轮以及轧辊等。

球墨铸铁的牌号是由 QT 加两组数字组成。QT 分别是"球"与"铁"的汉语拼音字首，代表球墨铸铁，两组数字分别表示最低抗拉强度和伸长率。

球墨铸铁可通过不同的热处理方法改变其力学性能。经退火处理，提高球墨铸铁的塑性和韧性，改善切削加工性能，消除内应力；经正火处理，提高球墨铸铁的强度和耐磨性；经调质处理，获得较好的综合力学性能；通过等温淬火，可获得高硬度、高强度及足够韧性的较高综合力学性能。

常用球墨铸铁的牌号、用途见表 6-10。

球墨铸铁的牌号和用途表　　　　　　表 6-10

基体类型	牌 号	σ (N/mm²)	$\sigma_{0.2}$ (N/mm²)	δ (%)	硬度(HB)	应用举例
铁素体	QT400-18	400	250	18	130~180	阀体、汽车内燃机零件、机床零件
	QT400-15	400	250	15	130~180	
	QT450-10	450	310	10	160~210	
铁素体加珠光体	QT500-7	500	320	7	170~230	机油泵齿轮、机车车辆轴瓦
	QT600-3	600	370	3	190~270	
珠光体	QT700-2	700	420	2	225~305	柴油机曲轴、凸轮轴、气缸体、气缸套；活塞环；部分磨床、铣床、车床的主轴等
	QT800-2	800	480	2	245~335	
下贝氏体	QT900-2	900	600	2	280~360	汽车的螺旋齿轮、拖拉机减速齿轮、柴油机凸轮轴

四、铸钢

将熔炼好的钢液直接铸成零件或毛坯，这种铸件称为铸钢件，即铸钢是生产铸钢件的材料。与铸铁相比，铸钢的力学性能，特别是抗拉强度、塑性、韧性较高。因此，铸钢一般用于制造那些形状复杂、综合力学性能要求较高的零件，而这类零件在工艺上难于用锻造方法获得，在性能上又不能用力学性能较低的铸铁制造。铸钢有碳素铸钢和合金铸钢两种。

（一）碳素铸钢

碳素铸钢又叫铸造碳钢，简称铸钢。铸钢的含碳量一般在 0.15%～0.6%。铸钢的牌号用 ZG 后面加两组数字组成。第一组数字代表屈服强度值（σ_s），第二组数字代表抗拉强度值（σ_b），如 ZG200-400 表示屈服强度不低于 200（N/mm²），抗拉强度或强度极限不低于 400（N/mm²）的铸钢。

（二）合金铸钢

为了进一步提高铸钢的力学性能，常在碳素铸钢基础上加入锰、硅、铬、钼、钒、钛等合金元素，制成合金铸钢，如 ZG35SiMn、ZG40Cr、ZG35CrMnMo 等。

铸钢的流动性即铸造性较差，常采用提高浇注温度的方法改善其流动性。所以铸钢件的晶粒粗大，还可能产生组织缺陷。为了晶粒细化，改善铸钢件的性能，要进行相应的热处理。铸钢件一般采用正火或退火处理，以细化晶粒，消除组织缺陷和铸造应力。对于某些局部表面要求耐磨性较高的中碳铸钢件，可采用局部表面淬火。对合金铸钢件，可采用调质处理以改善其综合力学性能。

第四节 有色金属及其合金

除铁和钢以外的金属及其合金称作有色金属或非铁合金。

根据有色金属的密度大小，又分为两大类：密度小于 3.5g/cm³ 的有色金属称为轻金属（如铝、镁、铍、锂等），以轻金属为基的合金称作轻合金。密度大于 3.5g/cm³ 的有色金属称为有色重金属，如铜、镍、锌、铅等，以这类金属为基的合金称作重有色合金。

有色金属具有许多优良的性能，如密度小、强度大、模量高、耐热、耐腐蚀以及良好的导电性和导热性。同时许多有色金属又是制造各种优质合金钢和耐热钢所必需的合金元素，因此有色金属在金属材料中占有重要的地位，是现代航天、航空、原子能、计算机、电子、汽车、船舶、石油化工等工业必不可少的材料。例如，铝、镁、钛等金属及其合金，以密度小、比强度与比模量高的特性而在运载火箭、卫星、飞机、汽车、船舶上获得广泛应用，是制造其中许多结构件和零、部件的主要材料；再如，银、铜、铝等有色金属，导电性和导热性优良，是电力、电器工业和仪表工业不可缺少的材料；又如，铜和钛具有良好的抗蚀性，是石油化工和航海工业所必需的优良耐蚀材料。

本节主要介绍目前工程及工业上应用广泛的铝、铜及其合金和轴承合金。

一、铝及铝合金

铝是地壳中蕴藏量最多的金属元素，其总储量约占地壳重量的 7.45%。铝的化学性质很活泼，在空气及氧化性介质中表面易形成一层致密坚固的氧化铝薄膜，可保护内层金属不再继续氧化，故铝在大气中，或在氧化剂的盐溶液中，或在浓硝酸中都具有极好的耐蚀性。但含有卤素离子的盐类、氢氟酸以及碱溶液都会破坏铝表面的氧化膜，所以不易在这些介质中使用。铝无低温脆性、无磁性，对光和热的反射能力强和耐辐射，冲击不产生火化。在其合金化以后，铝合金有较高的比强度、比刚度、断裂韧性和疲劳强度，同时保持良好的成型工艺性能和高耐腐蚀稳定性，用其代替钢铁材料可大大减轻零构件的重量，增加结构的稳定性。目前液体导弹、运载火箭、各种航天器、飞机的主要结构材料大多采用铝合金，装甲、坦克、舰艇的制造也离不开铝合金。在机械、船舶、电子、电力、汽车、建筑和日用生活用具等生产行业，铝合金也同样有广泛的应用。

（一）纯铝

纯铝是一种银白色的轻金属，具有密度低、导电性和导热性好、塑性高、抗腐蚀性能好等特点。

纯铝塑性极好，但强度低，室温下，纯度为99.99%，铝的延伸率为50%，抗拉强度只有45MPa。纯铝低温性能良好，在0～235℃之间其塑性和冲击韧性均不降低。纯铝除易于铸造和切削外，还可通过冷、热压力加工制成不同规格的半成品。此外，纯铝还具有很好的焊接性能，可采用气焊、氩弧焊、钎焊、电子束焊、等离子弧焊、电阻焊、原子氢焊等方法进行焊接。

工业纯铝的纯度不及高纯度铝，其常见杂质为铁和硅。工业纯铝依其杂质限量编号，其牌号用 L1、L2、L3、…、L7 表示，即用"铝"字的汉语拼音前缀 L 加上序号表示。序号越大，纯度越低。这类铝主要用于制成管、棒、线等型材、含硫石化设备以及配制铝基合金的原料。高纯铝牌号为 LG1、LG2，可用来制造对耐蚀性要求较高的浓硝酸设备。如高压釜、槽车、贮槽、阀门、泵。此外，纯铝还可用来制造电线、铝箔、屏蔽壳体、反射器、包覆材料、化工容器和日用炊具等。

（二）铝合金

由于纯铝的强度很低，不宜用来制作结构零件。在铝中加入适量的硅、铜、镁、锰等合金元素，可以得到较高强度的铝合金，且仍具有密度小、耐蚀性好、导热性好的特点。铝合金按其成分和工艺特点可分为形变铝合金和铸造铝合金。

1. 形变铝合金

形变铝合金按其主要性能和用途，分为防锈铝、硬铝、超硬铝和锻铝。其牌号分别用 LF、LY、LC、LD，再加上序号表示，其中 L 为"铝"字汉语拼音前缀，F、Y、C、D 分别为"防"、"硬"、"超"、"锻"字的汉语拼音前缀，如，LF11 表示 11 号防锈铝，LY12 表示 12 号硬铝。

（1）防锈铝　它是铝—锰或铝—镁系合金。其强度高于纯铝，并有良好的塑性，耐蚀性较好，主要用于制造耐蚀性高的容器、热交换器、防锈蒙皮及受力小的构件，如油箱、导管及日用器具等。

（2）硬铝　它是铝—铜—镁系合金。这类合金经过淬火（固溶处理）、时效处理后，强度、硬度显著提高，但耐蚀性不如纯铝，常用于制造飞机大梁、隔框等，在仪器制造业也有广泛应用。

（3）超硬铝　它是铝—铜—镁—锌系合金。这类合金通过淬火、时效处理后，强度、硬度较高，是铝合金中强度最高的，主要用于制造飞机上受力较大的结构件。

（4）锻铝　它是铝—铜—镁—硅系合金。其力学性能与硬铝相近，但具有较好的锻造性能，故称锻铝，主要用于制作航空仪表工业中形状复杂、要求强度高的锻件。

2. 铸造铝合金

铸造铝合金是指具有较好的铸造性能，宜于用铸造工艺生产铸件的铝合金。根据化学成分，铸造铝合金可分为铝—硅系、铝—铜系、铝—镁系、铝—锌系铸造铝合金，其中铝—硅系铸造铝合金应用最为广泛。

铸造铝合金具有优良的铸造性能，抗蚀性好，广泛用于制造轻质、耐蚀、形状复杂的零件，如管件、阀门、泵、活塞、仪表外壳、发动机缸体等。

铸造铝合金代号用"铸"、"铝"两字的汉语拼音字首 ZL 加三位数字表示，第一位数字表示合金类别（1 为铝—硅系，2 为铝—铜系，3 为铝—镁系，4 为铝—锌系），第二、三位数字表示为合金顺序号，如 ZL105 表示为 5 号铝—硅系铸造铝合金。

二、铜及铜合金

铜属于半贵金属，相对密度 8.94，铜及铜合金具有高的导电性和导热性，较好的塑性、韧性及低温力学性能，在许多介质中具有高耐蚀性。因此在工程及工业生产中得到广泛应用。

（一）纯铜

纯铜呈紫红色，因此又称紫铜，是人类最早使用的金属之一。它无同素异构转变，无磁性，最显著的特点是导电、导热性好，仅次于银，其导电率为银的 94%，热导率为银的 73.2%。纯铜具有很高的化学稳定性，在大气、淡水中具有良好的抗蚀性，但在海水中的抗蚀性较差，同时在氨盐、氯盐、碳酸盐及氧化性硝酸和浓硫酸溶液中易受腐蚀。纯铜具有优良的加工成型性能和焊接性能，可进行各种冷、热变形加工和焊接。

工业用纯铜含有微量的脱氧剂和其他杂质元素，其牌号以铜的汉语拼音字母"T"加数字表示，数字越大，杂质的含量越高，依纯度将工业纯铜分为五种牌号：T0、T1、T2、T3、T4。T0、T1 是高纯度铜，用于制造电线，配制高纯度合金。后三种牌号的铜用于制造深冷设备（如制氧设备、深度冷冻分离气体装置）和蒸发器、蛇管、电刷、铜管、垫圈、散热器和冷凝器零件等。

（二）铜合金

纯铜的机械性能较低，为满足制作结构件的要求，需对纯铜进行合金化，加入一些适宜的合金元素，制成铜合金。按成型方法可将铜合金分为变形铜合金和铸造铜合金，除高锡、高铅和高锰的专用铸造铜合金外，大部分铜合金既可作变形合金，也可作铸造合金。根据化学成分的特点，铜合金分为黄铜、青铜和白铜三大类。在工业上最常用的是黄铜和青铜。

1. 黄铜

黄铜是以锌为主要合金元素的铜合金，因色黄而得名。黄铜敲起来音响很好，又叫响铜，因此锣、铃、号等都是用黄铜制造的。黄铜又分为普通黄铜和特殊黄铜。

（1）普通黄铜　仅由铜和锌组成的铜合金称为普通黄铜。其牌号用 H 加数字表示，H 代表铜，数字为铜含量的质量分数，如 H70 表示平均含铜量为 70% 的铜锌合金。

普通黄铜中常用的牌号有 H80，颜色呈美丽的金黄色，又称金黄铜，可作装饰品；H70，又称三七黄铜，它具有较好的塑性和冷成型性，用于制造弹壳，散热器等，故有弹壳黄铜之称；H62，又称四六黄铜，是普通黄铜中强度最高的一种，同时又具有好的热塑性、切削加工性、焊接性和耐蚀性，价格较便宜，故工业上应用较多，如制造弹簧、垫圈、金属网等。

(2) 特殊黄铜　在普通黄铜中加入锡、硅、铅、铝、锰等合金元素所组成的铜合金，分别称为锡黄铜、硅黄铜、铅黄铜等。加入合金元素是为了改善黄铜的使用性能或工艺性能（耐蚀性、切削加工、强度、耐磨性等）。特殊黄铜的牌号用 H 加主加元素的化学符号和数字表示，其数字分别表示铜和加入元素的百分数。如 HPb59-1 表示铅黄铜，平均含铜量为 59%，含铅量 1%，其余为锌。

常用的特殊黄铜有：铅黄铜（HPb59-1），主要用于制造大型轴套、垫圈等；锰黄铜（HMn58—2），主要用于制造在腐蚀条件下工作的零件，如气阀、滑阀等。

2. 青铜

青铜是指铜与锌或镍以外的元素组成的合金。按化学成分不同，分为普通青铜（锡青铜）、特殊青铜（无锡青铜）两类。

普通青铜即锡青铜是人类历史上应用最早的一种合金，我国古代遗留下来的一些古镜、钟鼎之类便由这些合金制成。锡青铜具有耐磨、耐蚀和良好铸造性能，用于制造蜗轮、轴承和弹簧等。其牌号表示方法为 Q 加主加元素的化学符号、含量百分数和数字（其他加入元素的百分数）。铸造青铜的牌号用"铸"字的汉语拼音字首 Z 和基体金属的化学元素符号铜，以及主加化学元素和辅加元素符号、名义百分含量的数字组成，如 ZCuSn10P1 为铸造锡青铜，平均含锡为 10%，含磷 1%。

特殊青铜的力学性能、耐磨性、耐蚀性，一般都优于普通青铜，而铸造性能不及普通青铜，主要用于制造高强度耐磨零件，如轴承、齿轮等。

3. 白铜

白铜则是以镍为主要合金元素的铜合金，因色白而得名。它的表面很光亮，不易锈蚀，主要用于制造精密仪器，仪表中耐蚀零件及电阻器、热电偶等。

三、轴承合金

在滑动轴承中，制造轴瓦及其内衬的合金，称为轴承合金。

根据滑动轴承的工作条件，轴承合金必须具有高的抗压强度和疲劳强度，足够的塑性和韧性，良好的磨合能力，减摩性和耐磨性，除此还要容易制造、价格低廉。为了使轴承材料满足上述要求，除了从原材料的力学性能、物理化学性能及价格上考虑外，还要求配成的合金能形成下述组织：在软的基体组织上均匀分布着硬的质点，或在硬的基体上，均匀分布着软的质点。

常用的轴承合金有锡基、铅基、铝基轴承合金。

（一）锡基轴承合金（锡基巴氏合金）

锡基轴承合金以锡为基础，加入锑、铜等元素组成的合金。这种轴承合金具有硬度适中，减摩性好，足够的塑性、韧性，良好的耐蚀性、导热性，膨胀系数较小。所以，在汽车、汽轮机等机械的高速轴上应用较广。锡基轴承合金的疲劳强度低，锡的熔点较低，故其工作温度不宜高于 150℃。

锡基轴承合金的牌号是以"铸"字的汉语拼音字首 Z 和基体元素锡的化学元素符号，以及主加元素和辅加元素符号、名义百分含量的数字组成，如 ZSnSb11Cu6 表示平均含锑量为 11%、含铜量为 6% 的锡基轴承合金。这个牌号也是最常用的锡基轴承合金。

（二）铅基轴承合金（铅基巴氏合金）

铅基轴承合金是以铅（Pb）、锑（Sb）为基础，加入锡、铜等元素组成的合金。铅基轴承合金的硬度、强度、韧性、减摩性均低于锡基轴承合金，故用于中低速的、中等负荷的轴承。由于它的价格便宜，在可能的情况下尽量采用。

铅基轴承合金的牌号表示方法同于锡基轴承合金。常用的牌号为 ZPbSb10Sn16Cu2。

（三）铝基轴承合金

铝基轴承合金常用的有铝锑镁和高锡铝基轴承合金。

铝锑镁轴承合金，是以铝为基础，加入 4% 锑（Sb），0.3%～0.7% 镁（Mg）所组成的合金；高锡铝基轴承合金，是以铝为基础加入约 20% 锡（Sn）和 1% 铜所组成的合金。

铝基轴承合金的特点是，原料丰富，价格便宜，导热性好，高的疲劳强度，良好的耐热、耐磨和抗蚀性，能承受较大压力与速度。用它可代替巴氏合金，其中以高锡铝基轴承合金应用最广，用于汽车、机车的轴承。铝锑镁轴承合金仅在低速柴油机等的轴承上使用。

思 考 题 与 习 题

1. 钢中常存的杂质有哪些？硫、磷对钢的性能有哪些有害和有益的影响？
2. 碳钢常用分类方法有哪几种？
3. 合金钢中经常加入的合金元素有哪些？怎样分类？
4. 什么是合金钢？为什么比较重要的大界面的结构零件都要用合金钢制造？与碳钢比较，合金钢有何优点？
5. 为什么不锈钢含碳量都很低？在铬不锈钢中，铬的含量有何要求？为什么？
6. 下列钢号各代表何种钢？符号中数字各有什么意义？
   Q235-A、Q235-AF、20、20g、16Mn、1Cr13、0Cr19Ni9、00Cr17Ni14Mo2。
7. 铬镍钢突出的优点何在？主要缺点是什么？
8. 一般刃具钢要求什么性能？高速切削刃具刚要求什么性能？为什么？
9. 为什么滚动轴承钢的含碳量均为高碳？
10. 比较各类铸铁性能的优劣。与钢相比较，铸铁在性能上有什么优点？
11. 在铸铁中，为什么石墨数量越多，则铸铁抗拉强度和硬度越低？
12. 试比较可锻铸铁与球墨铸铁的异同。
13. 举例说明灰铸铁、可锻铸铁、球墨铸铁和铸钢的牌号表示方法。
14. 试述工业纯铝的性能特点，并举例说明其牌号及用途。
15. 铝合金在性能上有何特点？为什么在工业上能得到广泛的应用？
16. 硬铝和铝硅合金各属于哪类铝合金？试举例说明其牌号及用途。
17. 试述工业纯铜的性能特点，并举例说明其牌号及用途。
18. 什么是黄铜？青铜？它们可以分为哪几类？
19. 轴承合金应具备哪些性能？常用的轴承合金有哪几种？
20. 轴承合金在组织上有何特点？简述常用轴承合金的应用。

第七章 非金属材料

非金属材料具有优良的耐腐蚀性，原料来源丰富，品种多样，适合于因地制宜，就地取材，是一种有着广阔发展前景的材料。非金属材料既可以做单独的结构材料，又能做金属设备的保护衬里、涂层，还可做设备的密封材料、保温材料和耐火材料。

非金属材料分无机非金属材料（主要包括陶瓷、搪瓷、岩石、玻璃等）及有机非金属材料（主要包括塑料、涂料、粘接剂、橡胶等）和近二三十年来发展的复合材料（玻璃钢、碳纤维、不透性石墨等）。本章着重介绍工程中应用比较广泛的工程塑料、橡胶、复合材料和陶瓷等。

第一节 工 程 塑 料

工程塑料是一类以天然或合成树脂为主要成分、加入各种添加剂，在一定的温度和压力下加工（塑制）成型，并在常温下保持其形状不变的材料。

一、塑料的分类

塑料工业已有 100 多年的历史，它是高分子材料工业中生产最早、发展最快、产量最大、应用最广的一个行业。

（一）塑料的组成

塑料是以高聚物（通常称为树脂）为基础，加入各种添加剂，在一定温度、压力下可塑制成型的材料。树脂是起粘结作用的基体，也叫粘料，约占塑料质量的 40%~100%，它决定了塑料的主要性能。添加剂是为改进塑料的使用性能和工艺性能而加入的其他部分，其种类有：

增塑剂　增塑剂能提高柔软性和成型性，它能使大分子链间距增加，降低分子间的作用力，从而降低树脂强度、硬度，增加柔顺性。其用量一般在 30% 以下。

填充剂　主要起增强作用，如酚醛树脂加入木屑后显著地提高强度，成为常用的电木。加入填充剂可改善树脂某些性能或者增加某些新性能，如加入云母可提高耐热性和绝缘性；加入二硫化钼可提高润滑性；加入铝粉可提高光反射能力和防老化。

防老剂　防老剂能防止塑料在加工和使用过程中，因受热、光、氧等影响而过早老化。加入量一般在千分之几。

固化剂　固化剂能促进热固性塑料的固化成型。它使热固性树脂受热时产生交联，由线性结构变成体型结构，成为较坚硬和稳定的塑料制品。例如，在酚醛树脂中加入六次甲基四胺，在环氧树脂中加入乙二胺、顺丁稀二酸酐等。

此外，还有用特殊目的添加剂，如发泡剂、防静电剂、阻燃剂等。

（二）塑料的分类

塑料的分类方法较多，按塑料的应用范围，可把塑料分为通用塑料、工程塑料和特种塑料等。

1. 通用塑料

主要指产量特别大，价格低，应用范围广的一类塑料。常用的有聚乙烯、聚氯乙烯、聚丙烯、酚醛塑料等，主要用来制造日常生活用品、包装材料和工农业生产用一般机械零件。

2. 工程塑料

常指在工程技术中作结构材料的塑料。这类塑料具有较高的机械强度或具有耐高温、耐腐蚀、耐辐射等特殊性能。因而可部分代替金属，特别是非铁金属来制作某些机械构件或作某些特殊用途。常用的工程塑料有聚酰胺（尼龙）、聚甲醛、ABS、有机玻璃等。

3. 特种塑料

它是指具有特殊性能和特种用途的塑料，如耐高温塑料、医用塑料等。

按塑料受热后所表现的行为可将塑料分为热塑性塑料和热固性塑料。

（1）热塑性塑料。

是一类可以反复通过提高温度使之软化、降低温度使之硬化的材料。这类塑料的合成树脂，其分子具有线型结构，柔顺性好，在加热时软化并熔融成为流动的黏稠液体，冷却后即成型并保持既定形状。若再次加热，又可软化并熔融，如此反复多次，其性能不发生显著变化，它们的碎屑可再生、再加工。常用的热塑性塑料有尼龙（聚酰胺）、聚乙烯、有机玻璃等。这类塑料的优点是加工成型简便，具有较高的力学性能，缺点为耐热性和刚性较差。

（2）热固性塑料。

这类塑料初加热时软化，然后固化成型；但成型后若再加热则不再具有可塑性，保持坚硬的固体状态。若加热温度过高，分子链断裂，制品分解破坏，碎屑不可再加工。常用的热固性塑料有酚醛树脂、环氧树脂、氨基塑料等。这类塑料具有耐热性高、受热不易变形、价廉等优点，缺点是生产率低、机械强度一般不太好。

塑料通常为粉末、颗粒或液体。热塑性塑料可用注射、挤出、吹塑等工艺制成管、棒、板、薄膜、泡沫塑料、增强塑料以及各种形状的零件。热固性塑料可用模压、层压、浇铸等工艺制成层压板、管、棒以及各种形状的零件。

二、塑料的特性与应用

（一）塑料的特性

与金属材料相比，塑料有以下特性：

1. 相对密度小

一般塑料的相对密度为 0.9~2.3，泡沫塑料的相对密度为 0.03~0.2。质轻是塑料的一大特点。

2. 电绝缘性好

塑料一般都有良好的电绝缘性，介电损耗小。但塑料中加入某些导电填充剂时也可制成导电材料。

3. 耐腐蚀性好

塑料一般都有较好的化学稳定性，能耐酸、碱、油、水及大气等物质的侵蚀。聚四氟乙烯甚至能耐沸"王水"腐蚀。

4．减摩、耐磨性好

大多数塑料摩擦系数小，耐磨性好。许多塑料还有自润滑性能，如聚四氟乙烯、尼龙等，能在干摩擦条件下使用。

5．消声、吸振性好

塑料制成的传动摩擦零件，可以减少噪声，减轻振动，改善劳动条件。

6．耐热、导热性差

塑料在高温下会变软、变形、老化或分解。热塑性塑料的耐热温度多数在100℃以下。热固性塑料耐热性较好，如有机硅树脂的耐热温度为200~300℃。

7．刚性、强度低

塑料的弹性模量低，一般只有钢的1/80，因而刚性差。其抗拉强度也低，热塑性塑料的抗拉强度一般为50~100MPa，热固性塑料的抗拉强度只有30~60MPa。玻璃纤维增强尼龙的抗拉强度为200MPa，相当于铸铁的强度。但由于塑料的密度小，因而其比强度并不比金属的低。

8．蠕变

塑料在室温下会发生蠕变（又称冷流）。在载荷下长期工作时，塑料的变形较大。

（二）常用塑料的特点和用途

部分常用热塑性塑料的特点和用途见表7-1，常用热固性塑料的特点和用途见表7-2。

部分常用热塑性塑料的特点和用途　　　　　　表7-1

名　称（代号）	主　要　特　点	用　途　举　例
聚乙烯（PE）	优良的耐蚀性、电绝缘性，尤其是高频绝缘性；可用玻璃纤维增强。低压聚乙烯：熔点、刚性、硬度和强度较高；高压聚乙烯：柔软性、伸长率、冲击强度和透明性较好；超高分子量聚乙烯：冲击强度高，耐疲劳、耐磨，需冷压烧结成型	低压聚乙烯：耐腐蚀件，绝缘件，涂层；高压聚乙烯：薄膜；超高分子量聚乙烯：减摩耐磨及传动件
聚丙烯（PP）	密度小，强度、刚性、硬度、耐热性均优于低压聚乙烯，可在100℃左右使用。优良的耐蚀性，良好的高频绝缘性，不受湿度影响，但低温发脆，不耐磨，较易老化；可与乙烯、氯乙烯共聚改性，可用玻璃纤维增强	一般机械零件、耐腐蚀件、绝缘件
聚氯乙烯（PVC）	优良的耐腐蚀性和电绝缘性；醋酸乙烯、丁烯橡胶等共聚或掺混改性。硬聚氯乙烯，强度高，可在15~60℃使用；软聚氯乙烯：强度低，伸长率大，耐腐蚀性和电绝缘性因增塑剂品种和用量而异，但均低于硬质的，易老化；改性聚氯乙烯：耐冲击或耐寒；泡沫聚氯乙烯：质轻、隔热、隔声、防振	硬质聚氯乙烯：耐腐蚀件、一般化工机械零件；软质聚氯乙烯：薄膜、电线电缆绝缘层，密封件；泡沫聚氯乙烯
聚苯乙烯（PS）	优良的电绝缘性，尤其是高频绝缘性，无色透明，透光率仅次于有机玻璃，着色性好，质脆，不耐苯、汽油等有机溶剂。改性聚苯乙烯：冲击强度较高；泡沫聚苯乙烯：质轻、隔热隔音、防振，可用玻璃纤维增强	绝缘件、透明件、装饰件；泡沫聚苯乙烯：包装铸造模样、管道保温

续表

名 称 （代号）	主 要 特 点	用 途 举 例
丙烯腈-丁二烯-苯乙烯共聚体（ABS）	较好的综合性能，耐冲击，尺寸稳定性较好；丁二烯含量愈高，冲击强度愈大，但强度和耐候性降低；增加丙烯腈，可提高耐腐蚀性；增加苯乙烯可改善成型加工性	一般机械零件，减摩及传动件耐磨
聚酰胺（尼龙，PA）含酰胺基	坚韧、耐磨、耐疲劳、耐油，抗菌霉、无毒、吸水性大。尼龙6：弹性好，冲击性加大；尼龙66：强度高，耐磨性好；尼龙610：与尼龙66相似，但吸水性和刚性都较小；尼龙1010：半透明，吸水性较小，耐寒性较好，可用玻璃纤维增强	一般机械零件，减摩耐磨及传动件，大型减摩耐磨及传动
氟塑料	优越的耐腐蚀、耐老化及电绝缘性，吸水性很小；聚四氟乙烯：俗称"塑料王"，几乎能耐所有化学药品的腐蚀，包括"王水"，但易受熔融碱金属侵蚀，摩擦系数在塑料中最小（$\mu=0.04$），不粘，不吸水，可在$-180 \sim +250$℃长期使用	耐腐蚀件、减磨件、密封件、绝缘件

（三）选用塑料时应考虑的因素

1. 工作温度

塑料的强度、刚性、电性能和化学性能等均受温度影响，尺寸也因温度而变化。

2. 湿度和水

在湿环境和水中，多数塑料会因吸水而引起尺寸和某些性能的变化，吸水率在0.1%~1.0%之间。聚乙烯、聚苯乙烯、聚四氟乙烯的吸水率低于0.01%，聚酰胺（尼龙）的吸水率可达1.9%。吸水率大的塑料不宜制造高精度的部件。

3. 光和氧

塑料与橡胶、纤维等合成高分子材料一样，在受到光和氧作用后，分子内部会发生降能或交联，物理机械性能变差，乃至丧失使用价值（即塑料老化）。采用添加防老化剂（如紫外线吸收剂及抗氧化剂）或高物理防护（如表面镀金属）以及化学改性等方法可改善性能、抑制老化或提高塑料本身的抵抗能力。选择适宜的防老剂可使塑料的耐老化性能提高几倍乃至几十倍。

常用热固性塑料的特点和用途 表7-2

名 称	主 要 特 点	用 途 举 例
酚醛塑料 （主要为塑料粉）	具有优良的耐热、绝缘、化学稳定及尺寸稳定性，抗蠕变性优于许多热塑性工程塑料，因填料不同，电性能及耐热性均有差异。若用于高频绝缘件用，高频绝缘性好、耐潮湿；若用于耐冲击件，冲击强度一般；若用于耐酸件，耐酸、耐霉菌；若用于耐热件，可在140℃下使用，若用于耐磨件，能在水润滑条件下使用	一般机械零件、绝缘件、耐腐蚀件，水润滑轴承
氨基塑料 （主要为塑料粉）	电绝缘性优良，耐电弧性好，硬度高，耐磨、耐油脂及溶剂，着色性好，对光稳定。眠醛塑料颜色鲜艳，半透明如玉，又名电玉；三聚氰胺塑料：耐电弧性优越，耐热、耐水，在干湿交替环境中性能优于脲醛塑料	一般机械零件、绝缘件、装饰件

续表

名 称	主 要 特 点	用 途 举 例
环氧塑料（主要为浇铸料）	在热固性塑料中强度较高，电绝缘性、化学稳定性好，耐有机溶剂性好；因填料品种及用量不同，性能有差异，对许多材料的胶接强力，成型收缩率小。电绝缘性随固化剂不同而有差异，固化剂有胺、酸酐及咪唑等类	塑料模，电气、电子组件及线圈的灌封与固定，修复机件
有机硅塑料（有浇筑料及塑料粉）	优良的电绝缘性能、电阻高、高频绝缘性能好阻、耐热，可在 100～200℃ 长期使用，防潮性强，耐辐射、耐臭氧，亦耐低温	浇铸料：电气、电子组件及线圈灌封与固定；塑料粉：耐热件、绝缘件
聚邻（间）苯二甲酸二丙烯脂塑料（有浇筑料及塑料粉）	优异的电绝缘性能，在高温高湿下性能几乎不变，尺寸稳定性好，耐酸、耐碱、耐有机溶剂，耐热性高，易着色。聚邻苯二甲酸二丙烯酯：能在 –60～200℃ 使用；聚间苯二甲酸二丙烯酯：长期使用温度较高	浇铸料：电气、电子组件及线圈的灌封与固定；塑料粉：耐热件、绝缘件
聚氨脂塑料（有浇筑料及基软质、硬质泡沫塑料）	柔韧、耐油、耐磨，易于成型，耐氧、耐臭氧、耐辐射及耐许多化学药品；泡沫聚氨酯：优良的弹性及隔热性	密封件、传动带；泡沫聚氨酯：隔热、隔声及吸振材料

第二节 橡 胶

橡胶是一种有机高分子材料，它具有高的弹性、优良的伸缩性和积储能量的能力，成为常用的密封、抗振、减振及传动材料。目前橡胶产品已达几万种，广泛用于国防、国民经济和人民生活各方面，起着其他材料不能替代的作用。

最早使用的是天然橡胶，天然橡胶资源有限，人们大力发展合成橡胶，目前已生产了七大类几十种合成橡胶。习惯上将未经硫化的橡胶叫生胶；硫化后的橡胶叫橡皮，生胶和橡皮又可统称橡胶。

一、橡胶的组成与分类

（一）橡胶组成

橡胶是以生胶为主要组分加入适量的配合剂组成的高分子弹性体。

生胶 生胶是橡胶的主要成分，它对橡胶性能起决定性作用。但单纯的生胶在高温时发生粘性、低温下发生脆性，且易被溶剂溶解。为此，常加入各种配合剂并经硫化处理，以形成具有较好性能的工业用橡胶。橡胶中常加入的配合剂如下：

硫化剂 硫化剂可使线型结构的橡胶分子相互交联成为网型结构，以提高橡胶的弹性和强度。常用硫化剂为硫磺。

促进剂 又称硫化促进剂，用以缩短硫化时间、降低硫化温度，提高经济性。常用的促进剂多为化学结构复杂的有机化合物，如胺类、肌类及硫眠等。

补强剂 用于提高橡胶的强度、硬度、耐磨性等。最佳的补强剂是炭黑。

软化剂 主要为增加橡胶的塑性、降低硬度。常用软化剂有凡士林等油类和酯类。

填充剂 加入填充剂的目的是为了提高橡胶机械性能、降低成本、改善工艺性能。常用炭黑、陶土、硅酸钙、碳酸钙、硫酸钡、氧化镁、氧化锌等。

防老剂 橡胶在贮存和使用过程中，因环境因素使其性能变坏，如发粘、变脆的现象称为老化。加入防老剂可延缓老化过程，增长使用寿命。

（二）橡胶的分类

橡胶种类繁多，若以原料来源分，有天然橡胶与合成橡胶两类；若以合成橡胶的性能和用途分，有通用橡胶与特种橡胶两类。

二、橡胶的主要性能

橡胶最大的性能特点是高弹性，它的弹性模量很低，只有 3~6MPa，在较小的外力作用下，就能产生很大的变形量（100%~1000%），当外力去除后又很快恢复原状。橡胶的高弹性与其分子结构有密切关系。橡胶大分子链呈线型结构，是由许多细长而有很大柔顺性和流动性的分子链组成，在高弹态下呈蜷曲线团状，具有扭结的构象。受拉伸时，大分子链伸直；当外力去除后，又恢复呈蜷曲状，这就是橡胶具有高弹性的原因。即使是经过硫化的橡胶，交联程度不是很高时（硫化剂含量小于10%），也并未改变大分子链的扭结的构象，链段的运动能力也未减弱，只是使分子链拉伸、舒展的应力增大，橡胶表现出更大的回弹力。橡胶还具有良好的耐磨性、耐蚀性、隔音、阻尼、耐寒等性能。橡胶的性能特点与配合剂的种类、硫化工艺等有密切的关系。

三、常用橡胶材料

（一）天然橡胶

天然橡胶是橡树上流出的胶乳，经过凝固、干燥、加压等工序制成片状生胶，再经硫化工艺制成弹性体。生胶含量在90%以上，其主要成分为聚异戊二烯天然高分子化合物，其聚合度 n 约为10000左右，分子量分布在10万~180万之间，平均分子量在70万左右。

天然橡胶具有优良的弹性，弹性模量在 3~6MPa，约为钢的1/30000，而伸长率则为300倍。天然橡胶的抗拉强度与回弹性比多数合成橡胶好，但耐热老化性和耐大气老化性较差，不耐臭氧，不耐油和有机溶剂，易燃烧。它一般用作轮胎，电线电缆的绝缘护套等。

（二）合成橡胶

天然橡胶虽然具有良好的性能，但其性能和产量满足不了现代工业发展的需要，于是人们只好大力发展合成橡胶。合成橡胶种类繁多，规格复杂，但各种橡胶制品的工艺流程基本相同。主要包括，塑炼-混炼-成型-硫化-修整-检验。

合成橡胶多以烯烃为主要单体聚合而成。

1. 丁苯橡胶

是目前产量最大，应用最广的合成橡胶，产量占合成橡胶的一半以上，占合成橡胶消耗量的80%。丁苯橡胶以丁二烯和苯乙烯为单体，在乳液或溶液中用催化剂进行催化共聚而成的浅黄褐色弹性体。主要品种有丁苯—10、丁苯—30、丁苯—50，其中数字表示苯乙烯含量。数值越大，橡胶的硬度和耐磨性越高，但耐寒性越差。丁苯橡胶比天然橡胶质量好，价格便宜。它能与天然橡胶以任意比例共混，可以相互取长补短，在大多数情况下可以代替天然橡胶，制作轮胎、胶带、胶管等。丁苯—10橡胶用来制造耐寒橡胶制品、丁苯—50橡胶多用来生产硬质橡胶。

2. 顺丁橡胶

是最早用人工方法合成的橡胶之一，其发展速度很快，产量已跃居第二位。它是丁二烯的定向聚合体。其分子结构式与天然橡胶十分接近。顺丁橡胶是惟一的弹性高于天然橡胶的合成橡胶。其耐磨性比一般天然橡胶高30％，比丁苯橡胶高26％，并具有较好的耐寒性，易于与金属粘合。但其加工性能、自粘性差，抗撕裂性不好。因此，常与其他橡胶混合使用。顺丁橡胶主要用于制造轮胎、耐寒运输带及其他橡胶制品，如胶管、胶带、橡胶弹簧、减震器、刹车皮碗等。

3. 氯丁橡胶

人们通常称为"万能橡胶"，它是氯丁二烯的弹性高聚物。由于氯原子的存在，使氯丁橡胶不仅物理—机械性能方面可与天然橡胶相似，而且耐油、耐磨、耐热、耐燃、耐老化等性能均优于天然橡胶，所以既可代替天然橡胶做一般橡胶制品，又可作为特种橡胶使用。不过耐寒性差、密度较大（为1.25），若做相同体积制品时，用量大、成本较高。主要用于制造电线、电缆包皮，输油和输腐蚀物质的胶管，输送带（可在400℃条件下工作），粘结剂及轮胎胎侧等。

4. 丁基橡胶

是由单体异丁烯和少量异戊二烯（0.6％~3.3％）共聚而成。丁基橡胶透气性极小，耐热、耐老化和电绝缘性都比天然橡胶好，但回弹性差。主要用于制造轮胎内胎、水工建筑用橡胶制品、化工设备衬里、防水涂层、各种要求气密性好的橡胶制品等。

第三节 复 合 材 料

复合材料是由两种或两种以上性质不同的材料组合而成，保留了各自的优点，得到单一材料无法比拟的综合性能，是新型的工程材料。各种材料都可以相互复合。非金属材料之间可以复合，非金属与金属材料可以复合，不同的金属材料之间也可做成复合材料。

一、复合材料的特性

强度大 比强度是材料强度和密度的比值，是从减轻重量的观点选择材料的指标。如碳纤维与环氧树脂组成的复合材料，比强度是钢的7倍，通常可减轻结构件重量的15％~30％。

化学稳定性好 选用耐蚀性良好的树脂为基体，用高强度纤维做增强材料，能耐酸、碱及油脂等的侵蚀。

减摩耐磨、自润滑性好 选用适当的塑料与钢板制成的复合材料，可作为轴承材料。由于钢板的增强作用，塑料轴承的耐磨性、尺寸稳定性以及承载能力都能显著提高。用石棉之类的材料与塑料复合，可以得到摩擦系数大，制动效果好的摩阻材料。

其他特殊性能 如隔热性、烧蚀性以及特殊的电、光、磁等性能。

二、复合材料的分类和应用

根据复合材料结构特点分，有纤维复合材料、层迭复合材料、细粒复合材料和骨架复合材料等。

（一）纤维复合材料

大部分是纤维和树脂的复合。根据所用的纤维和树脂不同，可分为玻璃纤维、碳纤维、石墨纤维、硼纤维、晶须、石棉纤维、植物纤维、合成纤维复合等材料。复合后的性能一般都能发挥长处，克服短处。常用的纤维复合材料有玻璃钢纤维复合材料、碳纤维复合材料和硼纤维复合材料等。

1. 玻璃纤维复合材料

由玻璃纤维与热固性树脂或热塑性树脂复合的材料，通常又称玻璃钢。

应用较多的热塑性树脂是尼龙、聚烯烃类、聚苯乙烯类、热塑性聚酯和聚碳酸酯五种，但以尼龙的增强效果最好。热塑性玻璃钢同热塑性塑料相比，基体材料相同时，强度和疲劳性能可提高2~3倍以上，冲击韧性提高2~4倍，蠕变强度提高2~5倍，达到或超过了某些金属的强度。

常用的热固性树脂为酚醛树脂、环氧树脂、不饱和聚酯树脂和有机硅树脂等四种。酚醛树脂出现最早，环氧树脂性能较好，应用较普遍。热固性玻璃钢集中了其组成材料的优点，即质量轻、比强度高，耐腐蚀性能好，介电性能优越，成型性能良好。它们的比强度比铜合金和铝合金高，甚至比合金钢还高；但刚度较差，耐热性不高（低于200℃），容易老化，容易蠕变。

玻璃钢应用极广。它可用来制造游船及配件；各种耐腐蚀的管道、阀门、贮罐，防护罩以及轴承、法兰圈、齿轮、螺丝、螺帽等各种机械零件。玻璃钢作为一种优良的工程材料，正越来越多地应用于国民经济各部门中，已成为工程上不可缺少的重要材料之一。

2. 碳纤维复合材料

碳纤维复合材料是60年代迅速发展起来的。碳以石墨方式出现，是六方晶体结构，六方底面上的原子以强大的共价键结合，所以碳纤维比玻璃纤维具有更高的强度，更高的弹性模量；并且在达到2000℃以上的高温下强度和弹性模量基本上保持不变；在-180℃以下的低温下也不变脆。碳纤维比强度和比模量是一切耐热纤维中最高的。所以，碳纤维是比较理想的增强材料，可用来增强塑料、碳、金属和陶瓷等。

（二）层迭复合材料

是把两种以上不同材料层迭在一起。如玻璃复层是把两层玻璃板间夹一层聚乙烯醇缩丁醛，作安全玻璃使用；塑料复层则在普通钢板上复一层塑料，可提高其耐腐蚀性，用于化工及食品工业等。

（三）细粒复合材料

一般是粉料间的复合。可分为金属粒与塑料复合，如高含量铅粉的塑料，可用作 γ 射线的罩屏及隔音材料；铜粉加入氟塑料，还可用作轴承材料；陶瓷粒与金属复合，如氧化物金属陶瓷，可用作高速切削刀具及高温耐磨材料等。

（四）骨架复合材料

包括多孔浸渍材料和夹层结构材料。多孔材料浸渍低摩擦系数的油脂或氟塑料，可作轴承等。夹层结构材料质轻，抗弯强度大，可作大电机罩、门板及飞机机翼等。

第四节 陶　瓷

一、陶瓷材料的分类

陶瓷是无机非金属固体材料，一般可分为传统陶瓷和特种陶瓷两大类。

传统陶瓷　传统陶瓷是粘土、长石和石英等天然原料，经粉碎、成型和烧结制成，主要用于日用品、建筑、卫生以及工业上的低压和高压电瓷、耐酸、过滤制品。

特种陶瓷　它是以各种人工化合物（氧化物、氮化物等）制成的陶瓷，常见的有氧化铝瓷、氮化硅瓷等。这类陶瓷主要用于化工、冶金、机械、电子工业、能源和某些新技术领域等，如制造高温器皿、电绝缘及电真空器件、高速切削刀具、耐磨零件、炉管、热电偶保护管以及发热组件等。

二、陶瓷的性能

机械性能　陶瓷只产生弹性变形，其弹性模量一般比金属高，大多数陶瓷材料在室温下几乎无塑性变形，而呈现脆性断裂。普通陶瓷含有较多的气孔，所以抗拉强度和剪切强度很低；但陶瓷的抗压强度很高，硬度高于一般金属。

热性能　陶瓷熔点高（>2000℃）是很好的耐高温材料。具有比金属优良的高温性能，在高于1000℃下仍能保持室温时的强度，而且高温抗蠕变能力强，在高于1000℃的高温下也不会氧化。但它抗热震性差，温度剧烈变化时易破裂。

电性能　大多数陶瓷都具有较好的绝缘性能，所以陶瓷是传统的绝缘材料。随着科学技术的发展，已经出现了具有各种电性能的陶瓷，如压电陶瓷、磁性陶瓷等功能材料。

化学性能　陶瓷组织结构非常稳定，因此对酸、碱、盐及熔融的有色金属（如铝、铜等）有较强的抵抗能力。

三、常用陶瓷材料

普通陶瓷　普通陶瓷是指粘土类瓷。这类陶瓷种类甚多，除日用陶瓷之外，工业上主要有用于绝缘的电瓷和对耐酸碱要求不高的化学瓷以及承载要求较低的结构零件用陶瓷等，其用量最大。

氧化铝陶瓷　又名高铝陶瓷，其中 Al_2O_3 的含量在45%以上。根据瓷坯中主晶相的不同，氧化铝陶瓷可分为刚玉瓷、刚玉—莫来石瓷及莫来石瓷等；主要用于制作金属切削刀具、机械耐磨零件、金属拉丝模、化工与石油用泵的密封环、纺织用高速导纱的零件等。

氮化硅陶瓷　氮化硅陶瓷有反应烧结氮化硅和热压氮化硅两种。氮化硅是共价化合物，键能相当高，原子间结合很牢固。因此，化学稳定性高，除氢氟酸外，能耐各种无机酸、王水、碱液的腐蚀，也能抵抗熔融的有色金属的侵蚀；有优异的电绝缘性能；有高的硬度、良好耐磨性，且具有自润滑性；其抗高温蠕变性和抗热震性是其他任何陶瓷材料不能比拟的。反应烧结氮化硅主要制作耐腐蚀泵的密封环、电磁泵管道、阀门、热电偶套管、高温轴承等；热压氮化硅陶瓷用作燃气轮机转子叶片，由于耐高温，可以提高进口燃气的温度和压力，因而提高了效率。

碳化硅陶瓷　碳化硅是键能很高的共价键晶体。其最大的特点是高温强度大，具有很高的热传导能力，在陶瓷中仅次于氧化铍陶瓷。它的热稳定性好、耐磨性、耐腐蚀性能好。碳化硅可用于1500℃以上工作部件的良好结构材料，如火箭尾喷管的喷嘴、浇注金属用喉嘴等。

思 考 题 与 习 题

1. 什么是工程塑料？举例说明它在工业上的应用。
2. 与金属材料相比，塑料具有哪些特性？
3. 什么是热固性塑料？什么是热塑性塑料？它们常用的品种有哪些？
4. 选用塑料零件时，应考虑哪些因素？

5. 什么是橡胶？橡胶与塑料有什么异同点？
6. 橡胶的组成和结构的特点是什么？
7. 橡胶性能的最大特点是什么？其原因何在？
8. 橡胶分哪几类？有什么用途？
9. 合成橡胶与天然橡胶在性能上有何不同？
10. 什么是复合材料？有何优异的性能？
11. 常用的纤维复合材料有哪些？各有何特点？
12. 什么是陶瓷材料？从结合键的角度解释陶瓷材料的性能特点。
13. 陶瓷性能的主要缺点是什么？分析其原因，并指出改进方法。
14. 结构陶氮化硅和氮化硼特种陶瓷在应用上有何异同点？
15. 瓷和功能陶瓷在性能上有何区别，主要表现在哪些方面？

第八章 手工电弧焊

手工电弧焊,简称手弧焊。它是利用电弧产生热量来熔化被焊金属及填充金属,然后凝固成牢固接头的一种手工操作的焊接方法。手工电弧焊操作方便设备简单,能够对空间不同位置、不同接头形式的焊缝进行焊接,是焊接中应用最广泛的方法。由于采用手工操作,故生产率低,劳动强度大。在焊接中占有重要地位。

第一节 焊接电弧及焊接过程

一、焊接电弧的产生

焊接电弧是一种强烈而持久的气体放电现象,在气体放电过程中产生大量的热能和强烈的光。焊接电弧的实质是气体导电,把电能转化成热能,来加热被焊接金属及填充金属,从而形成焊接接头。要使气体导电,就必须使两极间气体介质中,能连续不断地产生足够的带电粒子(电子,正、负离子),同时,在两极间加上足够高的电压,使带电粒子在电场作用下向两极作定向运动。在两极使局部气体导电,而形成电弧。

二、焊接电弧的组成

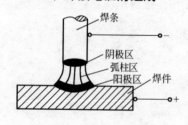

图 8-1 焊接电弧的组成

用直流电焊机焊接时,电弧由阴极区、弧柱区和阳极区组成,如图 8-1 所示。

1. 阴极区,靠近阴极的地方,与焊接电源负极相连,是发射电子的地点。

2. 阳极区,在靠近阳极的地方,与焊接电源的正极相连。从阴极区流向阳极区的电子流被吸收。

3. 弧柱区,在电弧的中部。电弧长度就是指弧柱区的长度。当焊接电流为交流电时,电流在一秒内改变电流方向数十次,焊条和被焊金属上的电极轮流为阴极和阳极。

三、手工电弧焊的焊接过程

1. 引弧

焊接电弧的引燃一般情况下采用接触引弧的方法。引弧时,焊条与被焊金属瞬间接触造成短路。由于接触表面不平整,只有少数几个点接触,强大的电流从几个点上通过;此外金属表面的氧化物等污物的电阻值也相当大,在接触处产生大量电阻热,使焊条和被焊金属接触点的温度急剧上升而熔化、蒸发。当焊条轻轻提起时,焊条端部与被焊金属之间的气体电离便可导电,形成焊接电弧。只要维持一定的电压,气体的放电过程就可以连续进行,使电弧连续"燃烧"。

2. 手工电弧焊的焊接过程

手工电弧焊的焊接过程即是焊缝形成的过程。手工电弧焊时,焊条和被焊金属在电弧高热的作用下，被焊金属坡口边缘和焊条局部熔化。由于电弧吹力作用，在被焊金属上形成一个椭圆形充满液体金属的凹坑，这个凹坑称为熔池，图 8-2 为正在施焊时的纵剖图。随着焊接电弧向前移动，熔池后沿的金属温度逐渐降低，液态金属以母材坡口处未完全熔化的晶粒为核心生长起焊缝金属晶体并向焊缝中心部位发展，直至最后凝固。在此时，前面的被焊金属坡口边沿又开始局部熔化，使焊接熔池向前移动。当焊接过程稳定以后，一个形状和体积均不变的熔池随焊接电弧向前移动而形成一条连续焊缝。

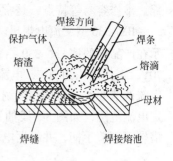

图 8-2　电弧焊过程示意图

第二节　手工电弧焊的焊接设备

手工电弧焊的主要设备是电焊机，它是焊接电弧的电源，以保证焊接电弧的燃烧。焊接时电弧与电焊机构成一个供电系统（简称为弧——源系统）。为使焊接电弧能够在要求的焊接电流下稳定燃烧，手弧焊机应满足下列要求：

（一）电焊机必须有一定的空载电压，空载时直流不低于 40V，交流不低于 50V，但不高于 90～100V。

（二）电焊机必须有下降外特性。外特性是指电源向负载供电时，其输出的电流与电压之间的对应关系：$v=f(I)$。一般情况下，在使用动力电拖动时，要求电源在负载变化时，输出电压不变，这类电源外特性是平的。但该电源不能使手弧焊电弧稳定燃烧，所以不能作为手弧焊电源。为使电弧稳定燃烧，要求手弧焊机必须具有下降外特性，即电流不变，电压下降。

（三）电焊机应具有适当的短路电流 I_d

在引弧和焊条熔化向工件过渡时，经常会使电焊机处于短路电流过大，会引起电焊机过热以致烧坏。若电流过小，使引弧困难。所以电焊机短路电流应满足下式：

$$I_d = (1.25 \sim 2) I_H$$

式中　I_H——稳定工作电流。

（四）电焊机应能方便调节焊接电流

为了焊接不同厚度和不同金属材料的工件，焊机电流必须可调。一般情况下手弧焊机的电流调节范围为焊机额定电流的 0.25～1.2 倍。

（五）电焊机应具有良好的动态品质

供给电弧燃烧的电源可以是直流电也可用交流电，因此手工电弧焊机分成交流电焊机和直流电焊机两大类。

一、交流电焊机

图 8-3 所示为 BX_1-330 型交流电焊机外形图，它是一个具有下降外特性的降压变压器。具有结构简单、制造方便、成本低、节省材料、使用可

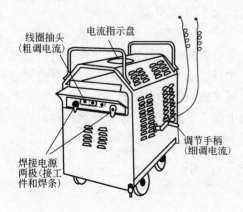

图 8-3　BX_1-330 型交流电焊机外形图

靠、维修容易等特点，是常用的手工电弧焊机。

BX₁-330 型交流电焊机。型号中"B"表示焊接变压器。X 表示下降外特性，下脚 1 表示在产品中的序号，330 指额定焊接电流为 330A（额定负载率 65%），空载电压为 60～70V，工作电压为 30V，电流调节范围为 50～450A。使用时按要求调节电流。交流电焊机电流调节要经过粗调和细调两个步骤。粗调是利用次级线圈接线板上线圈抽头的接法来选定电流范围，如图 8-3 线抽头与左边相接为 50～150A，与右边相接为 175～450A。细调是借转动调节手柄，并根据电流指示盘将电流调节到所需要的值。

二、直流电焊机

如图 8-4 所示为 AX-320 型直流电焊机。直流电焊机结构复杂，制造、维修困难，噪声大，成本高，但可在无交流电源的地方使用。它是由一台发动机（电动机或内燃机器）带动一台直流发电机，以供做直流电源。型号中 A 表示弧焊发电机，X 表示下降外特性，320 表示额定焊接电流（额定负载率为 50%）。直流电焊机的电流调节也可进行粗调和细调，并有正负极之分。焊机焊接一般金属材料时，需把工件接正极，焊条接负极，这种方法称为正接。反之，称为反接，用于有色金属及薄板的焊接。

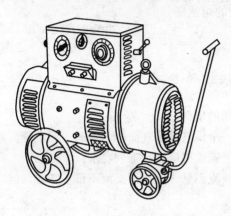

图 8-4　直流电焊机

三、电焊钳、电缆、面罩

1. 电焊钳

电焊钳是夹持焊条并传导焊接电流的操作器具。对电焊钳的要求是：在任何斜度都能夹紧焊条；具有可靠的绝缘和良好的隔热性能；电缆的橡胶包皮应伸入到钳板内部，使导体不外露，起到保护屏作用；轻便，易于操作。电焊钳的规格由焊接电流的大小决定。

2. 电缆

目前已有特制的 YHH 型电焊用橡胶软电缆和 YHHR 型特软电缆。选用焊接电缆，即确定焊接电缆的截面积，应根据电缆的长度和电流的大小决定。

3. 面罩及防护用具

面罩的主要作用是保护电焊工的眼睛和面部不受电弧光的辐射和灼伤。面罩的护目玻璃起到减弱电弧光并过滤红外线、紫外线的作用。护目玻璃有不同的色号，以黑绿色的居多。护目玻璃外还加相同尺寸的一般玻璃，以防金属飞溅沾污护目玻璃。

其他防护用品，如电焊工在操作时要戴专用的电焊手套和护脚，以及绝缘胶鞋。

第三节　电　焊　条

一、电焊条的分类及特性

（一）电焊条的分类

1. 按药皮类型分类

电焊条按照药皮的类型可分为：钛铁矿型、钛矿型、高纤维素钾型、高纤维素钠型、高钛钠型、铁粉钠型、氧化铁型、铁粉氧化铁型、低氢钠型、低氢钾型、铁粉低氢型等等。

2．按焊条药皮熔化后的熔渣中所含特性分类

（1）酸性焊条。熔渣中的酸性氧化物比碱性氧化物多，这种焊条称为酸性焊条。酸性焊条的主要优点是工艺好、容易引弧并且电弧稳定，飞溅少，脱渣性好，焊缝成型美观，容易掌握施焊技术。且抗气孔性能好，很少产生气孔，对油、锈等不敏感，产生的有害气体少。可用于交、直流电源，适合于各种位置的焊接。

缺点是焊缝金属机械性能差，主要体现于材料的塑性和韧性低于碱性焊条。另一缺点是抗热裂纹性能不好，焊缝金属含硫量较高，热裂的倾向大。再者药皮的氧化性较强，使合金元素烧损大。酸性焊条适合于一般低碳钢和强度较低的普通低碳钢结构的焊接，一般情况下不用于低合金钢。

（2）碱性焊条，又称为低氢焊条。由于碱性焊条药皮氧化性较弱，减弱了焊接过程中的氧化作用，因此焊缝中含氧量较少。碱性焊条在焊接时施放出的氧少，合金元素很少被氧化，焊缝金属合金化效果好，并且药皮中硅、锰含量较多。由于该类焊条药皮中碱性氧化物较多，脱氧、脱磷、脱硫的能力比酸性焊条强。另外药皮中的萤石有较好的去氧力，故焊缝中含氧量低。使用碱性焊条，焊缝金属的塑性、韧性和抗裂性都比酸性焊条高，碱性焊条适应于合金钢和重要的碳钢结构焊接。

缺点是工艺性差，主要体现在电弧不稳定。碱性焊条的焊接要求用直流焊接电源进行。碱性焊条在药皮中加入碳酸钾、碳酸钠等稳弧剂，可以用在交直流两用的焊接电源，但使用交流焊接电源时，电弧的稳定性也比酸性焊条差。另外碱性焊条对焊接坡口清理的要求很高，且不能有油污、锈及水分。由于脱渣性差，容易产生气孔，在施焊时要短弧操作。碱性焊条焊接时会产生有毒气体，损害人体健康。

3．按焊条的用途分类

根据1985年国家标准局发布的焊条国际变更情况，将焊条分成八类：（1）碳钢焊条；（2）低合金钢焊条；（3）不锈钢焊条；（4）堆焊焊条；（5）铸铁焊条；（6）镍及镍合金焊条；（7）铜及铜合金焊条；（8）铝及铝合金焊条。

各类焊条由于主要功能及化学成分不同，又分成若干型号。

（二）电焊条的组成及作用

电焊条由焊芯和药皮两部分组成，如图8-5所示。

1．焊芯

焊芯是一根有一定长度及直径的钢丝。焊接时它有两个功能：一是能导电并产生电弧；二是焊芯熔化成为填充金属。手工电弧焊时，焊芯的金属约

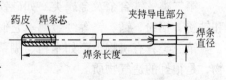

图8-5 电焊条的组成

占整个焊缝金属的50%～70%，为保证焊缝的质量，对焊芯的要求很高，对焊芯金属中的各合金元素的含量要有一定的限制，以保证在焊后各方面的性能不低于基本金属。

焊芯中各种合金元素以杂质的形式存在，这是由于炼钢的原因所造成的。主要有碳、锰、硅、铬、硫、磷等等，这些元素的存在，使焊条对焊接过程和焊后焊缝的性能有较大的影响。

焊条直径即焊芯的直径。结构钢焊条直径从1.6～6mm，共分七种规格，常用的焊条

直径为 3.2mm、4mm 及 5mm 三种。

焊条长度即焊芯的长度，一般在 200～550mm 之间。

焊芯是根据 GB 1300—77 的规定分类的，用于焊接的专用钢丝可分为碳素结构钢、合金结构钢、不锈钢三类。牌号前用"焊"字注明，以表示焊接钢丝，它的代号为"H"。其后的表示法与钢号表示方法一样。末尾注有"高"字（用字母"A"表示），说明是高级优质钢，含硫、磷量较低；末尾注有"特"字（字母用"E"表示），说明是特级钢材，含硫、磷量更低。如 H08A 表示高级碳素结构钢焊接钢丝，含碳量 0.08%。

2. 焊条药皮作用及成分

(1) 焊条药皮的作用。

1) 提高焊接电弧的稳定性　为保证电弧能够正常、稳定的燃烧，在焊药中加入低电离电位的组成物，以使电弧持续而稳定的存在。

2) 防止空气对熔池的侵入　在焊接时，焊条药皮熔化后产生大量的气体罩着电弧和熔池，基本上把熔化的金属与空气隔开。焊条药皮熔化后形成熔渣，覆盖在焊缝的表面，保护焊缝金属缓慢冷却，减少气孔等等。

3) 保证焊缝金属顺利脱氧　由于焊接金属有一定的含氧量，在焊接的燃烧过程中还有一定的空气侵入熔池，氧和金属作用后生成氧化物，使焊缝质量降低。为此，在药皮中加入脱氧物质，使焊缝金属脱氧。

4) 掺加合金提高焊缝性能　由于电弧高温的作用，焊缝合金中的某些元素被烧损，使焊缝的机械性能下降。在药皮中加入合金元素，使它随药皮的熔化而进入到焊缝中去，弥补合金元素烧损和提高焊缝金属的机械性能。

5) 提高焊接生产率　焊芯涂了药皮后，电弧热量更集中，减少了飞溅引起的金属损失，提高了焊接生产率。

(2) 药皮的成分　为了使药皮达到上述的要求，它的组成是十分复杂的，它是许多组成物的混合物，经研磨搅拌后粘结在焊芯的外部。每一种焊条的药皮都有一定的配方，要由近十种原料配成。

1) 按焊条药皮组成物分类　组成焊条药皮的原料很多，大体上可分四大类。

第一类：矿物类　有大理石、石英石、白云石、萤石、钛铁矿、赤铁矿、菱镁矿、云母、白泥、石墨等。这些物质的主要作用是造渣，但是还兼有各自不同的作用。

第二类：铁合金及金属类　如硅铁、钛铁、锰铁、钼铁、钒铁、钨铁、铝铁等铁合金和铁粉、铝粉、锰、铬等纯金属。它们是良好的脱氧剂和合金剂。

第三类：有机物类　如木粉、糊精、面粉、淀粉、纤维等等。该类物质均属碳氢化合物，是很好的造气物质。

第四类：化工产品类　如钛白粉、碳酸钾、碳酸钠、硝酸甲、水玻璃等。主要用于稳弧，另外还起到粘结剂作用。

2) 按作用来分：

a. 稳弧剂　主要起稳定电弧的作用。凡易电离的物质均能稳弧。多采用碱金属及碱土金属的化合物。如碳酸钠、碳酸钾、大理石、水玻璃、长石等等。

b. 造气剂　主要作用是形成保护气体，以隔绝空气。如碳氢化合物：木粉、淀粉；碳酸盐类：大理石、菱镁矿等。

c. 造渣剂 主要作用是在熔化后形成具有一定物理化学性能的熔渣，覆盖在熔化金属的表面，起保护焊缝的作用。如大理石、钛镁矿、金红石、萤石、花岗石等等。

d. 脱氧剂 主要作用是对熔渣和焊缝脱氧，以提高焊缝的机械性能。如锰铁、硅铁、钛铁、石墨等等。

e. 合金剂 主要作用是向焊缝掺入必要的合金元素，以补偿已烧损的合金元素和补加特殊性能要求的合金元素。如钼、锰、铬的铁合金及金属铬、金属锰等。

f. 稀渣剂 主要作用是降低焊接熔渣的粘度，增加熔渣的流动性。如萤石、长石、钛白粉、锰矿石等。

g. 胶粘剂 主要作用是将药皮牢固地粘结在焊芯上。如水玻璃、树胶等。

h. 增塑剂 主要作用是改善涂料的塑性和滑性，使之易于用机器压涂在焊芯上。如云母、白泥、钛白粉等。

在上述的药皮中许多物质具有多种作用，根据药皮主要的组成物不同，把国产焊条分为氧化钛型、氧化钛钙型、钛铁矿型、纤维素型、低氢型、石型、盐基型等。

二、电焊条的型号

1985年国家标准局发布了《碳钢焊条型号的编制方法》（GB 5117—85）、《低合金钢焊条型号编制方法》（GB 5118—85）和《不锈钢焊条型号的编制方法》（GB 983—85）三个国家标准。下面对三个标准进行介绍。

（一）碳钢焊条型号的编制方法

碳钢焊条型号根据熔敷金属的抗拉强度、药皮类型、焊缝位置和焊接电流种类划分。

碳钢焊条型号编制如下：字母"E"表示焊条；前两位数字表示熔敷金属抗拉强度最小值，单位 kgf/mm^2（千克力/毫米^2）；第三位数字表示焊条的焊接位置，"0"及"1"表示焊条适用于全位置焊接（平焊、立焊、仰焊、横焊），"2"表示焊条适用于平焊及平角焊，"4"表示焊条适用于向下立焊；第三位和第四位数字组合时表示焊接电流种类及药皮类型。

碳钢焊条型号举例如下：

完整的碳钢焊条型号举例如下：

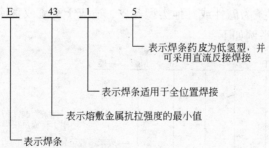

（二）低合金钢焊条型号的编制方法

低合金钢焊条根据熔敷金属的机械性能、化学成分、药皮类型、焊接位置和焊接电流种类划分。

低合金钢焊条类型编制方法如下：字母"E"表示焊条；前两位数字表示熔敷金属的抗拉强度最小值，单位为 kgf/mm^2（千克力/毫米^2）；第三位数字表示焊条的焊接位置，"0"及"1"表示焊条适用于全位置焊接（平焊、立焊、仰焊及横焊），"2"表示焊条适用于平焊及平角焊；第三位及第四位数字组合表示焊接电流种类及药皮类型；后缀字母为熔敷金属的化学成分分类代号，并以短线"－"与前面数字分开。

低合金钢焊条型号举例如下：

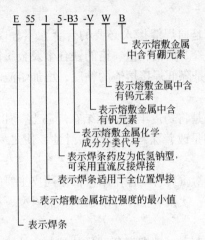

（三）不锈钢焊条型号的编制方法（GB 983—85）

不锈钢焊条根据熔敷金属的化学成分、机械性能、焊条药皮和焊接电流种类划分。

不锈钢焊条型号编制方法如下：字母"E"表示焊条；字母"E"后面一位或二位数字表示熔敷金属的含碳量，"00"表示含碳量小于0.04%；"0"表示含碳量小于0.10，"1"表示含碳量小于0.15%，"2"表示含碳量小于0.20%，"3"表示含碳量小于0.45%；短线后的数字表示熔敷金属含铬量的近似值的百分之几；再用短线划开，表示熔敷金属中的含镍量的近似值的百分之几；熔敷金属中若含有其他重要合金元素，当元素平均含量低于1.5%时，型号中只标明元素符号，而不标注具体含量；当元素含量等于或大于1.5%、2.5%、3.5%……时，一般在元素符号后面相应标2、3、4……等对应数字；焊条型号附加的数字表示焊条药皮类型及焊接电流种类，"15"表示焊条为碱性药皮，适用于直流反接焊接；"16"表示焊条为碱性或其他类型药皮，适应于交流或直流反接焊接。

不锈钢焊条型号举例如下：

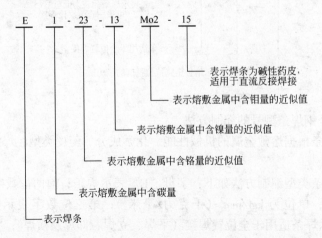

三、焊条的合理选用

焊条的种类很多，各自有其各自的应用范围。合理的选用焊条要依据焊件的机械性能、化学成分以及高温和低温性能的要求，还要根据焊件的结构形状、工作条件以及焊接设备情况，进行综合的考虑才能正确选用。

（一）根据焊接材料的机械性能和化学成分

结构钢主要用于制造各种受力构件与结构，因此对结构钢的焊接只要求焊缝金属的机械性能不低于被焊材料，达到被焊金属材料的强度即可。例如，某一焊件，它的抗拉强度为不小于 $42kgf/mm^2$，因此我们选择大于 $42kgf/mm^2$ 的焊条，有 E4315、E4316 或 E4324 等等，至于哪一种最合适，要根据位置、工作条件等来确定。但是焊缝的强度不能过高于焊件的强度。焊缝强度过高，会引起接头脆性增加，甚至产生裂纹等。

若焊件的材料含碳或硫、磷等杂质较高时，应考虑选用抗裂性较好的焊条。碱性焊条较酸性焊条的抗裂性好。

（二）焊件的工作条件和使用性能

焊件易承受动载荷或冲击载荷，对焊缝金属除要求保证抗拉强度外，还对冲击韧性和延伸率有较高的要求，因此宜采用低氢型焊条。对在腐蚀介质中的不锈钢或其他耐腐蚀材料，必须根据介质种类、浓度、温度等情况来选择不锈钢焊条。

（三）焊件的结构特点

由于许多焊件结构复杂，且厚度较大。因其刚性大，焊缝金属在冷却时收缩较大，构件内部会产生很大的内应力，易产生裂缝，所以要选择抗裂性好的焊条。对于仰焊、立焊等焊缝较多的焊件，应选择全位置的焊条，以保证构件质量。

（四）焊接工地、现场设备情况

没有直流电焊机的地方，都不宜选用限用直流电源的焊条，应尽可能选用交直流两用的焊条。如条件限制焊接部位不能翻转，就必须选用在空间任何位置进行焊接的焊条。

（五）经济合理性

在酸性和碱性焊条都能满足的前提下，应尽量采用酸性焊条；在满足机械性能的前提下，适当选用效率较高的焊条；在满足性能要求的前提下，选用价格较低的焊条。

四、焊条的保管和使用

（一）保管

(1) 各类焊条要分类、分牌号存放，避免混乱。

(2) 焊条应存放在干燥而且通风良好、干燥的仓库内，室内温度在 10～25℃、湿度在 65% 以下。

(3) 各类焊条存放时必须垫高，距地面和墙面距离均应大于 0.3m，以防焊条受潮变质。

（二）使用

(1) 所使用的焊条必须符合国家标准，必须有出产厂的产品合格证。对一批产品及存放的产品要抽样鉴定后使用。

(2) 如果发现电焊条内部有锈迹，须经试验、鉴定合格后方可使用。如果焊条受潮严重，已发现药皮脱落时，应予报废。

(3) 电焊条使用前应按说明书规定的烘焙温度进行烘干。电焊条的烘干应注意以下事项：

1) 纤维素型焊条的烘干，使用前应在 100~200℃烘干 1h。温度不宜过高，否则纤维素易烧损。

2) 酸性焊条的烘干要根据受潮情况，在 70~150℃烘干 1~2h。

3) 碱性焊条的烘干一般在 350~400℃烘干 1~2h。如果所焊接的低合金钢易产生冷裂时，烘干温度可提高至 400~450℃，并放至温度在 80~100℃ 的保温筒中随用随取。烘干时，要在炉温较低时放入焊条，逐渐升温；也不可从高温炉中直接取出，待炉温降低后取出，以防止冷焊条突遇高温或热焊条突冷而发生药皮开裂。

第四节 手工电弧焊焊接工艺

一、基本操作

(一) 引弧

引弧即产生电弧。手工电弧焊是采用低电压、大电流放电产生电弧，依靠电焊条瞬间接触工件来实现。引弧时必须将焊条末端与焊件表面接触形成短路，然后迅速提焊条，使焊条和工件之间保持 2~4mm 距离，此时电弧引燃。引弧分为碰击法和擦划法，如图 8-6 所示。

碰击法是将焊条垂直地接触焊件表面，当形成短路后，立即将焊条提起。

擦划法引弧与擦火柴的动作相似，让焊条端部在焊件表面轻轻擦过引起电弧。

擦划法比较容易掌握，但使用不当会划伤工件表面。为避免工件擦伤，尽可能在坡口内擦划，擦划长度不应超过 25mm。在狭窄的地方不宜使用擦划法，否则会粘在工件上。发生粘条时，应迅速左右摆动焊条，与焊件分开，如分不开，应迅速松开焊把切断电流，以免短路太久损坏焊机。

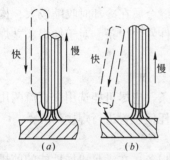

图 8-6 引弧方法
(a) 碰击法；(b) 擦划法

引弧时，由于焊件比较凉，焊条药皮未能充分发挥作用，会产生焊缝较高而熔池较浅。一般情况下在焊缝起点 10mm 处引弧，然后预热后移至焊缝起点。

(二) 运条

电弧引燃后，进入正常焊接过程，此时焊条的运动是三个方面运动的合成，如图 8-7 所示。

(1) 随着焊条不断被电弧熔化，为了弧长保持一定，就要使焊条沿中心线向下送进（如图 8-7 中 1），而且送进的速度与焊条熔化速度相同。

(2) 焊接时焊条还应沿着接缝方向移动，以形成焊缝 (图 8-7 中 2)。移动速度，即焊接速度，应根据焊缝尺寸要求、焊接电流、工作厚度、焊条直径，接缝装配情况和焊

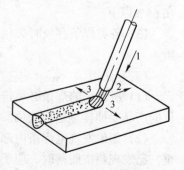

图 8-7 运条基本动作

接位置来决定。

（3）横向摆动焊条（图8-7中3），是为了增加焊缝宽度。如焊条作直线移动，而无横向摆动，焊缝宽度一般为焊条直径的1~1.5倍。焊条横向摆动可以使焊缝达到宽度要求，且有利于熔池中熔渣和气体浮出。

图8-8中为几种常见的焊条横向摆动形式。

常见的运条方法有（1）直线运条法；（2）直线往返运条法；（3）锯齿形运条法；（4）月牙形运条法；（5）三角形运条法；（6）圆圈运条法。

焊接时应根据不同的接缝位置、接头形式、工件厚度等，保持正确的焊接角度和灵活应用运条三动作，分清熔渣与铁水，控制好熔池的大小与形状。

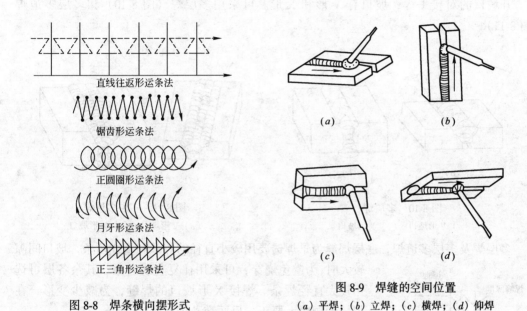

图8-8 焊条横向摆形式

图8-9 焊缝的空间位置
（a）平焊；（b）立焊；（c）横焊；（d）仰焊

（三）收尾

在焊接结束时，要把收尾处的弧坑填满。收尾动作有以下几种：

1. 划圈收尾法

焊条移至焊缝终点时，作圆圈运动，直至填满弧坑再拉断电弧。主要适用于厚板焊接的收尾。

2. 反复断弧收尾法

收尾时，焊条在弧坑处反复熄弧、引弧数次，直到填满弧坑为止。适用于薄板和大电流焊接。

3. 回焊收尾法

焊条移至焊缝收尾处立即停止，并改变焊条角度回焊一小段。

二、各种位置焊缝的焊接技术

焊缝根据它在焊接时所处的空间位置可分为平焊、立焊、横焊及仰焊。根据接头形式又分为对接焊缝和角接焊缝。如图8-9所示。

（一）平焊

平焊可分为对接平焊和角接平焊。

1. 对接平焊

对接平焊一般分为不开坡口和开坡口两种：当焊件厚小于 6mm 时，不开坡口；当焊件厚度大于 6mm 时，应开坡口。焊接时焊条要对准焊缝的间隙，掌握好焊条的角度，一般情况下焊条向焊接方向倾斜，并与接缝成 70°～80°左右的倾角。这样可使熔渣和铁水很快分离，避免熔渣超前现象的发生。

不开坡口，可采用单面焊和双面焊，双面焊时要求正面焊缝熔深大于工作厚度的一半，焊后将工件翻过来，在焊缝的根部开出一个槽，槽深正好达到正面的焊接金属，再进行封底焊缝的焊接。厚度小于 3mm 的工件，只进行单面焊。

开坡口的对接平焊，坡口有 V 形和 X 形。可采用多层焊（图 8-10）和多层多道焊（图 8-11）。

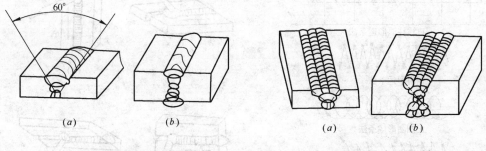

图 8-10　多层焊　　　　　　　　　图 8-11　多层多道焊
(a) V 形坡口；(b) X 形坡口　　　　(a) V 形坡口；(b) X 形坡口

多层焊及多层多道焊，底层焊缝为了焊透要用较小直径的焊条和直线运条，坡口间隙较大时，为避免烧穿，可采用往复直线运条。其余各层可选用较大直径焊条。焊接 X 形坡口的焊缝，为减少变形，在焊接的顺序上要正、反面交叉进行。

多层多道焊焊接时，要注意以下几方面：首先要正确选择多层焊的层次，每层不要过厚；焊条摆动时，在坡口两边应稍作停留，以防止产生熔合不良和夹渣等缺陷；焊道与焊道之间要有一定重叠；每道焊缝上的熔渣和飞溅物必须清除干净。其次，各层焊缝连接处要相互错开。

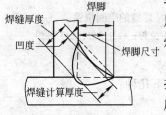

图 8-12　角焊缝

2. 角接平焊

角接平焊形成角焊缝（图 8-12）。角焊缝按焊脚尺寸大小采用单层焊、多层焊、多层多道焊。焊脚尺寸小于 6mm 时采用单层焊，使用 4mm 焊条；焊脚尺寸 6～8mm 时，采用多层焊，使用 4～5mm 焊条；焊脚尺寸大于 8mm 时用多层多道焊。多层多道焊焊脚尺寸小于 14mm 时，采用 4mm 焊条；大于 14mm 时采用 5mm 焊条。多层多道焊第一道焊缝电流较大；第二道焊缝应采用较小电流和较快焊速。焊条的角度随每一道焊缝位置不同而变化。在生产中，如焊件能翻动，尽可能把焊件放正船形位置进行焊接（图 8-13）。

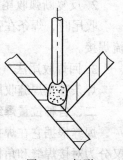

图 8-13　船形位置焊接

3. 搭接平焊

搭接平焊形成的焊缝为一种填角焊缝。焊接时焊条与下板表面之间的角度应随下板的厚度增大而增大。

(二) 立焊

立焊是焊接垂直平面上垂直方向的焊缝。由于重力的作用，焊条熔化所形成的焊滴和熔池中的熔化金属要往下淌，就会使焊缝形成困难。因此实施立焊要采用一定的措施：

(1) 采用小直径焊条和小电流，采用短弧焊接。

(2) 焊条的运动：

在立焊中采用长短电弧交替起落焊接法。当电弧向上抬高时，电弧自然拉长，但小于 6mm；电弧下降在接近冷却熔池边时，瞬间恢复短弧，且电弧移动距离不超过 12mm（图 8-14），焊条夹角在 60°~80°。

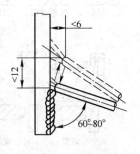

图 8-14　立焊时焊条的运动

(3) 焊工操作姿势：

一般情况下采取有依托姿势。即胳膊大臂轻轻贴上体肋部或大腿、膝盖位置，随焊条的缩短，胳膊自然前伸起调节作用。

(三) 横焊

横焊是指在垂直面上焊接水平位置或近于水平位置的焊缝。由于重力的作用熔滴和熔池中熔化金属要下淌，会使焊缝形成困难。因此，施焊时要采用小直径焊条和较小的电流，以及较短的电弧和适当的运条方法。

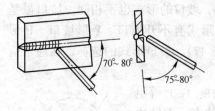

图 8-15　横焊焊条的角度

工件小于 5mm 时可以不开坡口，正面焊时焊条与下板成 75°~80°夹角，与焊缝成 70°~80°夹角（图 8-15 示）。对于较厚工件的横焊缝，需开坡口，通常情况下是开不对称的坡口，下板不开坡口或坡口角度小于上板这样有利于焊缝成型。开坡口的对接焊缝可采用多层焊和多层多道焊。

(四) 仰焊

仰焊是焊条位于工件下方，焊工仰视工件进行焊接。此时熔滴过渡和焊缝形成都很困难，仰焊是最难操作的一种焊接位置。

仰焊一定要采用较细的焊条、较小的电流和最短的电弧。且焊条一定要正对焊缝。工件小于 4mm 时可不开坡口。对开坡口的焊缝也采用多层焊及多层多道焊。

第五节　焊接接头和坡口形式

一、焊接接头

用焊接的方法把两块钢板连接一起，它们连接的地方就叫做焊接接头。

在焊接结构中最常用的接头有卷边接头、对接接头、角接接头、T 形接头和搭接接头，如图 8-16 所示。

卷边接头（图 8-16 中 b）一般只用于厚 1~2mm 的薄板金属。焊前将接头边缘用弯板

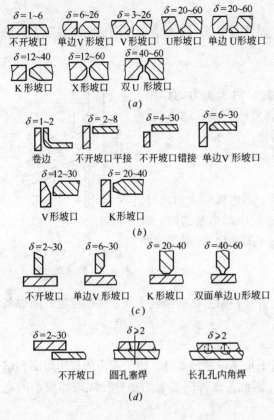

图 8-16 接头形式

(a) 对接接头；(b) 角接接头；(c) T形接头；(d) 搭接接头

机或手工卷边。

对接接头（图 8-16 中 a）是由两块钢板边缘相对而接合的接头。它是焊接结构中采用最多的一种接头形式。可分为不开坡口和开坡口两类。

角接接头（图 8-16 中 b）是由两块钢板的端部组成直角或某一角度的连接接头。

T形接头（图 8-16 中 c）由两块钢板成T字形结合的接头。

搭接接头（图 8-16 中 d）钢板部分搭迭，沿着一块或两块板的边缘进行焊接或在上面一块钢板上开孔，采用塞焊把两块钢板焊在一起。

二、坡口形式

为了工件焊透，在焊前需把工件接口处预制成各种形状，叫开坡口。一般情况下用气割、碳弧气刨、刨边机、刨床和车床等开坡口。由于工件结构、厚度以及对焊接质量的要求不同，坡口的形式也不相同。坡口最基本形式有不开坡口、V形坡口、U形坡口、K形坡口、X形坡口和双V形坡口等（详见图8-17）。坡口形式的选择，在通常情况下与接头形式、板厚等因素有关。

坡口的基本参数由钝边（P）、间隙（b）和坡口角度（α）等组成（图 8-17 示）。坡口的钝边用来承托熔化金属和防止烧穿，但钝边大小还应保证焊透第一层。坡口间隙是便于运条，使电弧易于深入坡口根部。

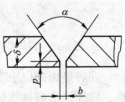

图 8-17 坡口基本参数

坡口形式的选择原则：

(1) 尽量减少焊缝金属的熔敷量，提高生产率；
(2) 应保证焊透和避免根部裂纹；
(3) 坡口便于加工，焊接操作方便；
(4) 尽可能地减小工件焊后变形。

第六节　常用金属材料的焊接

在焊接生产中，焊接结构所采用的金属材料是多种多样的。根据本专业的特点，叙述经常使用和出现的金属材料在焊接时具有的特点及问题，说明各种金属材料的可焊性、焊接方法、焊接材料等等。

一、碳素钢的焊接

碳素钢是以铁为基体，以碳为主要合金元素的铁碳合金，是应用最广的金属材料。

（一）低碳钢的焊接

低碳钢的可焊性好。可焊性是指金属材料在一定焊接工艺条件下，能获得优质焊接接头的能力。低碳钢由于含碳量小，它的可焊性比其他任何类型的钢都好，低碳钢焊接有如下特点：

(1) 可装配成各种不同位置的接头，适用于各种不同位置的焊接，焊接工艺和技术简单，易掌握。

(2) 焊前一般不需预热。

(3) 塑性好，焊缝产生裂缝和气孔的可能性小。

(4) 不需要使用特殊和复杂的设备，对焊接电源没有特殊要求，交直流弧焊机均可使用。

(5) 焊接熔池可能受到空气氮和氧的侵袭，使焊缝金属氮化和氧化。

低碳钢几乎可以采用所有的焊接方法进行焊接，并都能保证焊接接头质量。用得最多的焊接手法是手工电弧焊、埋弧自动焊、电渣焊及二氧化碳气体保护焊等。

手工电弧焊是低碳钢最常用的焊接手法。低碳钢的焊接材料（焊条）的选用原则是应保证焊接接头与母材强度相等。

（二）中碳钢的焊接

中碳钢与低碳钢相比较，由于含碳量较高，强度也高，常见的有 35（ZG35）、45（ZG45）、55（ZG55）等。

中碳钢手工电弧焊及焊件焊补特点如下：

(1) 热影响区容易产生低塑性的淬硬组织。当含碳量上升时，这种淬硬性也愈强烈。

(2) 焊缝的含碳量较高，容易产生热裂缝。

为了保证中碳钢焊后不产生裂缝和得到满意的机械性能，就要有正确的焊接方法，通常情况下采取以下措施：

(1) 尽可能选用碱性低氢焊条。

(2) 预热。预热是焊接中碳钢主要工艺措施。预热有利于减低热影响区强度，防止产生冷裂缝。

一般情况下，35 钢和 45 钢预热温度可在 150～250℃ 之间。如含碳量再高或工件刚度、厚度较大，可将温度调至 250～400℃。

(3) 焊接坡口。坡口最好开成 U 形。

(4) 焊接方法：

1) 焊条使用前要烘干。

2) 焊第一道焊缝要尽可能用小电流，慢焊速，焊后缓慢冷却，注意保温。

3) 焊接中注意轻敲金属表面减少应力。

4) 每层焊缝之间必须严格清理，不留残渣和飞溅物。

5) 焊接时采用直流反接，以减少飞溅及气孔。

6) 焊件形状复杂或焊缝过长，可分段跳焊。

7) 注意收尾时电弧，将熔池填满，防止尾裂。

(三) 高碳钢的焊接

高碳钢通常处于热处理状态，由于含碳量高，可焊性不好。一般情况下不用于制造焊接结构。其焊接大多为焊补与堆焊。高碳钢导热性能差，容易引起应力集中，产生裂缝的可能性大。因此，焊接高碳钢比较困难，必须慎重选择焊接方法和工艺参数。

二、铸铁的焊接

含碳量超过 2.11% 的铁碳合金即为铸铁。铸铁的焊接往往是对铸铁件的焊补，一般情况下指灰口铸铁及球墨铸铁。铸铁的可焊性差。铸铁的焊接方法，常采用手工电弧焊、二氧化碳气体保护焊及手工电渣焊和气焊。按工艺采用热焊法、半热焊法及冷焊法。

(一) 灰口铸铁的焊接性

灰口铸铁铸造性好、耐磨好、抗震好。但是灰口铸铁强度低、塑性差，对冷却速度非常敏感，所以灰口铸铁焊接较为困难，焊接时主要存在两大问题。

1. 产生白口

铸铁在焊接时，母材受到高温加热，当温度达到 860℃ 时，游离状态的石墨溶于铁中。在冷却时，当速度达到 30~100℃/s 时，生成 Fe_3C，使断口呈白色，即白口铸铁。白口铸铁又硬又脆，无法进行机械加工，还会导致开裂。

2. 产生裂纹

(1) 母材裂纹。由于灰口铸铁强度低、塑性差，不能承受塑性变形，在焊接应力作用下，应力值大于铸铁的强度极限就会产生裂纹。

(2) 焊缝中的冷裂纹。焊缝中的灰口铸铁塑性非常低，不能承受冷却所产生的焊接应力，在片状石墨的尖端首先产生裂纹，然后再扩大。这种裂纹是在冷却、低温时产生的。

(3) 焊缝中的热裂纹。是由于母材过多的熔入到焊缝金属中，造成焊缝金属碳、磷、硫的成分增高而形成。

(二) 灰口铸铁的热焊与半热焊

把工件整体或局部加热到 600~700℃，然后再焊补，焊补后缓慢冷却，这种铸铁的焊补工艺称为热焊。

热焊的优点：可以避免裂纹；不会形成白口或淬火组织；焊缝金属的组织、性能和颜色与母材相同。

热焊的缺点：工件预热 600~700℃，对于大型工件困难，且会发生变形；热焊采用大直径焊条，焊接大电流，且需要大型设备；焊工在超高温下工作，工作环境恶劣。

热焊可和手工电弧焊及气焊配合进行。手工电弧焊采用的焊条应为石墨化型药皮铸铁芯铸铁焊条，如铸 248，熔敷金属化学成分为 $C \geq 3.5\%$，$Si = 3.0\%$，药皮为强石墨化型，可交直流两用；另一种是钢芯石墨化铸铁焊条，如铸 208，熔敷金属化学成分为：$C \approx 3\%$，$Si \approx 4\%$。采用大电流、连续焊。

半热焊：焊前铸铁的预热温度不超过 400℃ 的方法。半热焊与热焊的方法基本相同。只是预热温度较低，焊接时要注意掌握好工艺和步骤处理。如不当会产生白口、裂纹等缺陷。

(三) 灰口铸铁的冷焊

冷焊即在常温下进行焊接，而不需要预热，是现代焊接中比较经济和方便的焊接方法。为防止白口和裂纹的出现，冷焊是通过调整焊缝的化学成分来解决的，冷焊的焊条大多不是铸铁，所以产生白口的可能不大。且焊条的种类较多，按熔敷金属的化学成分大致有以下五种：①强氧化型钢芯铸铁焊条；②高钒铸铁焊条；③强石墨化型焊条；④镍基铸铁焊条；⑤铜基铸铁焊条。以上焊条可根据不同的铸铁材料，不同的切削加工要求及修补件的重要与否分别选用不同的铸铁焊条，来满足加工的需求。

三、有色金属的焊接

（一）铝及铝合金的焊接

铝及铝合金的焊接性能较差，只有选择正确的焊接材料和焊接工艺，才能获得满意的焊接产品。铝常用气焊、碳弧焊等，手工电弧焊质量较差，一般情况下，做铝件的焊补或小件连接。

铝和铝合金有易氧化、易熔穿、易产生气孔、焊接易热裂等特点。所以在铝及铝合金的焊接中要注意工艺手法和正确选用焊条。手工电弧焊来焊接铝件，一般情况下，要求工件厚度在4mm以上。使用直流反接电源。焊接时焊条不宜摆动，焊接速度是钢焊接速度的2~3倍，并保持在稳定燃烧的前提下采用短弧焊，防止金属氧化、飞溅。铝焊条极易吸潮，要在150℃左右烘干2h。焊后仔细清渣，以防焊件被腐蚀。

（二）铜及铜合金

铜及铜合金，包括紫铜、黄铜、青铜及白铜。由于铜内含有铅、铋、硫、氧等杂质对铜的性质影响很大，给焊接带来困难。在铜及铜合金的焊接中会产生一些问题：填充金属与基本金属不能良好熔合，造成焊不透；焊接结构或工件焊后产生较大变形；焊缝及熔合区产生大量气孔；焊缝及热影响区形成裂纹；焊接接头的机械性能及耐蚀性有所降低。这些问题是由于铜及铜合金的物理、化学性质决定的。铜及铜合金导热性强，热胀冷缩性大，高温情况下机械性能差，是很难进行焊接的。针对上述的特点，采用焊前预热，适当的焊接顺序及焊后锤击等工艺措施，以减小应力，防止变形。焊前应仔细清理焊接边缘。焊件厚度大于4mm时，必须预热。随着焊件厚度和外形尺寸增大，预热的温度和时间要相应的提高，预热温度一般在400~500℃之间。焊接时采取短弧，焊条不作横向摆动，而作直线往返形运条，改善焊缝成型。长焊缝采用逐步退焊，焊接速度尽可能大。多层焊时，必须彻底清除层间的熔渣。焊接操作应当在空气流通的地方进行，或采取强制通风。

第七节　焊接应力和变形

构件在焊接过程中及焊后一般都会产生应力和变形。应力的存在会影响焊后构件加工精度及降低结构的承载能力，引起变形。变形会使焊件尺寸和形状发生变化，如果变形量超过允许值，就需要矫正。若变形过大无法矫正，则需报废。

一、焊接应力和变形产生的原因

焊接过程中，工件局部受热，温度分布极不均匀，温度较高部分的金属，由于受到周围温度较低部分金属的压制，不能自由的膨胀，产生了压缩性变形。焊缝纵向和焊缝横向的金属在冷却后，产生收缩。沿焊缝方向的收缩称为纵向收缩，垂直焊缝方向的收缩称横向收缩。所以说对焊件局部的不均匀加热和冷却是产生焊接应力和变形的根本原因。焊接应力和变形是同时存在的，是有相互关联的。在通常情况下，当焊件塑性较好和结构刚度较小时，焊件能自由收缩，则焊接变形较大，而焊接应力较小；反之焊接应力较大，焊接变形较小。

焊接变形有如下几种形式：

1. 收缩变形（图 8-18a 所示）

焊后由焊缝纵向收缩和横向收缩引起构件长度方向和宽度方向的变形。

2. 角变形（图 8-18b 所示）

由 V 形坡口对接焊后，由于焊缝截面形状上下不对称，造成焊缝上下横向缩短不均所致的变形。

3. 弯曲变形（图 8-18c 所示）

由焊接 T 字梁时，由于焊缝布置不对称，焊缝纵向收缩引起的变形。

4. 波浪变形（图 8-18d 所示）

在焊接薄板时，由于焊缝收缩使薄板局部产生较大压应力而失去稳定所致的变形。

5. 扭曲变形（图 8-18e 所示）

在焊接工字梁时，由于焊接顺序和焊接方向不合理所致的变形。

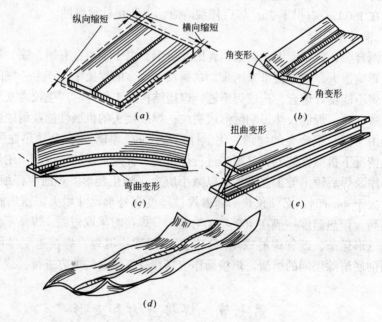

图 8-18 焊接变形

二、减小和消除焊接应力的措施

1. 布置合理的焊接顺序

尽量使焊缝的纵向和横向收缩比较自由。

2. 焊前预热

预热可以减小焊件各部分的温差，使收缩更均匀。

3. 锤击焊缝

每焊一道焊缝后，用小手锤对红热状态下的焊缝均匀迅速的锤击以减小应力。

4. 焊后热处理

通常情况下将焊件整体或局部加热、保温后再缓冷,可消除应力80%左右。

三、防止和矫正焊接变形的措施

1. 反变形法

根据生产中焊接变形的规律,焊接前将工件安放在与焊接变形方向相反的位置上,如图8-19所示,以消除焊后发生的变形。

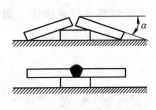

图8-19 反变形法

2. 合理的装配和焊接顺序对焊接结构有很大影响,若焊件的对称两侧都有焊缝,以工字梁为例,如图8-20中(a)所示,就会产生较大的弯曲变形。如采用图8-20中(b)所示的装焊顺序,可大大减少焊接变形。

3. 刚性固定法

刚度大的结构,焊后变形一般比较小。在焊接前采用一定方法加强焊件的刚性,焊后的变形就可减少。因此采用把焊件固定在刚性平台上或在焊接胎具夹紧下进行焊接。图8-21中的T字梁,焊后易发生角变形,所以焊前就把平板牢牢地固定在平台上,在焊接时利用平台的刚性来限制弯曲变形和角变形。

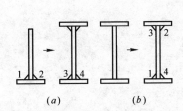

图8-20 工字梁两种
装配焊接顺序

(a) 边装边焊顺序;(b) 先整装后焊

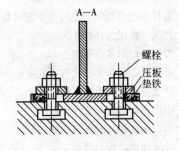

图8-21 T字梁在刚性
平台上夹紧焊接

4. 机械矫正

焊接后可利用机械力矫正焊接变形。图8-22所示是工字梁弯曲后在压力机上进行矫正。此方法常用压力机、矫直机、辊床等设备,或采用锤击的方式进行矫正。该方法多用于厚度不大的焊件。

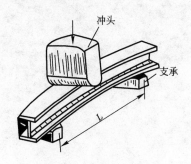

图8-22 机械矫正法

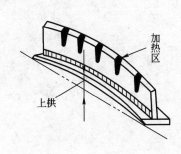

图8-23 火焰矫正法

5. 火焰矫正

是利用火焰对焊接结构进行局部加热的一种矫正变形的方法。该方法使焊件在冷却收缩时产生新的变形，以矫正焊接所产生的变形。图 8-23 所示焊后已经上拱的 T 字梁，可用火焰对腹板位置加热，加热呈三角区，加热至 600～800℃，然后冷却使腹板收缩引起反向变形，将焊件矫直。

思考题与习题

1. 什么叫电弧焊？其特点及应用范围怎样？
2. 直流电焊机、交流电焊机型号是怎样标志的？
3. BX1-330 型交流电焊机构造和原理怎样？
4. 电焊工具及辅助工具有哪些？怎样选择焊钳和护目玻璃？
5. 电焊条有什么作用？
6. 焊条为什么要涂药皮？
7. 结构钢焊条型号的编制方法怎样？
8. 怎样正确选用焊条？
9. 对焊条的烘干有哪些要求？
10. 什么是正接法？什么是反接法？
11. 怎样引燃电弧？常见的运条方式有哪些？
12. 接头、收尾怎样操作？
13. 焊缝坡口形式有哪些？
14. 常见的焊缝接头形式有哪几种？
15. 什么是金属材料的可焊性？
16. 中碳钢焊接时有哪些特点？
17. 灰口铸铁焊接时有哪些问题？
18. 什么叫焊接应力与变形？
19. 应力对焊件有什么影响？
20. 变形的矫正方法有几种？

第九章 气焊与气割

气焊是利用可燃气体与助燃气体混合燃烧所形成的气体火焰作为热源,加热局部母材和填充金属使其达到熔融状态,冷却凝体形成焊缝。一般使用氧—乙炔混合气体燃烧而形成的氧—乙炔焰。

气焊的主要优点是设备简单,搬运方便,它不需要电,适用于作业场地经常改变和无电力供应的情况,给室外作业提供一定的方便。气焊一般用于 3mm 以下低碳薄板、铸铁和管子的焊接。若焊件厚度增大,则加热区较大,焊接变形较大,接头性能和生产率均下降。其他材质如铝,铜及其合金焊接时,在质量要求不高的情况下,也可采用气焊。

气割是利用氧——乙炔气体混合火焰,将工件待割处预热到一定温度,然后施加高压氧气流使金属燃烧并放出热量并吹除氧化渣,使工件被割开。

第一节 氧—乙炔焰

氧与乙炔混合燃烧形成的火焰,称为氧—乙炔焰。氧—乙炔焰具有很高的温度(约3200℃),加热集中,是气焊中主要采用的火焰。

乙炔在氧气中的燃烧过程可以分为两个阶段,首先乙炔在加热作用下被分解为碳和氢,接着碳和混合气中的氧发生反应生成一氧化碳,形成第一阶段的燃烧;随后在第二阶段的燃烧是依靠空气中的氧进行的,这时一氧化碳和氢气分别与氧发生反应分别生成二氧化碳和水,上述的反应释放出热量,即乙炔在氧气中燃烧的过程是一个放热的过程。

氧—乙炔焰根据氧和乙炔混合比的不同,可分为中性焰、碳化焰和氧化焰三种类型,其构造和形状如图 9-1 所示。

一、中性焰

中性焰是氧与乙炔体积的比值(O_2/C_2H_2)为 1.1~1.2 的混合气体燃烧形成的气体火焰;中性焰在第一燃烧阶段既无过剩的氧又无游离的碳。中性焰有三个显著区别的区域,分别为焰芯、内焰和外焰,如图 9-1(a)所示。

(一)焰芯

中性焰的焰芯呈尖锥形,色白而明亮,轮廓清楚。焰芯由氧气和乙炔组成,焰芯外表分布有一层碳素微粒,由于炽热的碳粒发出明亮的白光有明亮清楚的轮廓。在焰芯内部进行着第一阶段的燃烧。焰芯虽然很亮,但温度较低(800~1200℃)。

(二)内焰

内焰主要由一氧化碳和氢气所组成。内焰位于碳素微粒

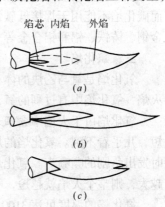

图 9-1 氧—乙炔焰的构造和形状
(a)中性焰;(b)碳化焰;
(c)氧化焰

层外面呈蓝白色。内焰处在焰芯前 2~4mm 部位,燃烧最激烈,温度最高,可达 3100~3150℃。气焊时,一般就利用这个温度区域进行焊接,因而称为焊接区。

(三) 外焰

处在内焰的外部,外焰的颜色以里向外由淡紫色变为橙黄色。在外焰,来自内焰燃烧生成的一氧化碳和氢气与空气中的氧充分燃烧,即进行第二阶段的燃烧。外焰燃烧的生成物是二氧化碳和水。

外焰温度为 1200~2500℃。由于二氧化碳和水在高温时容易分解,所以外焰具有氧化性。

中性焰应用最广泛,一般用于焊接碳钢、紫铜和低合金钢等。

中性焰的温度是沿着火焰轴线而变化的,温度的最高处在距离焰芯末端 2~4mm 的内焰的范围内,此处温度可达 3150℃。

火焰在横断面上的温度是不同的,越向边缘,温度就越低。采用中性焰焊接大多数金属及其合金时,都利用内焰。

二、碳化焰

碳化焰是氧与乙炔的体积的比值(O_2/C_2H_2)小于 1.1 时的混合气体燃烧形成的气体火焰,因为乙炔有过剩量,所以燃烧不完全。碳化焰中含有游离碳,具有较强的还原作用和一定的渗碳作用。

碳化焰可分为焰芯、内焰和外焰三部分,如图 9-1(b)所示。碳化焰的整个火焰比中性焰长而柔软,而且随着乙炔的供给量增多,碳化焰也就变得越长,越柔软,其挺直度就越差。当乙炔的过剩量很大时,由于缺乏乙炔燃烧所需要的氧气,火焰冒黑烟。

碳化焰的焰芯长,呈蓝白色,由一氧化碳、氢气和碳素微粒组成。碳化焰的外焰特别长,呈橘红色,由水蒸汽、二氧化碳、氧气、氢气和碳素微粒组成。

碳化焰的温度为 2700~3000℃。由于在碳化焰中有过剩的乙炔,它可以分解为氢气和碳,在焊接碳钢时,火焰中游离状态的碳会渗到熔池中去,增高焊缝的含碳量,使焊缝金属的强度提高而使其塑性降低。此外,过多的氢进入熔池,促使焊缝产生气孔和裂纹。因而碳化焰不能用于焊接低碳钢及低合金钢。但碳化焰应用较广,可用于焊接高碳钢、中合金钢、铸铁、铝和铝合金等。

三、氧化焰

氧化焰是氧与乙炔的体积的比值(O_2/C_2H_2)大于 1.2 时的混合气体燃烧形成的气体火焰,氧化焰中有过剩的氧,在尖形焰芯外面形成富氧区,其形状如图 9-1(c)所示。

氧化焰由于火焰中含氧较多,氧化反应剧烈,使焰芯、内焰、外焰都缩短,内焰很短,几乎看不到。氧化焰的焰芯呈淡紫蓝色、轮廓不明显;外焰呈蓝色、火焰挺直,燃烧时发出急剧的嘶嘶声。氧化焰的长度取决于氧气的压力和火焰中氧气的比例。氧气的比例越大,则整个火焰就越短,噪声也就越大。

氧化焰的温度可达 3100~3400℃。由于氧气的供应量较多,使整个火焰具有氧化性。如果焊接一般碳钢时,氧化焰就会造成熔化金属的氧化和合金元素的烧损,使焊缝金属氧化物的气孔增多并增强熔池沸腾现象,降低焊接质量。一般材料焊接不采用氧化焰。但在焊接黄铜和锡青铜时,利用氧化焰的氧化性,可以阻止锌、锡的蒸发。由于氧化焰的温度很高,在火焰加热时使用中性焰,气割时使用氧化焰。

四、各种火焰的适用范围

由于中性焰、碳化焰、氧化焰的性质不同,适用焊接的材料不同。氧与乙炔不同体积比值（O_2/C_2H_2）对焊接质量关系很大。

第二节 气焊与气割设备

气焊和气割所用的设备有氧气瓶、乙炔发生器（或乙炔气瓶）、回火防止器、减压器及焊炬、割炬、橡胶管等。如图9-2所示。

一、气焊与气割设备

（一）氧气和氧气瓶

1. 氧气

氧气本身不能燃烧,但是能够帮助可燃物燃烧,属助燃物。在燃烧的过程中和其他物质进行强烈的氧化反应,并伴有发光和发热的过程。氧气纯度对气焊、气割的质量有很大影响。氧气不纯,主要是混有氮气,在燃烧时会耗掉大量的热,使火焰温度降低,金属焊缝氮化,影响焊缝的质量。工业氧气纯度分两级：气焊时使用一级,纯度不低于99.2%；气割时使用二级,纯度不低于98.5%。

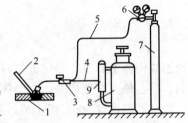

图9-2 气焊设备和工具
1—焊件；2—焊丝；3—焊炬；
4—乙炔橡皮气管；5—氧气橡皮气管；
6—氧气减压器；7—氧气瓶；
8—乙炔发生器；9—回火防止器

2. 氧气瓶

氧气瓶是储存和运输氧气的高压容器。其瓶内压力为15MPa,常用容积为40L,如图9-3所示。

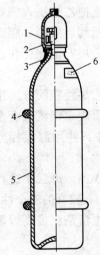

图9-3 氧气瓶
1—瓶帽；2—瓶阀；3—瓶钳；4—防震圈；5—瓶体；6—标志

氧气瓶内氧气的储存量可以根据氧气瓶的容积和氧气表所指示的压力进行测算,测算公式为：

$$V = 10V_0P(L)$$

式中 V——瓶内氧气储气量（L）；
V_0——氧气瓶容积（L）；
P——氧气表所指示压力（MPa）。

纯氧与易燃物接触会产生激烈的反应,引起爆炸事故,因此放置氧气瓶必须平稳可靠,不应与易燃物放在一起,运输时注意避免互相撞击。

氧气瓶阀长期使用,会发生漏气或阀杆空转等故障。这些故障在装上减压器后,开启氧气门时才易发现。

瓶阀常见故障及排除方法：(1) 压紧螺母更换垫圈防止周围漏气；(2) 更换垫圈或将石棉绳在水中浸湿后把水挤出,在气阀杆根部缠绕几圈,压紧螺母中间孔防止周围漏气；(3) 当气阀杆空转,排不出气时,应关闭阀门用热水或蒸汽缓慢加温,使之解冻,但严禁用明火烘烤。

特别应注意的是在排除氧气瓶阀故障时,一定要先把氧气阀门关闭之后,才能进行修理或更换零件,以防止发生意外事故。

氧气瓶使用应注意的事项:(1) 必须直立放置,安放稳固,防止倾倒。(2) 严禁自燃和爆炸,不可与可燃物、可燃气体钢瓶一起放置。(3) 禁止敲击瓶帽。(4) 防止氧气瓶阀开启过快,轻轻开启和关闭阀门。(5) 防止氧气阀连接螺母脱落。(6) 严禁瓶温过高引起爆炸。远离火炉和太阳曝晒。(7) 冬季氧气冻结只能用热水和蒸气加热,严禁用火烘烤。(8) 氧气瓶与电焊同时使用时,氧气瓶瓶底垫绝缘物,防止氧气瓶带电。(9) 氧气瓶内应留有余气。(10) 氧气瓶运输时用专用车辆,固定牢靠。(11) 氧气瓶必须定期进行技术检验。

(二) 乙炔和乙炔瓶

1. 乙炔

乙炔俗称电石气,是保证气焊所使用的可燃气体。分子式为 C_2H_2,为无色的碳氢化合物。当乙炔完全燃烧时,一个体积的乙炔须有 2.5 个体积的氧气助燃。乙炔是易爆炸气体,当容器温度在 300℃ 以上或压力在 0.15MPa 以上时,乙炔会自行爆炸。且乙炔遇到明火会爆炸,乙炔和氧气的混合气体,遇到明火和火星也会爆炸。所以在气焊和气割的场合,要注意通风。

气焊和气割所使用的乙炔是用电石和水发生化学反应而生成的。化学反应方程式如下:

$$CaC_2 + 2H_2O = C_2H_2 + Ca(OH)_2 \downarrow$$

由式中可见:电石和水反应生成乙炔。所以电石在存放时,要注意防水、防潮、防爆,要密封存放。

2. 乙炔瓶

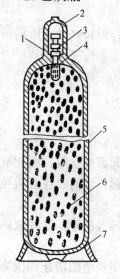

图 9-4 乙炔瓶的构造
1—瓶口;2—瓶帽;
3—瓶阀;4—石棉;
5—瓶体;6—多孔填料;
7—瓶座

乙炔瓶是储存乙炔的压力容器。乙炔不能以高压压入普通钢瓶内,所以利用乙炔能溶解于丙酮的特点,采取措施把乙炔压入钢瓶内。乙炔瓶构造如图 9-4 所示。乙炔瓶由瓶体、瓶阀、瓶帽、瓶座和瓶内多孔填料等组成。多孔填料浸满丙酮,使乙炔安全储存在乙炔瓶内,通常多孔填料是硅酸钙。

乙炔瓶在使用时,打开瓶阀,溶解于丙酮的乙炔经瓶阀分离出来,瓶内压力减小,丙酮仍留在瓶内。瓶体由优质碳素钢或低合金钢经轧制和焊接而成。瓶体和瓶帽外表喷中白漆,并用红漆标注"乙炔"和"不可近火"的字样。

乙炔瓶的工作压力为 1.5MPa,设计压力为 3MPa。每三年进行一次技术检验。乙炔瓶的优点:乙炔气的纯度高,有较好的安全性;可在较高温度和较低温度下工作;操作简单,卫生清洁;提高焊炬和割炬的工作稳定性。

乙炔瓶使用时要注意:只能站立,不能横放;不能振动和撞击;表面温度在 40℃ 以下;工作压力不超过 0.15MPa,流量 2.5m³/h;减压器与乙炔瓶连接不能泄漏。

(三) 乙炔发生器

电石与水在乙炔发生器中反应生成乙炔气体,并能自动保持一定的气体压力。这个乙炔气体的生成过程由乙炔发生器来完成。

乙炔发生器按所制取乙炔压力的不同，可分为低压式（压力 0.045MPa 以下）和中压式（压力 0.045~0.15MPa）两种。目前使用的主要是中压式乙炔发生器。

中压式乙炔发生器，按产气量的不同可分为 0.5、1、3、5、10m³/h 五种，前两种为移动式，后三种为固定式。如图 9-5 所示，为 Q3-1 型乙炔发生器，属移动式中压乙炔发生器，设有行走机构，移动方便。正常发生量为 1m³/h。Q3-1 型乙炔发生器主要由发气室、回火防止器、储气罐、发生器外壳等组成。

当 Q3-1 型乙炔发生器开始工作时，只要推动发生器的电石篮调节杆，使电石篮下降与水接触，此时就产生乙炔，并聚集在发气室内，经储气罐、回火防止器送出，供给工作场地使用。当发生器的乙炔输出量减少时，发气室内的乙炔压力升高到 0.075MPa 后，发气室内的水被挤到隔层的挤压室，使发气室内的电石与水脱离接触而停止乙炔气的发生。当乙炔消耗量增加时，发气室内压力降低，挤压室的水自动回到发气室，使水与电石重新接触产生乙炔，如此循环直至电石反应完毕。发生器外壳底部设有出渣口，操纵放污开关、橡皮塞开启进行出渣。

乙炔发生器的优点是使用时安全可靠、方便，可根据需要进行人工和自动调节压力。其缺点是发生器内部温度较高、乙炔易过热。

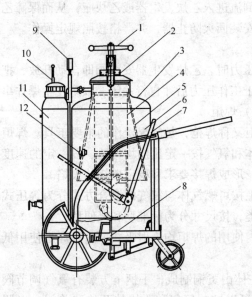

图 9-5　Q3-1 型乙炔发生器

1—手柄；2—泄压膜；3—外壳；4—电石篮；
5—发气室；6—挤压室；7—电石篮调节杆；
8—出渣口；9—压力表；10—回火防止器；
11—储气罐；12—溢水阀

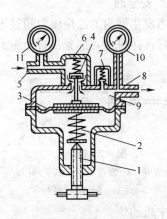

图 9-6　QD-1 型减压器
工作原理图

1—调节螺钉；2—调压弹簧；3—薄膜片；4—减压活门；5—进气口；6—高压室；7—安全阀；8—出气口；9—低压室；10—低压表；11—高压表

（四）减压器

减压器是将高压气体降为低压气体，并保持输出气体的压力和流量稳定不变的调节装置。

减压器按用途不同分为氧气减压器和乙炔减压器。下面简单介绍二种减压器。

1. QD-1 型氧气减压器

该减压器进口最高压力为 15MPa，工作原理见图 9-6 所示。QD-1 本体由黄铜制成，弹性薄膜装置被紧压在罩壳子本体之间，壳内装有调压弹簧，并在其上部旋有调压螺丝。调节调压螺丝时，使活门顶杆不同程度的开启和关闭，调节氧气的减压程度或停止供氧。本体上还装有高压和低压氧气表，分别表示瓶内和工作压力。顺时针旋动调节螺丝，氧气从高压室流入低压室工作。

2. QD-20 型乙炔减压器

该减压器是供瓶装溶解乙炔减压用。进口最高压力 2MPa，工作压力范围 0.01～0.15MPa。QD-20 型乙炔减压器与 QD-1 型氧气减压器构造和原理基本相同，不同的是 QD-1 采用与氧气瓶螺纹连接，而 QD-20 与乙炔瓶采用夹环和紧固螺钉来固定。本体上装有高压乙炔表，量程 0～2.5MPa；低压乙炔表，量程为 0～0.25MPa。在最大工作压力 0.15MPa 时，流量为 9m³/h。

（五）安全装置

1. 回火防止器

在气焊或气割过程中，发生气体火焰进入喷嘴内逆向燃烧的现象称为回火。回火时，一旦逆向燃烧的火焰进入乙炔发生器内，就会发生燃烧爆炸事故。回火防止器的作用是：当焊炬和割炬发生回火时，可以防止火焰倒流进入乙炔发生器或乙炔瓶，从而保障乙炔发生器或乙炔瓶等的安全。乙炔发生器必须安装回火防止器，并严格按照规定操作。

2. 安全阀

当发生器内的乙炔压力超过正常工作压力时，乙炔发生器安全阀即自动开放，把发生器内部气体排出一部分，直至压力降到低于工作压力后才自行关闭，以防发生爆炸事故。

（六）焊炬

焊炬又称焊枪，是气焊操作的主要工具。焊炬是将可燃气体和氧气按一定比例均匀地、以一定的速度从焊嘴喷出，形成焊接要求和稳定燃烧的火焰。

焊炬按可燃气体与氧气的混合方式分为等压式和射吸式两类，按尺寸分为标准型和轻便型。

国内使用的焊炬均为射吸式，这种焊炬使用低压乙炔或中压乙炔。

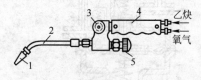

图 9-7　焊炬
1—焊嘴；2—混合管；3—乙炔阀门；
4—手柄；5—氧气阀门

如图 9-7 所示为 H01-6 射吸式焊炬。主体由黄铜制成，手柄下方装有氧气调节阀，在手柄前端装有乙炔调节阀。调节两个阀，可以控制氧气和乙炔的开放和关闭，也调整流量，以控制火焰的能率，将氧气和乙炔按比例混合，进入混合气管从喷嘴喷出。

（七）割炬

割炬的作用是使氧与乙炔按比例进行混合形成预热火焰，并将高压纯氧喷射到被割的工件上；使被切割金属在氧射流中燃烧，氧射流把燃烧生成的熔渣吹去而形成割缝。

割炬按预热火焰中氧气和乙炔的混合方式不同分为射吸式和等压式两种，其中以射吸式割炬的使用最为普遍；割炬按其用途又分为普通割炬，重型割炬以及焊、割两用炬等。

如图 9-8 所示为 G01-30 型射吸式割炬，能切割 2～30mm 厚的低碳钢板，有三个割嘴，可根据板厚进行选用。其构造分为两部分：一是预热部分，与焊炬形式相同；二是切割部分，由切割氧气调节阀、切割氧气管及割嘴组成。气割时，先开启预热氧气调节阀，再打开乙炔调节阀并点火。然后增大预热氧流量，氧气与乙炔混合后从割嘴喷出，形成环形预热火焰，对工件预热。待工件预热至燃点时，立即开启切割氧调节阀，使金属在氧气中燃烧，使氧气流在切割处将残渣吹掉，移动割炬，形成割缝。

图 9-8 割炬
1—割嘴；2—高压氧气管；3—混合气管；4—高压氧气开关；5—氧气开关；
6—乙炔开关；7—乙炔接管；8—氧气接管

第三节 气焊与气割工艺

气焊与气割本质不同，气焊是熔化金属，气割是金属在氧中燃烧。

一、气焊焊接工艺及操作

（一）气焊焊接工艺

在焊接过程中要选定一定的参数来保证焊接质量。由于焊件的材质、气焊的工作条件、焊件的形状尺寸和位置等不同，参数也不相同。

1. 焊丝直径

焊丝直径的选择要依据焊件的厚度、坡口形式、焊缝位置、火焰能率等来确定。焊丝过细，焊件尚未熔化，焊丝已熔化下滴；焊丝过粗，熔化焊丝所需加热时间长，热影响区加大，影响焊缝质量。多层焊时，第一、二层选细焊丝，以后各层选粗焊丝。

2. 火焰

应尽可能选择中性焰。对需要增加碳及还原气体的材料，选择碳化焰。对工件沸点低的材料，需在熔池表面生成氧化物薄膜的，用氧化焰。

3. 火焰能率

火焰能率是单位时间内乙炔的消耗量。火焰能率的大小是由焊炬型号和焊嘴大小来决定的。焊嘴越大火焰能率越大。

4. 焊嘴倾斜角

焊嘴倾斜角是指焊嘴中心线与焊件平面之间的夹角。焊嘴的倾斜角的大小主要根据焊嘴的大小、焊件的厚度、母材的熔点和导热性及焊缝空间位置来决定。在气焊过程中，焊丝对焊件表面的倾角一般为 30°～40°，与焊嘴中心线的角度为 90°～100°，如图 9-9 所示。

5. 焊接速度

焊接速度根据焊工的操作程度，在保证质量前提下，尽可能地提高焊接速度，减少焊件受热并提高效率。一般情况下板厚、熔点高的焊件速度慢些；厚度薄、熔点低的焊件，速度要快些。

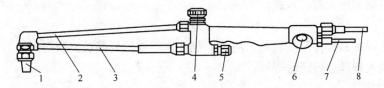

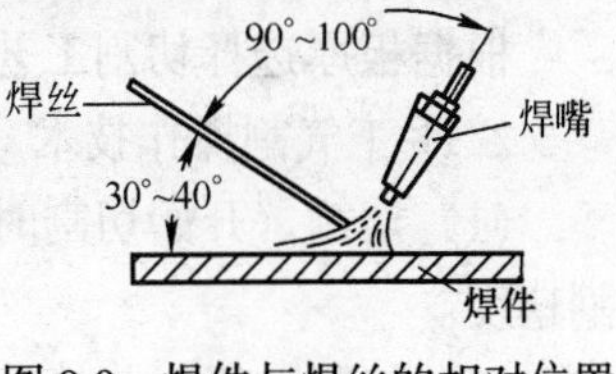

图 9-9 焊件与焊丝的相对位置

（二）主焊操作

1. 氧—乙炔焰的点燃、调节和熄灭

焊炬的握法，应右手拿焊炬，拇指和食指位于氧气调节阀，同时拇指还可以开关、调节乙炔调节阀。点燃火焰时，应先开启氧气调节阀，再开启乙炔调节阀，氧——乙炔气体混合后，将喷嘴靠近火源，点燃。

2. 起焊

由于开始焊时，焊件温度较低，应使火焰在起焊处反复移动。当起焊处形成白亮清晰的熔池时，填入焊丝进行正常焊接。

3. 接头与收尾

接头时，用火焰把原熔池加热至熔化成新熔池，再填入焊丝重新焊接。收尾时，焊件温度高，应减小焊嘴倾角和加快焊接速度，多加一些焊丝，防止熔池过大，烧穿。

4. 左焊法与右焊法

左焊法：焊炬从右向左移动，焊炬火焰背着焊缝而指向焊件的未焊部分，并且焊炬火焰跟着焊丝后面走，左焊法操作简单，容易掌握，适用于焊较薄和熔点低的工件，普遍采用。右焊法：焊炬从左向右移动，焊炬火焰指向焊缝，焊接火焰在焊丝前面移动。右焊法时火焰对着熔池，熔池周围与空气相隔离，防止焊缝气化，减少气孔和夹渣产生，焊缝组织好，但不易掌握，较少采用。

二、气割工艺及操作技术

（一）气割工艺

气割工艺包括割炬型号和切割氧压力、气割速度、预热火焰能率、割嘴与工件间的倾斜角、割嘴离工作表面的距离等。

被割件越厚，割炬型号、割嘴号码、氧气压力均增大，氧气压力与被割厚度、割炬型号、割嘴大小有关。压力过高，切口过宽，切割速度慢，切口表面粗糙。压力低，氧化反应慢，氧化物熔渣吹不掉，在割缝的背面形成难以清除的熔渣物，过低时，不能将工件割穿。气割速度与工件厚度、割嘴大小有关，工件愈厚，速度愈慢；反之，速度快。速度快慢由操作者掌握。速度过慢，切口边缘不齐、产生局部熔化现象，清渣困难；速度过快，割口不光洁，以致割不透。气割预热时，采用中性焰和轻微氧化焰，碳化焰不能用。切割过程要随时调整需要的火焰。割嘴的倾角由板厚来定，4mm 以下钢板，倾角 25°～45°；4～20mm 钢板，倾角 20°～30°；20mm 以上钢板，垂直于工件。火焰离开工件表面距离在 3～5mm 范围内。

（二）气割操作技术

1. 气割前准备

去除工件表面污垢、油漆、气化等；

气割前应检查现场设备、工具是否符合安全要求；

根据板厚选择切割工艺。

2. 手工气割操作技术

（1）切割。开始切割时，工件边缘预热，待亮红色时，调节氧气，按工件厚度掌握气割速度。

（2）气割过程。割炬运行始终要均匀，割嘴离工件距离要保持不变（3～5mm）。手工

气割时，可将割嘴沿气割方向后倾 20°～30°，以提高气割速度。

(3) 切割结束。临近结束时，割嘴应向气割方向后方倾斜一定角度，使钢板下部提前割开，并注意余料的下落位置。这样，可使收尾的割缝平整。

(4) 回火处理。气割过程中，若发生回火，应迅速关闭切割氧调节阀，以防氧气倒流入乙炔管内并使回火熄灭。

思考题与习题

1. 气焊有什么特点？应用范围怎么样？
2. 气焊火焰有哪几种？各有什么特点？
3. 乙炔瓶的结构怎样？
4. 对乙炔发生器有哪些要求？
5. 焊炬有什么作用？可分哪几类？
6. 割炬的作用和结构怎样？
7. 常用减压器有哪些？有什么作用？
8. 氧气、乙炔的纯度对焊接质量有什么影响？
9. 什么是左焊法和右焊法？各有哪些特点？
10. 气割原理怎样？

第十章 其他焊接方法

第一节 埋弧自动焊

电弧在焊剂层下燃烧进行焊接的方法称为埋弧焊。埋弧焊分为送丝、行走完全由机械装置来完成的自动埋弧焊和焊条行走靠手工操作的半自动埋弧焊，全自动生产效率高应用普遍，而半自动生产效率低，应用较少。埋弧自动焊工作原理见图10-1。

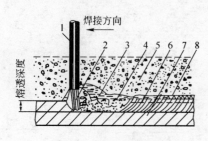

图 10-1 埋弧自动焊示意图
1—焊丝；2—电弧；3—金属熔池；4—熔渣；
5—焊剂；6—焊缝；7—焊件；8—渣壳

焊接电源两极分别接在导电嘴和焊件上，颗粒状的焊剂由漏斗管流出后，均匀的覆盖在装配好的焊件上，厚约40~60mm。焊丝由送丝机构经送丝轮和导电嘴进入焊接电弧区。焊剂在常温下不导电，在开始引弧时作为电极的焊丝与工件接触，通电后短路，焊丝反抽后形成电弧。电弧的辐射热使焊丝末端周围的焊剂熔化，形成液态熔渣，部分焊剂分解、蒸发成气体，金属与焊剂的蒸发气体在电弧周围形成一个空腔，空腔上部被一层熔渣膜所包围，与外界空气隔绝，电弧在空腔中燃烧。连续进入电弧的焊丝，以熔滴状态过渡与焊件被熔化的液态金属混合形成熔池。随着焊丝在焊接方向上的移动，熔池和焊渣逐渐凝固形成焊缝和覆盖在上面的渣壳。

一、埋弧自动焊与手工电弧焊相比具有的优点

（1）生产效率高。
（2）焊缝质量高。
（3）节省焊接材料和电能。
（4）焊件变形小。
（5）劳动条件好。

二、埋弧自动焊存在的问题

（1）埋弧自动焊一般情况下只适合焊接水平位置的长直焊缝和环形焊缝。
（2）对焊接坡口加工要求高，装配精度要求高。
（3）对金属材料的适应性差，主要焊接钢材。
（4）电流大，对板材厚度要求大，不能焊接较薄的板。
（5）设备复杂，机动性差，对小批量或单件生产时无显著优势。

三、埋弧自动焊的应用

埋弧自动焊通常情况下用于成批量的生产，焊接水平位置上厚度在6~60mm焊件的长直焊缝及较大直径（250mm以上）的环形焊缝。可焊接碳素结构钢、低合金结构钢、耐热钢、不锈钢及其复合钢材。在造船、锅炉、化工容器、桥梁、起重机械、矿山冶金机械

制造业中广泛应用。

第二节 气体保护焊

用外加气体作为电弧介质并保护电弧和焊接区的电弧焊称气体保护电弧焊，简称气体保护焊。是用特殊的焊炬或焊枪，不断通过某种气体，使电弧熔池与周围的空气隔离，以获得优质焊缝的焊接方法。

气体保护焊的优点：电弧为明弧，在焊接过程中便于调整和控制，可进行全方位焊接；焊接时速度快，质量高，几乎没有残渣；易于实现自动化和半自动化。为防止保护气体被破坏，气体保护焊应在有挡风设备的地方与室内使用。

一、氩弧焊

氩弧焊是利用氩气作为保护介质的一种气体保护电弧焊。氩气不与金属起化学反应使被焊金属氧化或烧损，也不溶解于液体金属，引起气孔，因此氩弧焊可获得高质量的焊缝。

(一) 不熔化极（钨极）氩弧焊

不熔化极氩弧焊，常采用熔点较高的钨或钨合金作为电极，电极只起电子发射、产生电弧的作用，而本身不熔化，焊丝只起填充金属作用，所以又称为钨极氩弧焊。焊接过程可分为自动或手工方式进行，如图10-2所示。焊接时在钨极和工件之间产生电弧，填充金属从一侧送入，在电弧热的作用下，填充金属与工件熔融在一起而形成焊缝。为防止钨极的熔化和烧损，焊接电流不能太大。通常适用于焊接6mm以下的薄板。焊接时氩弧焊采用直流正接（如焊接低合金钢、不锈钢、耐热钢等金属材料）。焊接铝、镁及其合金时，则采用交流电源。

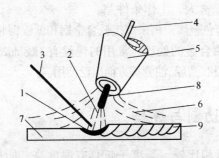

图10-2 不熔化极氩弧焊示意图
1—熔池；2—电弧；3—焊丝；4—送丝轮；
5—喷嘴；6—氩气流；7—工件；8—钨极；
9—焊缝

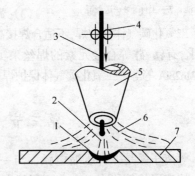

图10-3 熔化极氩弧焊示意图
1—熔池；2—电弧；3—焊丝；4—送丝轮；5—喷嘴；6—氩气流；7—工件

(二) 熔化极氩弧焊

熔化极氩弧焊（见图10-3）是利用金属焊丝作为电极，电弧产生在焊丝和工件之间，焊丝不断送进，并熔化过渡到焊缝中。所以焊丝作为电极，同时又是填充金属。焊接时，熔滴呈雾状的细小颗粒，沿焊丝轴线以喷射形式进入熔池。电弧燃烧稳定，飞溅现象消失，焊缝成型好。采用直流反接，常用于厚度在3～25mm的金属焊接。

由于氩气为惰性气体，比较缺少，所以主要用于焊接易氧化的有色金属（铝、镁等）、稀有金属（钼、钛等）和不锈钢。

二、二氧化碳气体保护焊

二氧化碳气体保护焊是一种利用二氧化碳气体作为保护气体的气体保护电弧焊，如图10-4示。焊接时，焊丝由送丝轮自动送进，二氧化碳气体经喷嘴沿焊丝喷出，在电弧周围形成局部气体保护层，使熔滴、熔池与空气相隔离，以防止空气对高温金属的有害作用。二氧化碳气体保护焊可分为自动焊与半自动焊两类，两类的焊丝都是送进的。自动焊的焊枪装在机头上自动行走，半自动焊枪由焊工操作。

二氧化碳气体保护焊的主要优点：

(1) 生产率高。二氧化碳气体保护焊一般采用较大的电流强度，熔敷率高，熔深大，速度快，没有焊渣。焊接板材厚度适应性强，生产率比手工电弧焊高 1~5 倍。

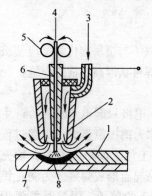

图10-4　二氧化碳气体保护焊
1—焊丝；2—喷嘴；3—电弧；4—CO_2气流；5—焊缝；6—熔池；7—工件；8—送丝轮

(2) 二氧化碳气体是化工厂等工厂的副产品，价廉易得。焊接成本为手工电弧焊的 40%~50%。

(3) 二氧化碳气体保护焊是明弧焊接，便于灵活操作，而且可以焊接各种空间位置的焊缝。

(4) 二氧化碳气体保护焊焊缝含氢量低，焊丝中锰含量高，脱硫好，焊接接头抗裂好。

(5) 由于保护气流使电弧热量集中，焊接热影响区小，产生裂纹和变形的倾向小。

二氧化碳气体保护焊的主要缺点：

(1) 二氧化碳气体在高温下可分解成一氧化碳和氧，使合金元素烧损，降低焊缝力学性能。

(2) 飞溅较大，焊缝外型不够美观光滑。

(3) 弧光强烈，烟雾大，工作条件差。

二氧化碳气体保护焊，不适合焊接高合金钢和有色金属。用来焊接低合金钢和低碳钢时，要采用含有锰、硅等合金元素的焊丝来实现脱氧和掺合金的处理。常用的焊丝有 H08Mn2Si 和 H08Mn2SiA 等等。二氧化碳气体保护焊在汽车、起重机、造船、油管等方面广泛使用。

第三节　等离子切割与焊接

等离子弧是一种压缩电弧，与一般自由电弧相比较，等离子弧具有温度高、能量集中、焰流可控等优点，它主要用于金属的切割、喷涂和焊接等方面。由于电弧经过压缩，弧柱横截面减小，电流密度加大，使弧柱气体完全电离，产生比自由电弧温度高的等离子电弧，温度可达 15000~30000℃。

一、等离子弧切割

等离子弧作为切割热源，不仅利用温度高、能量集中的特点，还可利用高速等离子的冲刷作用，把熔化金属从切口中冲出。等离子切割具有切割速度高、切割厚度大、切口直、切口窄、变形小等优点。主要用来切割氧——乙炔焰不能切割的耐热钢、不锈钢、钛、铜、铝、铸铁等金属。

等离子弧是经过三种形式的压缩效应得到的：(1) 在钨极和工件间的电弧通过喷嘴的细孔，产生机械压缩效应；(2) 喷嘴是通水强迫冷却的，所以在弧柱的周围受到冷却，产生了热压缩效应；(3) 电弧周围存在着磁场，使电弧受到了电磁收缩效应。综上就将电弧压缩成能量高度集中的高温等离子弧焰，同时在喷嘴孔道内弧柱周围的工作气体被弧柱加热，在喷嘴孔道内形成高温高压气体，从喷嘴中高速喷出，使等离子弧的焰流在孔道出口处具有很高的速度和冲击力。等离子弧切割就是利用等离子弧的高温将工件熔化并利用冲击力把熔化金属冲除，从而形成割缝。

二、等离子弧焊

和等离子弧切割一样，等离子弧焊也是利用高温等离子作为热源的。与等离子弧切割不同的是：切割时为吹除熔化金属，而把等离子弧调成温度高、吹力大的"刚性弧"；而焊接时，把等离子弧调节成温度较低、吹力较小的"柔性弧"。切割时不采用保护气体，而焊接时，在等离子弧周围通保护气体（一般为氩气），以隔绝空气，如图10-5所示。

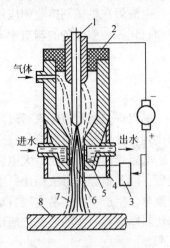

图10-5 等离子弧焊示意图
1—电极；2—陶瓷垫圈；3—高频振荡器；4—轴喷嘴；5—水冷喷嘴；6—等离子弧；7—保护气体；8—焊件

等离子弧焊分为微束和大电流等离子弧焊。微束等离子弧焊时，使用电流0.1～30A，可焊接0.025～2.5mm的薄板及箔材。大电流等离子弧焊可焊接2.5mm以上的板材。

等离子弧焊的优点：工件在一定厚度内，在不开坡口、不留间隙情况下，可单面焊双面成型，而且电弧稳定，热量集中，焊接变形小，生产率高。可以用来焊接难熔、易氧化、热敏感性强的材料，且应用范围极广。

第四节 电 渣 焊

利用电流通过液体熔渣所产生的电阻热作为热源进行焊接的熔焊方法称电渣焊。电渣焊是利用熔渣导电时所产生的电阻热为热源熔化金属进行焊接的。焊接过程如图10-6所示。电渣焊时，工件位于垂直位置，中间相距15～25mm，两边装有冷却块，使熔池金属及熔渣不会外流，并在起始端和收尾端安有引弧板和引出板，强迫焊缝有良好成型。开始焊接时，焊丝与引弧板之间产生电弧。利用电弧，由电弧过程转入电渣焊过程。液态熔渣是导电的电解液，当电流从渣池中通过时，产生的电阻热使渣池温度达1600～2000℃，将焊件的边缘和焊丝熔化形成金属熔池。随着焊丝不断熔化和送进，熔池液面不断上升，下面缓慢冷却形成焊缝。为保证焊接质量，焊缝收尾应引出在焊件外部。

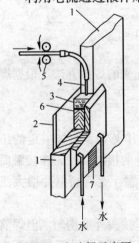

图10-6 电渣焊示意图
1—被焊工件；2—滑轮；3—渣池；4—焊丝；5—送丝轮；6—熔池；7—焊缝

电渣焊的特点：
(1) 大厚度的工件(在25mm以上)可不开坡口，一次焊成。
(2) 节省钢材，节省电能，成本低，生产率高。
(3) 冷却缓慢，为顺序凝固，有利于气体和杂质的逸出，不易产生气孔、夹渣等现象。但是由于加热和冷却缓慢，在焊缝区易形成粗大组织，焊后要进行正火处理。

电渣焊在机械制造业中应用广泛，如水轮机组、水压机、汽轮机、重型机械、高压锅炉和石化等大型设备的制造中。

第五节 电 阻 焊

电阻焊是利用强电流通过两个被焊工件接触面所产生的电阻热，将焊件该处金属迅速加热到塑性状态或局部熔化状态，并在压力作用下形成牢固接头的一种焊接方法。

电阻焊使用低电压、大电流（通常情况下 2~10V，几千安培至几万安培），焊接时间极短。同其他焊接方法相比，电阻焊的优点是变形小，不需要填充金属、劳动条件好，操作简单，生产率高，易实现自动化和机械化。缺点是设备复杂、耗电量大，对焊件的截面形状和厚度有一定的要求，适用于大批量、规格化生产。

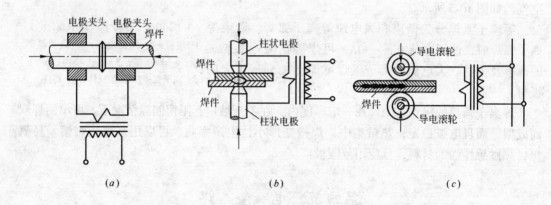

图 10-7 电阻焊
(a) 对焊；(b) 点焊；(c) 缝焊

电阻焊接头形式可分为对焊、点焊和缝焊三种，如图 10-7 所示。

一、对焊

对焊是利用电阻热使两个对接接头的焊件在整个接触面连接起来的焊接方法。根据焊接过程和操作方法的不同，对焊又分为电阻对焊和闪光对焊。

（一）电阻对焊

将被焊的两个工件装在对焊机的两个电极夹具中，中心对正并夹紧，施加一定的压力，使两个端面紧密接触，然后开始通电。当强电流通过被焊工件的接触面时，在接触面上产生大量的电阻热，两个被焊工件的接触处迅速加热到塑性状态，然后断电并增大压力，接触处便产生一定的塑性变形而形成牢固接头的方法。

电阻对焊操作简便，端头处可挤出少量的金属，并容易去掉。接头外形均匀。但焊前要认真清理被焊工件的表面，要求表面要平整，没有夹渣物，以免引起接触面加热不均匀，引起局部氧化和夹渣。通常用于焊接断面简单、紧凑、直径小于 20mm 的低碳钢和强度要求不高的焊件。

（二）闪光对焊

将被焊工件夹在夹具内，中心对正，首先接电源，然后逐渐移动被焊工件，让两个被焊面相接触。由于接触面上凸凹不平，接触处强电流通过时，迅速升温熔化，发生爆破，以金属飞溅形成火花（闪光）从接触处向外散开，继续送进工件，又形成新的接触点，闪光连续产生。当端面金属全部熔化，即断电流并迅速施加压力来完成焊接的方法。

闪光对焊的主要优点是：接头质量高；焊前对被焊工件端面要求不太高；接头中氧化物、夹渣物较少；可以焊接截面形状复杂或具有不同截面的焊件；可焊同种金属，也可焊接异种金属（如铝——铜，铝——钢等）。缺点是：金属损耗较多，焊后有毛刺；设备比较复杂。

应用广泛，多用于钢筋、刀具、管道、锚链、导线、钢轨、自行车轮圈等等的焊接。

二、点焊

将两被焊工件搭接，并压紧在两个柱状电极之间，在被焊工件的接触面之间形成许多单独的焊点，而将两工件连接在一起的焊接方法，如图10-7（b）所示。

点焊时，首先将表面已清理好的焊接工件搭接，放置在两个柱状电极之间预夹紧，使工件接触面紧密接触，然后通电，使接触处产生电阻热。电极是由导热性良好的铜合金制成，而且电极的中间通水冷却，带走它与被焊工件间接触电阻所产生的热量，所以热量主要集中在工件的接触处，使该处的温度急速升高，金属熔化形成熔核。而熔核周围的金属则被加热到塑性状态，在外来压力作用下形成一紧密封闭的塑性金属环，围住熔核，使熔化金属不致流出。然后切断电源，使熔核金属在压力下冷却凝固结晶，以获得组织致密的焊点。焊点之间要有一定的距离，距离的大小与焊接材料的厚度有关系。焊件厚度愈大，间距就愈大。一般最小点间距为 7~40mm。

点焊由于熔化金属不与空气相接触，所以焊点的强度高，工件表面平滑，焊件变形小。

点焊主要用于薄板结构，可以焊接 0.2+0.2（mm）至 16+16（mm）的低碳钢，还可以焊接铜合金、铝美合金和不锈钢等。广泛应用于飞机、汽车、钢筋结构、电子元件、仪表等制造业。

三、缝焊

缝焊又称为滚焊。将焊件装配成搭接或对接接头，放置于两转动滚轮状电极之间。当压紧焊件的滚轮电极转动并连续或断续通电、工件从两滚轮电极之间通过，两工件接触面之间就形成连续或断续的焊点，从而获得紧密焊缝的电阻焊的方法，如图10-7（c）所示。

在满足焊接要求的前提下，焊缝大多采用连续送进、间断送电的方法。它能使焊缝和设备有冷却的时间，缝焊送电间断的时间很短，相邻的焊点间距很小，形成了连续的焊点。缝焊工件表面平整光滑，焊缝有较高的强度和气密性，常常被用来焊接要求密封的薄壁容器，通常适用于3mm以下的薄板搭接。广泛应用在管道、容器、油箱等，可以焊接低碳钢、合金钢、铝及铝合金等金属材料。

第六节　钎　焊

钎焊是采用比焊接金属熔点低的金属作钎料，将焊件和钎料（填充金属）加热到高于钎料熔点、低于焊接金属熔点的温度，利用液态钎料湿润焊接金属，填充接头间隙并与焊接金属相互扩散实现焊件连接起来的方法。

首先对被焊金属的接触面进行清理，为了清除焊接金属的氧化膜及其他杂质，改善液态钎料的湿润能力，保护钎料和焊接金属不被氧化，使用钎剂。钎剂熔化后，覆盖在焊接金属和钎料的表面。隔绝空气起保护作用，同时改善钎料流入间隙的性能。其次以搭接形式进行装配，把钎料旋转在工件装配间隙附近或间隙内。当把工件与钎料一起加热到稍高于钎料的熔化温度后，液态钎料在毛细作用下进入焊接工件的间隙内，于是焊接金属和钎料之间相互溶解和扩散，冷却凝固后形成钎接接头。最常见的是被称为"焊锡"的钎焊，以"焊锡"作钎料，用"松香"或"焊锡膏"作焊剂。

钎焊与熔焊的区别在于，钎焊只是钎料（填充金属）熔化，而焊接金属不熔化。而熔焊是填充金属与焊接金属均熔化而形成接头。

根据钎料熔点不同钎焊可分为两大类：

1. 软钎焊

钎料熔点在450℃以内，接头强度在170MPa以下。最常使用的是锡铅钎料，钎剂为松香、焊锡膏、氯化锌溶液等。工作温度130℃左右。主要用于电子、电器仪表，手工业劳动等。

2. 硬钎焊

钎料熔点在450℃以上，接头强度大于200MPa。常用的钎料有铝基、铜基、银基钎料等。钎剂有氟化物、氯化物、硼酸、硼砂等。应用于受力较大的铜合金件、工具、钢等，如车刀头焊接，自行车铜焊。

按钎接过程加热方式不同，钎焊又可分为：（1）烙铁钎焊；（2）炉中钎焊；（3）火焰钎焊；（4）盐浴钎焊；（5）高频钎焊；（6）接触钎焊。

钎焊的主要优点：加热温度低，工件受热温度不高，接头组织与性能变化小，焊件变形小；接头表面光洁，气密性好；可以焊接相同或不同的金属；设备简单。钎焊的主要缺点：焊接接头强度较低；耐热温度不高；焊前对焊件清理要求严格。钎焊在无线电、电机、仪表、航空、航天、机械等部门得到了广泛的应用。

第七节 电子束焊与激光焊

一、真空电子束焊

电子束焊是利用电子枪产生的电子束在强电场作用下，以极快的速度轰击焊件表面时所产生的热能使焊件熔化而形成牢固接头的一种熔焊。电子束轰击焊件时99%以上的电子动能转变为对焊件加热的热能，轰击部位可达到很高温度。

高真空电子束焊、低真空电子束焊和非真空电子束焊均属于电子束焊。目前应用最广泛的是高真空电子束焊。

真空电子束焊焊接过程：在电子束的轰击下，材料在瞬间熔化并蒸发，强烈的金属蒸气流将部分液体金属排出电子束作用区，而电子束在内部再聚焦，而形成细深的被液体包围的空腔。随工件移动，液体金属从熔化向结晶过渡，因而形成深而窄独特的焊缝。

真空电子束焊与其他焊接相比具有如下优点：

(1) 在真空中进行焊接，金属不会被沾污，故焊缝纯度极高。

(2) 热源能量密度大（为电弧焊的 500~1000 倍）、熔深大、焊速快、焊缝窄而深，焊缝深宽比可达 20:1。

(3) 由于热量高度集中，焊接热影响区小（0.05~0.75mm），焊件不产生变形。

(4) 焊接厚板可不开坡口、不留间隙、不加填充金属，成本低。

(5) 电子束焊可焊接 0.1mm 薄板，也可焊 200~300mm 厚板；能焊接低合金钢、不锈钢、有色金属、难熔金属。

但焊接设备复杂，造价高，对焊件清理、装配质量要求较高，焊件尺寸受真空室限制。

二、激光焊

激光焊是用激光束来加热熔化金属进行焊接的一种熔焊方法。

激光是利用原子受激辐射原理，使物质受激产生强度非常高的光束。激光与普通光不同，它具有能量密度高，在极短时间内，光能转变成热能，其温度可达万度以上。

激光焊的特点是：

(1) 能准确聚焦很小的光点，焊缝极为窄小。

(2) 能量集中能力大，穿透力强，温度高，可熔化所有金属。

(3) 时间短，焊件不易被氧化。不需要任何保护条件，任何空间可进行焊接。

(4) 焊接过程极快，热影响区小。

(5) 可以焊接同种金属和异种金属，也可焊玻璃钢等非金属。

思考题与习题

1. 试述埋弧焊的工作原理。
2. 氩弧焊有哪些特点？应用怎样？
3. 氩弧焊分几种？
4. 什么是 CO_2 气体保护焊，试述其工作原理？
5. 等离子弧切割原理怎样？应用范围如何？
6. 试述电渣焊工作原理。
7. 什么叫钎焊？可分几类？
8. 试述等离子焊接工作原理。
9. 电阻焊可分几类？试述各类工作原理。
10. 缝焊为什么间断送电？

第十一章 焊接的缺陷与检验

焊接接头质量好坏，会直接影响到焊接产品的结构与使用安全。对焊接接头进行必要的质量检验，是保证焊接质量的必要措施，对不合格的焊缝进行不同的检验，以便及时清除各种焊接缺陷带来的隐患。

第一节 常见焊接缺陷

焊接缺陷是指在焊接生产过程中，由于被焊金属的可焊性、焊接工艺的选择、焊前准备、人工操作等因素所造成的焊接接头上所产生的缺陷。国家标准《金属熔化焊焊缝缺陷分类及说明》（GB 6417—86）中将金属熔化焊焊缝缺陷分成六类：裂纹、孔穴、固体夹杂、未熔合与未焊透、形状缺陷和其他缺陷。按出现的位置又可分为表面缺陷：焊缝尺寸不合要求、咬边、表面气孔、表面夹渣、表面裂纹、焊弧坑等；内部缺陷：气孔、夹渣、裂纹、未熔合等。

一、裂纹

在焊接接头中，局部地区的金属原子结合力遭到破坏而形成的新界面产生的缝隙为裂纹。裂纹是最危险的焊接缺陷，严重影响着焊接结构的安全可靠性和使用性能，它降低焊接接头强度，引起应力集中。裂纹分为热裂纹和冷裂纹。

（一）热裂纹

热裂纹又称为凝固裂纹。是在高温下产生的裂纹，焊缝在结晶时，由于杂质和低熔点共晶物的熔点比焊缝金属低，结晶时以液态层存在，当受到拉伸应力时，液体间层被拉开形成热裂纹。

防止裂纹产生的措施：（1）尽可能地减少硫、磷、碳的含量，提高含锰量。正确选用焊条型号，使用合格、优质的电焊条；（2）减小焊接应力。对刚性大的焊件，合理安排施焊方向和焊接顺序，适当采取预热和缓冷措施；（3）调整好焊缝的合金成份；（4）收弧时，一定注意填满弧坑。

（二）冷裂纹

冷裂纹是指焊接接头冷却到较低温度时产生的裂纹。冷裂纹产生的原因是：氢、淬硬组织和应力的共同作用，产生冷裂纹。冷裂纹不是焊接过程产生的，在焊后几小时、几天才能出现。

冷裂纹的防止措施：（1）焊前应仔细清理，去除油、锈、水分。选用低氢焊条，按规定烘干，控制氢的来源；（2）采用合理的装配和焊接顺序，以减小焊接应力；（3）采用焊前预热和焊后缓冷，改善接头组织，降低硬度和脆性；（4）焊后进行去氢处理和热处理，使氢从焊接接头逸出，消除残余应力。

二、孔穴

孔穴缺陷包括气孔和缩孔。气孔是指熔化中的气泡在熔化金属凝固时未能逸出而残留在焊缝中形成的空穴。缩孔是指熔化金属在凝固过程中因收缩产生的孔穴。

气孔的产生和对焊缝的影响。产生气孔的原因是碱性焊条受潮，酸性焊条烘干温度太高，焊件不清洁，电弧太长，电流过大，极性不对，焊接速度快，保护气体流量过大或过小等。气孔会减小焊缝的有效截面，使焊缝的机械性能下降；还破坏焊缝的致密性，造成泄漏；发生应力集中，造成焊缝塑性下降。防止气孔产生的措施：(1) 选择好焊接的工艺措施，使气体从熔池中分逸出来。(2) 焊件表面认真清理，焊条按规定严格烘干。(3) 采用短弧焊接，使熔池受到保护；气体保护焊时，注意保护气体的效果。

三、固体夹杂

固体夹杂的主要表现为夹渣。夹渣是残留在焊缝中的熔渣。夹渣外形很不规则，大小相差很大，一般从一毫米至几毫米长。可以是线状的、孤立的及其他的形式。夹渣会降低焊缝的塑性和韧性；尖角造成应力集中，形成裂纹。

夹渣是由于焊件上有锈蚀；各层之间熔渣未能彻底清除；电流过小、热量不足；冷却速度过快；焊条角度不对，吹力不够等原因造成的。

防止夹渣产生的措施：(1) 认真清理坡口及各焊层之间的熔渣。(2) 正确选择焊接规范，增大电流，防止焊缝冷却过快，使熔渣浮起。(3) 根据被焊金属正确选择焊条，降低熔渣的粘度，有效的防止夹渣。(4) 提高焊接技术，随时调整角度和运条方法。

四、未熔合与未焊透

1. 未熔合

未熔合是指焊接时，焊道与被焊金属之间或焊道金属与焊道金属之间未完全熔化结合的部分；或点焊时被焊金属与被焊金属之间未完全熔化结合的部分。

它分为侧壁未熔合、层间未熔合和焊缝根部未熔合。

未熔合产生的原因：焊接能量太低；电弧发生偏吹；坡口有锈及污物；焊层之间清渣不彻底。

2. 未焊透

焊接时接头根部未完全熔透的现象。图 11-1 咬边未焊透产生的原因：焊接电流太小，坡口角度或对口间隙小；运条速度太快；焊条角度不当；焊接散热太快，氧化物和熔渣阻碍熔合。

3. 防止未熔合与未焊透的措施

(1) 正确选择坡口形式和装配间隙，清除坡口两侧及焊层间的熔渣及污物；(2) 正确选择焊接规范，焊接电流，焊接速度及电弧电压；(3) 注意调整焊条角度，使被焊金属与填充金属均匀熔合；(4) 对散热快的金属注意预热和加热。

五、形状缺陷

形状缺陷是指焊缝的表面形状与原设计几何形状有偏差。它包括焊缝尺寸不合要求、咬边、焊瘤、烧牢、凹坑、塌陷、未焊满等等。

(一) 焊缝尺寸不符合要求

指焊缝高低不平，宽窄不一，余高过高和不足等等。焊缝尺寸过大会增加焊接工作量，浪费焊条，并使残余应力和变形增加，造成应力集中；尺寸过小会减少焊缝有效截面尺寸，降低焊接接头的承载能力。焊缝尺寸不符合要求是由焊接电流过大或过小、装配间隙不均匀和坡口角度不当、焊接角度不当及运条方式速度过快或过慢造成的。

（二）咬边

由于焊接电流过大或电弧过长，或操作工艺选择不正确，沿焊趾的母材部位产生的凹陷或沟槽，如图11-1所示。这是一种较大的危害，会造成应力集中，降低结构承受负荷的能力和降低疲劳强度。选择合适的焊接规范，掌握正确的运条方法是防止咬边出现的方法。

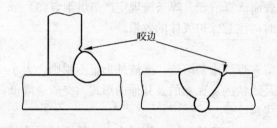

图11-1　咬边

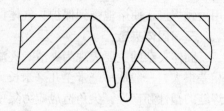

图11-2　烧穿

（三）焊瘤

焊接过程中金属流淌到焊缝之外未熔化的母材上所形成的金属瘤。焊瘤影响焊缝的美观，并与未焊透相伴，极易造成应力集中。如在管道内部出现焊瘤，会减少管道的有效面积。焊瘤多发生在立焊和仰焊时，焊条位置和运条方法不正确、电流过大或焊接速度过慢、焊缝间隙过大等均可以产生焊瘤。

（四）烧穿

熔化金属自焊缝背面流出，形成穿孔，如图11-2所示。烧穿经常出现在焊薄板时，是由于电流过大，焊速太低，装配间隙过大或坡口钝边太薄产生的。防止烧穿，可正确设计坡口，选择适当的焊接电流和速度，焊薄板时可采用跳弧焊法和断续灭弧法。

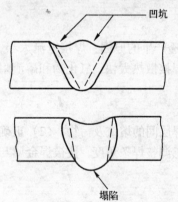

图11-3　凹坑及塌陷

（五）凹坑、塌陷及未焊满

凹坑指在焊缝表面或焊缝背面形成的低于母材表面的低洼部分。塌陷指单面熔化焊时，焊缝金属过量透过背面，使焊缝背面凸起，正面塌陷。如图11-3所示。未焊满是指在焊缝表面形成的连续或断续的沟槽。这几项缺陷减小焊缝有效截面积，造成强度减弱和应力集中。要注意电流的大小，焊接速度。注意收弧时的动作，填满弧坑。

六、其他缺陷

其他缺陷包括电弧擦伤、表面撕裂、飞溅、打磨过量等等。

其中飞溅在电弧焊焊接时是正常现象，但严重的飞溅现象不是正常的。不仅浪费焊条，而且影响焊缝及焊缝周边的整洁，不及时清除这些飞溅会很容易引起气孔和夹渣。所以要正确选择焊接工艺，碱性焊条必须烘干。

第二节　焊接质量的检验

在焊接生产中，检验工作占有重要的地位，因为电弧焊的焊缝质量不是很稳定的，所以焊缝抽量的检验尤为重要，只有必要的焊缝检验，才能对焊缝质量做出正确的结论。焊接质量检验方法可分为非破坏性检验和破坏性检验。

一、非破坏性检验

（一）焊接接头的外观检查

外观检查是一般情况下以肉眼观察为主或用 5~20 倍的放大镜，检查焊缝外形尺寸和表面缺陷的检验方法。检查前要先清除氧化皮和熔渣，目的是发现焊缝的咬边、外部气孔、裂纹、焊瘤等，以及焊缝外形尺寸是否符合设计要求，焊缝是否平整等。

（二）致密性检验

对于贮存液体、气体及管道焊接接头，要进行致密性检验。采用致密性检验的方法有：渗透性试验、水压试验、气压试验等。

1. 渗透性试验

又称为渗透探伤，是把渗透力很强的液体涂在焊件表面上，擦净后再涂上显示物质，使渗透到缺陷中的渗透液被吸附出来，从而显示出缺陷的位置、性质和大小。经常使用的渗透液是煤油。

2. 水压试验

这种方法用来检验焊接容器的致密性和强度。首先用水把压力容器灌满，并堵好容器上的一切孔和眼，用水泵把容器内压力提高，试验压力为工作压力的 1.5~2 倍。压力持续一定时间，检查人员检验容器是否有渗漏出现。

3. 气压试验

一般情况下对小型管道和小型压力容器进行致密性检验的方法。将压缩空气通入容器内，并在焊缝涂肥皂水，当焊缝有穿透性缺陷时，容器内气体会从缺陷中逸出，使肥皂水起泡。

（三）无损探伤

无损探伤有荧光探伤、射线探伤、超声波探伤、磁场探伤等检验手段。

1. 荧光探伤

荧光探伤与渗透探伤相似，在渗透液（煤油）中加入荧光粉（氧化镁粉），渗透液从缺陷渗出，在紫外线灯的照射下发出荧光，显示出缺陷的形状。

2. 射线探伤

X 射线和 γ 射线都是电波，都能透过金属材料，对照像胶片发生感光。由于射线通过不同材料被吸收的程度不同，金属密度越大，厚度越大，射线被吸收的越多。因此射线通过被检验的焊缝时，有缺陷处和无缺陷处被吸收不同，使射线透过接头后，强度有明显差异，胶片感光程度不一样，观察冲洗过的胶片上的影像，能确定焊缝中缺陷的大小与种类。对 30mm 以下的工件，用 X 射线透视照相检查裂纹、未焊透、气孔和夹渣等焊接缺陷。对较厚的工件用 γ 射线来识别焊缝的缺陷。

3. 超声波探伤

金属探伤的超声波频率在 0.5～5MHz 之间，可在金属中传播很远的距离。当遇到缺陷时被反射回来，在荧光屏上形成反射脉冲波。根据脉冲波的位置和特征来确定缺陷的位置、形状和大小。主要设备是"超声波脉冲反射式探伤仪"。它由超声波发生器、接收器、换能器（探头）、指示器组成。主要用于厚壁焊件的探伤，对裂纹的灵敏度最好，对缺陷尺寸的判断不够准确。

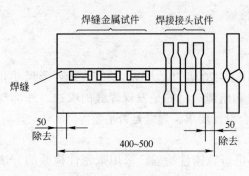

图 11-4 试样截取位置图

4. 磁粉探伤

主要用来检查铁磁性材料表面和近表面的微小裂纹和未焊透等缺陷。检验时先将焊缝的两侧局部充磁，焊缝中便有磁力线通过。在焊缝表面撒布细小针状铁粉，铁粉会被吸附在缺陷上，根据吸附铁粉的多少、形状、薄厚程度来判断缺陷的大小和位置。当磁力线的方向与缺陷垂直时，灵敏度才高。试验时，要从几个方向对焊件磁化来进行观察。磁粉探伤对裂纹表现灵敏，但难于发现气孔和夹渣，及深处的缺陷。

二、破坏性试验

（一）机械性能试验

焊接接头的性能试验，按要求进行拉伸、冲击、剪切、扭转、弯曲、硬度、疲劳等试验，目的是检验焊缝金属及焊接接头的机械性能。试样的截取位置如图 11-4 所示。

1. 拉伸试验

拉伸试验是为了测定焊接接头或焊缝金属的抗拉强度、屈服强度、断面收缩率和延伸率等机械性能指标。这是测定焊接接头及焊缝金属性能的重要方法。

2. 冲击试验

为了测定焊接接头或焊缝金属在受冲击载荷时抗断的能力。通常是在一定温度下，把有缺口的冲击式样放在试验机上，测定试样的冲击韧性。观察金属内有无气孔、裂纹、夹渣等缺陷。缺口可在焊缝中间、熔合线上或热影响区。

3. 弯曲试验

焊接接头的弯曲试验，是测定焊接接头弯曲时的塑性，以试样任何部位出现第一条裂缝时的弯曲角度作为评定标准。也可以将试样弯曲到技术条件规定的角度后再检查有无裂缝。弯曲试验如图 11-5 所示。

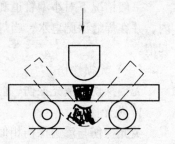

图 11-5 焊缝弯曲试验

4. 硬度试验

为了测定焊缝金属、基本金属及热影响区的硬度。

5. 疲劳试验

为了测定焊接接头或焊缝金属受交变载荷情况下的强度。

（二）焊接接头的金相检验

焊接接头的金相检验，是用来检查焊缝、热影响区及基本金属的金相组织情况及确定内部缺陷的。检验方法是在焊接接头上截取试样，经打磨、抛光等步骤，在金相显微镜下观察，可以看到焊缝金属中各种夹杂物的数量及分布和组织情况，为改进焊接工艺、焊条选择等提供必要的资料。

(三) 化学分析试验

化学分析试验是检查焊缝的化学成分。化学分析的试样要从堆焊层内或焊缝金属内取得，一般用直径6mm左右的钻头钻取。常规分析试样50~60g。经常分析的元素碳钢有锰、硅、硫和磷等；合金钢或不锈钢分析铬、钼、钛、镍、钒、铜、铝等；还要分析焊缝金属中的氢、氧、氮含量。

思考题与习题

1. 什么叫焊接缺陷？
2. 焊接缺陷的分类方法是怎样的？
3. 什么叫裂纹？裂纹有什么危害？
4. 什么叫气孔？什么叫缩孔？它们有什么危害？
5. 什么叫夹渣？
6. 什么叫未熔合？什么叫未焊透？
7. 什么叫焊缝形状缺陷？包括哪些内容？
8. 下塌与焊瘤有什么区别？它们有什么危害？
9. 致密性检验有哪几种？各有何特点？
10. 超声波探伤有什么特点？适用范围怎样？

第十二章 公差与配合

第一节 公差与配合的基本概念

一、零件的互换性

一台机器都是由若干零件装配在一起构成的。在装配时,从大批生产出的同种零件(或部件)中,任意取出一件,不需要经挑选和修配就能直接装到机器的所在部位上去,并且在装上之后,能够完全达到规定的技术要求,具有良好的使用性能。这种相同零件能够互相调换,并仍能保持准确度的技术特性称为零件的互换性。这类零件(或部件)叫做互换性零件(或部件)。

例如,一批 M12-6H 的螺母,如果都能与其相配的 M12-6g 的螺栓自由旋合,并能满足原定的连接强度要求,则就称这批螺母具有互换性,这批零件叫互换性零件。

很明显,具有互换性的零件最好加工得十分精确,没有误差,但实际是做不到的。在生产过程中,由于机床、刀具、夹具、量具本身存在误差和操作者的操作误差,因此,加工出来的零件尺寸总会有误差存在。为了达到零件的互换性要求,在图纸上给零件尺寸规定一个允许的误差范围,即规定一个允许的尺寸变动的量,这就是尺寸公差的概念。公差与配合就是为了满足零件的互换性要求,对零件的加工精度用标准的形式作出统一的规定。公差与配合的内容在国标(GB 1800~1804—79)中有明确的规定。

二、公差配合的基本术语

公差配合的标准主要是关于孔、轴的尺寸公差,以及由它们组成的配合的规定。基本术语如下:

(一)尺寸的术语

1. 基本尺寸

设计给定尺寸。是根据产品使用要求,通过计算、试验和经验确定的。基本尺寸是一个标准尺寸,应尽可能选用标准直径或标准长度。孔的基本尺寸代号 L,轴的基本尺寸代号 l。

2. 实际尺寸

通过测量所得的尺寸。由于存在测量误差,实际尺寸并非尺寸的真值,一般指零件制成后的实际尺寸。孔的实际尺寸代号 La,轴的实际尺寸代号 la。

3. 极限尺寸

允许尺寸变化的两个界限值统称为极限尺寸,以基本尺寸为基数来确定。两个界限值中,较大的一个称为最大极限尺寸,较小的一个称为最小极限尺寸。

极限尺寸是在确定基本尺寸的同时,为满足使用上的需求而确定的。零件加工后的实际尺寸应小于或等于最大极限尺寸,而大于或等于最小极限尺寸方为合格。

(二)尺寸偏差和尺寸公差

1. 尺寸偏差（简称偏差）

某一尺寸减去它的基本尺寸所得代数差即为尺寸偏差。如果这一尺寸是实际尺寸，则实际尺寸减去基本尺寸所得代数差称为实际偏差；如果是极限尺寸，则极限尺寸减去基本尺寸所得的代数差称为极限偏差。由于极限尺寸有两个，所以极限偏差也有两个，即：

(1) 上偏差 最大极限尺寸减去它的基本尺寸所得的代数差称上偏差。孔的上偏差规定代号为 ES；轴的上偏差规定代号为 es。

(2) 下偏差 最小极限尺寸减去它的基本尺寸所得的代数差称下偏差。孔的下偏差规定代号为 EI；轴的下偏差规定代号为 ei。

用计算式表示：

$$ES = L_{max} - L \tag{12-1}$$

$$es = l_{max} - l \tag{12-2}$$

$$EI = L_{min} - L \tag{12-3}$$

$$ei = l_{min} - l \tag{12-4}$$

如有一离心泵轴，采用滚动轴承 308；轴颈处直径 $\phi40$，加工时尺寸可在 $\phi39.8 \sim \phi40.1$ 的范围内，则轴的上偏差 $es = l_{max} - l = 40.1 - 40 = +0.1$ （mm）

下偏差 $ei = l_{min} - l = 39.8 - 40 = -0.2$ （mm）

由本例可见，偏差有时为正值，有时为负值。这是因为极限尺寸可能比基本尺寸大，也可能比基本尺寸小，在极限尺寸与基本尺寸相等时，偏差为零。

在图纸上标注尺寸时，规定将尺寸写成如下形式：

$$基本尺寸^{上偏差}_{下偏差}$$

如上例的轴可标注尺寸为 $\phi40^{+0.1}_{-0.2}$

在生产中，常根据图纸上的基本尺寸和偏差计算极限尺寸，以控制加工尺寸的范围，这时：

最大极限尺寸 = 基本尺寸 + 上偏差

最小极限尺寸 = 基本尺寸 + 下偏差

因为最大极限尺寸总是大于最小极限尺寸，所以上偏差总是大于下偏差。上偏差和下偏差在图样上的表示一般有六种形式出现。例如：

$\phi40^{+0.2}_{+0.1}$　　$\phi40^{-0.1}_{-0.2}$　　$\phi40^{+0.1}_{-0.2}$　　$\phi40 \pm 0.1$

$\phi40^{+0.1}_{0}$　　$\phi40^{0}_{-0.1}$　　（上下偏差为零时，也必须标出，不可将零省略）

实际偏差在极限偏差范围内的零件为合格品。

2. 尺寸公差（简称公差）

即允许尺寸的变动量。公差是设计人员根据零件使用时的精度要求，并考虑制造时的经济性，对尺寸变动范围给定的允许值。公差的数值等于最大极限尺寸与最小极限尺寸之代数差的绝对值，也等于上偏差与下偏差之代数差的绝对值。孔的尺寸公差代号为 T_h，轴的尺寸公差代号为 T_s。表达式为：

$$T_h = L_{max} - L_{min} \quad 或 \quad T_h = ES - EI \tag{12-5}$$

$$T_s = l_{max} - l_{min} \quad 或 \quad T_s = es - ei \tag{12-6}$$

3. 尺寸公差带（简称公差带）

在公差带图中，由代表上下偏差的两条直线所限定的一个区域称为尺寸公差带。它表示互相结合的孔、轴的基本尺寸，极限尺寸，极限偏差与公差的相互关系。图 12-1 为公差与配合示意图。为简化起见，在使用中，可不画出孔与轴的图形，只画放大的孔与轴的公差带就可以了。这种图示方法称为公差与配合图解，称公差带图（如图 12-2 所示）。

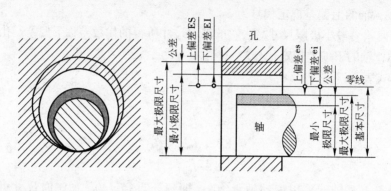

图 12-1 公差与配合示意图

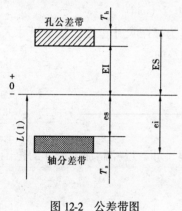

图 12-2 公差带图

(1) 零线　在公差带图中确定偏差的一条基准直线（即零偏差线）。通常零线表示基本尺寸。作公差带图时，零线画成水平线段，左端标上"0"" + "" - "号，左下方画上带单向箭头的尺寸线并标基本尺寸值。正偏差位于零线上方，负偏差位于零线下方，偏差为零时与零线重合。再标上孔、轴的上下偏差值，即画出如图 12-2 的公差带图。

(2) 尺寸公差带　在公差带图中孔的公差带是代号 ES 和 EI 的两条直线所限定的区域，用两条垂直零线的直线将公差带画成封闭线框，线框内画上剖面线。而轴的公差带是代号 es 和 ei 的两条直线所限定的区域，同样在封闭线框内涂以黑色表示。

（三）配合的术语

1. 配合

基本尺寸相同的、相互结合的孔和轴公差带之间的关系称为配合。

上述定义说明，孔和轴基本尺寸应相同，孔和轴公差带之间的不同关系决定了孔和轴结合的松紧程度，也就产生了孔和轴不同的配合的性质。配合分为间隙配合、过渡配合和过盈配合三类。

2. 间隙或过盈

孔的尺寸减去相配合的轴的尺寸所得的代数差。此差为正时，称为间隙（X），此差为负值时称为过盈（Y）。

3. 间隙配合

具有间隙（包括最小间隙等于零）的配合称间隙配合。此时，孔的公差带在轴的公差带之上，如图 12-3 所示。

最大间隙（X_{max}）是指孔的最大极限尺寸减轴的最小极限尺寸所得的代数差。

最小间隙（X_{min}）是指孔的最小极限尺寸减轴的最大极限尺寸所得的代数差。

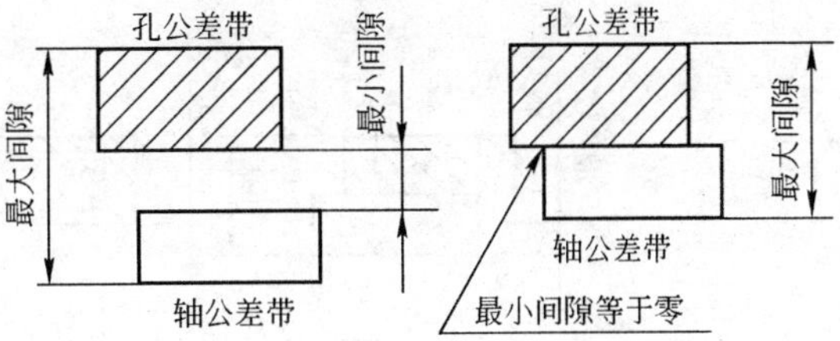

图 12-3 间隙配合

4. 过盈配合

过盈配合就是具有过盈（包括最小过盈为零）的配合，此时孔的公差带在轴的公差带之下。

例如，将 $\phi 60^{+0.117}_{+0.087}$ 的轴装入 $\phi 60^{+0.046}_{0}$ 的孔中组成的配合。可见，轴即使加工到最小极限尺寸 $\phi 60.087$，而孔即使加工到最大极限尺寸 $\phi 60.046$，孔的尺寸还是比轴的尺寸小，即孔的实际尺寸总是比轴的实际尺寸小，结合后总是具有过盈的。

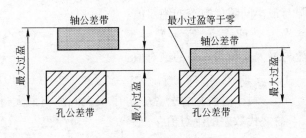

图 12-4 过盈配合

过盈配合中的轴装入孔中要比间隙配合困难得多。通常是采用压力机压入，将孔热胀或将轴冷缩后装入，即采用强迫结合。由于孔和轴的实际尺寸是在极限尺寸范围内变动的，因此，过盈也是随孔和轴的实际尺寸变动的，它们之间存在最大过盈和最小过盈（如图 12-4 所示）。

最小过盈（Y_{min}）是指过盈配合中，孔的最大极限尺寸减轴的最小极限尺寸所得的代数差，也等于孔的上偏差减轴的下偏差的代数差。用代号 Y_{min} 表示。

$$Y_{min} = L_{max} - l_{min} \quad 或 \quad Y_{min} = ES - ei; \quad (12-7)$$

最大过盈（Y_{max}）是指过盈配合中，孔的最小极限尺寸减轴的最大极限尺寸所得的代数差，也等于孔的下偏差减轴的上偏差的代数差。用代号 Y_{max} 表示。

$$Y_{max} = L_{min} - l_{max} \quad 或 \quad Y_{max} = EI - es; \quad (12-8)$$

最大过盈和最小过盈统称为极限过盈。

5. 过渡配合

可能具有间隙或过盈的配合称过渡配合。过渡配合时，孔的公差带与轴的公差带相互交迭。在孔的与轴的公差带范围内，当孔的尺寸大于轴的尺寸时具有间隙，孔的尺寸小于轴的尺寸时具有过盈。图 12-5 列出了可能发生的三种不同的孔与轴公差带交迭的形式。

过渡配合中的间隙和过盈比间隙配合中的间隙及过盈配合中的过盈在数值上都小得多，其最大间隙和最大过盈的计算如前。当孔为最大极限尺寸、轴为最小极限尺寸时，有最大间隙；而当孔为最小极限尺寸、轴为最大极限尺寸时有最大过盈。因此，过渡配合中无最小间隙和最小过盈。

将 $\phi 60^{+0.062}_{+0.032}$ 的轴装入 $\phi 60^{+0.046}_{0}$ 的孔中。若加工后轴的实际尺寸是 $\phi 60.035$，孔的实际尺寸是 $\phi 60.040$，则孔比轴大，这时具有间隙。若加工后轴的实际尺寸是 $\phi 60.043$，孔的

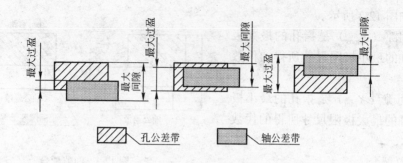

图 12-5 过渡配合

实际尺寸是 $\phi 60.020$，则孔比轴小，这时具有过盈。因此，配合后究竟是具有间隙还是过盈，要看零件加工后的实际尺寸而定。

6. 配合公差及配合公差带图

以上配合中，允许间隙或过盈的变动量称配合公差，代号 T_f。

对于间隙配合公差，等于最大间隙与最小间隙代数差的绝对值：

$$T_f = X_{max} - X_{min} \quad \text{或} \quad T_f = T_h + T_s \tag{12-9}$$

对于过盈配合公差，等于最小过盈与最大过盈代数差的绝对值：

$$T_f = Y_{min} - Y_{max} \quad \text{或} \quad T_f = T_h + T_s \tag{12-10}$$

对于过渡配合公差，等于最大间隙与最大过盈之代数差的绝对值：

$$T_f = X_{max} - Y_{max} \quad \text{或} \quad T_f = T_h + T_s \tag{12-11}$$

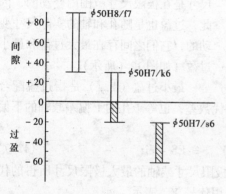

图 12-6 配合公差带图

配合公差带图与尺寸公差和配合公差相对应，除有尺寸公差带图外，还有配合公差带图，即用直角坐标表示出相配合的孔与轴的间隙或过盈的变动范围的图形。

用某一比例尺，将极限间隙或极限过盈放大后画在配合公差带图上，先画零线，零线上方为正，代表间隙；零线下方为负，代表过盈。这种用极限间隙和极限过盈两条直线所限定的区域，就是配合公差带。配合公差带图见图12-6。

第二节 光滑圆柱体的公差与配合

分析公差带图可以看出，公差带是由公差带大小和公差带位置两个要素组成的。公差带大小即公差带在零线垂直方向的宽度，由标准公差确定；公差带位置即公差带相对于零线最近的坐标位置，有基本偏差确定。于是形成了标准公差与基本偏差两个系列。改变公差带的大小或相对于零线的位置，公差带也改变。公差与配合国家标准对公差带的两个要素分别标准化，可得到各种不同大小和不同位置的公差带，以满足不同的使用要求，达到简化、统一、便于生产。

一、标准公差与公差等级

（一）标准公差

公差与配合国家标准中，用表格列出的用以确定公差带大小的任意一个公差数值叫标准公差。

（二）公差等级

确定尺寸精确程度的等级。

标准公差的大小与公差等级有关。新国家标准规定，标准公差的等级分为20级，即IT01、IT0、IT1、IT2……IT18。公差等级的代号用阿拉伯数字表示。从IT01至18等级依次降低，即尺寸的精确程度逐渐降低。在同一基本尺寸下，公差等级越高，标准公差数值越小；公差等级越低，标准公差数值越大。也就是说，公差等级是确定尺寸精确程度的。属于同一公差等级的公差，对所有基本尺寸，虽数值不同，但被认为具有同等的精确程度。同一基本尺寸，同一公差等级下只有一个确定的标准公差。总之，标准公差的数值，一与公差等级有关，二与基本尺寸有关。

（三）尺寸分段

由于标准公差与基本尺寸有关，在同一公差等级中，每一基本尺寸都对应有一公差。因此，每一公差等级的公差系列中，将有很多数值，列出的公差表将很庞大，给生产带来很多困难。为减少公差数目，统一公差值，简化公差表格，特别考虑到便于应用，在国标中把基本尺寸进行分段，并对在同一分段内的所有尺寸规定了统一的公差值。将常用尺寸范围（指小于等于500mm）分成十三段，即小于等于3、3~6、6~10、10~18、18~30、30~50、50~80、80~120、120~180、180~250、250~315、315~400、400~500。相邻两段间的分界尺寸属于前一尺寸段。例如，尺寸10mm应属于6~10，而不属于10~18尺寸段。另将大尺寸范围（500~3150mm）分成八段，即500~630、630~800、800~1000、1000~1250、1250~1600、1600~2000、2000~2500、2500~3150。

（四）标准公差数值表

各个公差等级、各个基本尺寸分段的标准公差数值表可见机械设计手册。查表方法是先在"基本尺寸"一栏中找出基本尺寸所属范围，再在"公差等级"一栏中找出公差等级所在位置，在基本尺寸与公差等级相交的地方，就是标准公差数值。

二、基本偏差

（一）基本偏差的概念

基本偏差是新国标中用表格列出的，用以确定公差带相对于零线位置的上偏差或下偏差。一般指上下偏差中靠近零线的那个偏差。对所有位于零线之上的公差带而言，基本偏差为下偏差；对所有位于零线之下的公差带而言，基本偏差为上偏差；当公差带和零线相交时，基本偏差指靠近零线的那个偏差，见图12-7。

（二）基本偏差系列

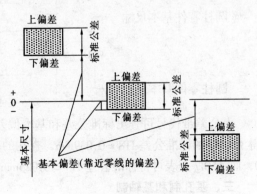

图12-7 基本偏差示意图

基本偏差代号用拉丁字母表示，大写代表孔的基本偏差，小写代表轴的基本偏差，各有28种。

孔的基本偏差代号：A、B、C、CD、D、E、EF、F、FG、G、H、J、JS、K、M、N、P、R、S、T、U、V、X、Y、Z、ZA、ZB、ZC。

轴的基本偏差代号：a、b、c、cd、d、e、ef、f、fg、g、h、j、js、k、m、n、p、r、s、t、u、v、x、y、z、za、zb、zc。各基本偏差所确定的公差带位置，基本偏差系列，如图12-8所示。

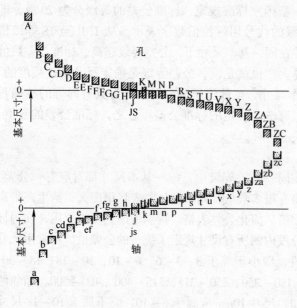

图12-8 基本偏差系列

（三）基本偏差数值表（见机械设计手册）

查表的方法是先在"基本尺寸"一栏中找基本尺寸所属的范围，再在"基本偏差"一栏中找出基本偏差代号的所在位置，并找对公差等级，在基本尺寸与基本偏差相交的地方，就是基本偏差的数值，要注意查表值的单位和换算。

（四）公差带代号

零件某一尺寸的公差带要标注在图纸上，可以在基本尺寸后面用代号表示，代号由基本偏差代号与标准公差的公差等级代号组成（用同一号大小的字体书写）。

例如：H8、F8、K7、P7 等为孔的公差带代号，h7、f7、k6、p6 等为轴的公差带代号。在图样上有公差的尺寸，用基本尺寸与公差带代号表示，表示方法示例及公差带代号的组成解释如下：

如孔：$\phi50H8$　　$\phi50^{+0.039}_{0}$　　$\phi50H8\,(^{+0.039}_{0})$

轴：$\phi50f7$　　$\phi50^{-0.025}_{-0.05}$　　$\phi50f7\,(^{-0.025}_{-0.05})$

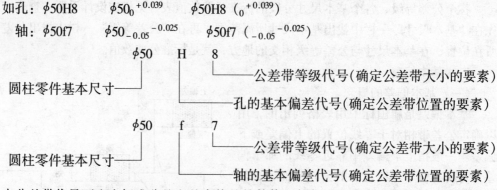

由公差带代号可查出标准公差和基本偏差的数值。例如$\phi50H8$，查标准公差数值表可得$\phi50H8$的标准公差$IT8 = 0.039mm$，查孔的基本偏差数值表可得$\phi50H8$的基本偏差$EI = 0$，而$\phi50f7$查表可得标准公差$IT7 = 0.025mm$，轴的基本偏差$es = -0.025mm$。

三、基孔制和基轴制

（一）基准制

孔和轴结合时，要想得到不同松紧的各种配合，并不是任意选一个公差带代号的孔，再任选一个公差带代号轴的相互结合，这样势必很混乱，对生产也不利。在生产中一般采用以孔为基准或以轴为基准进行配合的一种规定的基础制度叫基准制。这样就形成了基孔制和基轴制两种配合制度。

1. 基孔制

基孔制是基本偏差为一定的孔公差带与不同基本偏差的轴公差带形成各种配合的一种制度。基孔制配合中的孔称为基准孔。标准中规定以下偏差为零的孔为基准孔。

孔的基本偏差代号有28种，新国标规定，基准孔的基本偏差代号为H，它的下偏差为零。例如：$\phi 60H8$，是公差等级8级的基准孔，查得其偏差值是 ES = + 0.046，EI = 0，该尺寸 $\phi 60^{+0.046}_{0}$，下偏差值等于零。

当基孔制配合时，孔的极限尺寸选定为某值，如要得到松的配合，可把轴径做得小一点，而要得到紧的配合，可将轴径做得大一点，即利用改变轴的极限尺寸的方法，得到不同松紧程度的各种配合。在基孔制配合中，基准孔的下偏差为零，基本偏差是不变的，都是H，但它的标准公差的等级是可以选择的。轴的基本偏差代号 a 到 h 是用于间隙配合，而 j 到 zc 是用于过渡配合或过盈配合。

2. 基轴制

基轴制是基本偏差为一定的轴公差带与不同基本偏差的孔公差带形成各种配合的一种制度。

基轴制配合中的轴称为基准轴。标准中规定以上偏差为零的轴为基准轴。

与基孔制类似，新国标规定基准轴的基本偏差代号为 h，它的上偏差为零。例如：$\phi 60h8$ 是公差带等级8级的基准轴，查表得其偏差值是 es = 0，ei = − 0.046，该尺寸 $\phi 60^{0}_{-0.046}$，上偏差值等于零。

当基轴制配合时，轴的极限尺寸选定为某值，如要得到松的配合，可把孔径做得大一点，而要得到紧的配合，可将孔径做得小一点，即利用改变孔的极限尺寸的方法，得到不同松紧程度的各种配合。在基轴制配合中，基准轴的上偏差为零，基本偏差是不变的，都是h，但它的标准公差等级是可以选择的。孔的基本偏差代号 A 到 H 是用于间隙配合，而 J 到 ZC 是用于过渡配合或过盈配合。

（二）配合代号

轴和孔的配合要标注在图纸上，可以在基本尺寸后面用代号表示，代号是分数形式，分子是孔的公差带代号，分母是轴的公差带代号。

$\phi 50 \frac{H8}{f7}$ 和 $\phi 50 \frac{F8}{h7}$ 也可以分别写成 $\phi 50H8/f7$ 和 $\phi 50F8/h7$ 的形式，具体表示内容如下：

例如：

配合代号的读法如下：如 $\phi 50H8/f7$ 读作基孔制8级孔和基本偏差为 f 的7级轴的配

合；φ50F8/h7 读作基轴制 7 级轴和基本偏差为 F 的 8 级孔的配合。或可将 φ50H8/f7 读作基本尺寸 φ50，基孔制 H8 孔与 f7 轴的配合；将 φ50F8/h7 读作基本尺寸 φ50，基轴制 h7 轴与 F8 孔的配合。

公差代号只出现在零件图上，只有在装配图上才出现配合代号。不论是装配图还是零件图，都可以有几种标注方法，如图 12-9 所示，可以选择其中一种进行标注。

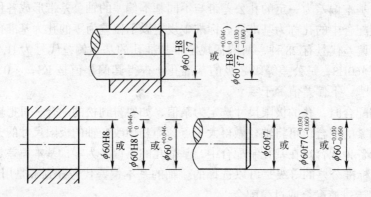

图 12-9　公差与配合在图纸上的标注

（三）公差带代号及配合代号的识别

公差带代号的识别包括：公差带的意义，是孔还是轴以及与之相配合的零件种类等。配合代号的识别包括：配合代号的意义，是基孔制还是基轴制以及孔、轴配合种类等。

1. 公差带代号的识别

公差带代号可以根据标准公差等级和基本偏差代号来识别。如公差带代号 φ20F7、φ40D9、φ40h9，其中数字 7 和 9 是标准公差带等级，F、D 是孔的基本偏差，h 是基准轴的基本偏差。

2. 基准制的识别

基准制可根据基准孔和基准轴来识别。凡配合代号中分子有代号 "H" 的，均为基孔制，例如：φ50H8/f7；凡配合代号中分母有代号 "h" 的，均为基轴制，例如 φ50F8/h7；若配合代号中分子有代号 "H"，分母又有代号 "h" 的，既是基孔制又是基轴制。由于它的分子分母都是基准件，还可称为基准件配合。例如 φ50H11/h11（一般优先理解为基孔制配合，这是最小间隙为零的一种间隙配合），基本尺寸为 φ50，孔和轴的公差等级都是 11 级。

若分子没有 "H"，分母也没有叫 "h" 的配合称为无基准件配合。例如 φ55M7/f6，即为非基准制的"混合配合"，即轴按基孔制制造，孔按基轴制制造。

3. 配合种类的识别

根据基本偏差系列及标准公差等级识别配合种类。配合性质不但和孔、轴的基本偏差有关，有的还和公差等级有关。对于标有基本偏差代号的尺寸，由基本偏差代号及公差等级容易判断其配合种类。

如基本偏差 a～h（或 A～H）与基准件配合时，无论用于较高公差等级，还是用于较低公差等级，均属于间隙配合。例如 H11/C11 中由于 C 属于 a～h 范围，所以是间隙配合。

当基本偏差为 j～zc（或 J～ZC）与基准件配合时，均属于过渡配合或过盈配合，但没有明显界限。在国标优先系列范围内，其中 j～n 或（J～N）是过渡配合，p～zc 或（P～ZC）是过盈配合。在国标常用系列范围内，其中 j～m（或者 J～M）是过渡配合，例如 H6/k5，由于 k 属于 j～m 范围，所以是过渡配合；n～p（或 N～P）可能是过渡配合，也可能是过盈配合，具体情况由公差等级确定；p～zc（或 P～ZC）都是过盈配合，例如 U7/h6，由于 U 属于 P～ZC 范围，所以是过盈配合。

根据基本偏差和标准公差数值大小识别配合种类。在基孔制配合中，轴的基本偏差（此时为下偏差）的绝对值大于或等于孔的标准公差时，为过盈配合，否则为过渡配合；在基轴制配合中，孔的基本偏差（此时为上偏差）的绝对值大于或等于轴的标准公差时，为过盈配合，否则为过渡配合。

对于只标有尺寸偏差数值的尺寸，可根据极限偏差数值大小来判断其配合种类。当 $EI > es$ 时是间隙配合；当 $ei > ES$ 时是过盈配合；而当 $EI \not> es$，同时 $ei \not> ES$ 时，是过渡配合。

4. 配合代号正误的识别

配合代号不能随意选取。当基轴制中孔的基本偏差代号与基孔制中轴的基本偏差代号相当时（例如，孔的 F 对应轴的 f），轴、孔配合的公差等级组合关系应为：

在尺寸 0 至 500mm 范围内，公差等级较高时（公差等级小于等于 7 级、8 级），采用孔的公差等级比轴低一级的配合；公差等级较低时（公差等级大于 7 级或 8 级），采用孔、轴同级配合。

在尺寸 500～3150mm 范围内，使用中都采用孔、轴同级配合。

凡是违反上述规定的配合代号都是错误的。

四、常用尺寸段的公差与配合的应用

基本尺寸确定后，公差与配合的应用主要有三个方面的内容：确定公差等级、基准制和配合。

（一）公差等级的选用

选用公差等级的原则是在满足使用要求的前提下，尽可能选用较低的公差等级，以便很好地解决机器零件的使用要求与加工成本之间的矛盾。各种加工方法与公差等级之间的关系见有关手册。

（二）基准制选用

（1）机器零件中的配合，应尽可能采用基孔制，因为加工孔比加工轴要困难，而且所用刀具、量具的尺寸规格也多些。而对尺寸不同的轴，则仍可用同一车刀或砂轮加工，用一般量具测量。因此，采用基孔制配合有利于生产，也比较经济。

（2）某些情况下，如在同一基本尺寸的轴上装配几个不同配合的零件，则采用基轴制配合有利。

（3）与标准件配合时，以标准件的孔或轴作基准。如滚动轴承内圈与轴配合，采用基孔制，而外圈与箱体孔应采用基轴制配合。

（三）公差带与配合的选用

国标在满足我国实际需要和考虑生产发展的前提下，为了尽可能减少加工零件的定值刀具、量具和工艺装备的品种、规格，对常用尺寸段的孔和轴所选用的公差带作了必要的

限制,规定了优先、常用和一般用途轴、孔公差带和基孔制与基轴制的优先和常用配合。因此,在考虑公差带与配合的选用时,应首先选用优先公差带及配合;其次采用常用公差带及配合;再次采用一般用途的公差带及配合。对于一般的配合,常用类比法,即参考同样工作要求的机器上的零件间的配合选定配合。

五、未注公差尺寸的极限偏差

"未注公差尺寸"是指不做配合使用或不重要,在图样上只标注基本尺寸而不标注极限偏差的尺寸。这种未注公差尺寸的偏差值就是"自由公差"。新国标规定,未注公差尺寸的公差等级在 IT12~IT18 种选择,基本偏差一般采用 H(孔)h(轴),长度用 JS 或 js。

第三节 形状和位置公差

一、形状及位置公差的意义

形状和位置公差简称为形位公差,是零件加工后的实际形状与理想形状相比的允许变动量。

设定形位公差是因为零件的形状以及零件各部分之间相互位置对互换性也是有影响的。为了保证零件的互换性,除了要用尺寸公差限制加工中的尺寸误差外,还有必要给零件以形状公差,用以限制加工中的形状误差。

如图 12-10（a）所示小轴和图 12-11（a）图示阶梯轴,前者要装到孔中组成间隙配合,后者要装到阶梯孔中去,而由于轴加工后的实际尺寸和实际形状误差如图 12-10（b）和 12-11（b）所示,从尺寸公差角度看是合格的,但由于形状或位置误差太大,不能装入孔中去,所以它们是废品。

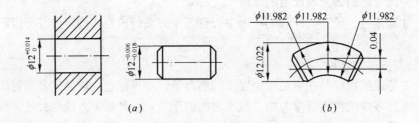

图 12-10 小轴的形状误差

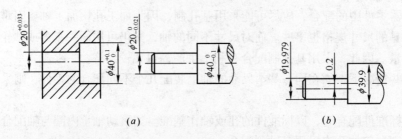

图 12-11 阶梯轴的位置误差

有关形位公差的国家标准编号是 GB 1182~1184—80 及 GB 1958—80。

二、形状和位置公差的种类、代号及其标注

形状和位置公差有两大类，一是形状公差，分六项；另一类是位置公差，分八项，共十四个项目，各项目的名称和对应的符号及形位公差在图纸上的代号在表 12-1 中列出。

形状和位置公差代号　　　　　表 12-1

形位公差框格	形位公差符号				其他有关符号		基准代号
	形状公差		位置公差		名　称	符　号	
	项　目	符　号	项　目	符　号			
⊕ ⌀0.1 Ⓜ A BⓂ C　公差框格分成两格或多格，框格内从左到右填写以下内容。第一格——形位公差符号；第二格——形位公差数值和有关符号；第三格和以后各格——基准代号，字母和有关符号；公差框格应水平或垂直地绘制，其线型为细实线	直线度	—	定向	平行度	∥	最大实体状态	Ⓜ	基准符号 Ⓐ　　基准代号由基准符号、圆圈、连线和字母组成，基准符号用加粗的短划表示。圆圈用细实线。
	平面度	▱		垂直度	⊥	延伸公差带	Ⓟ	
				倾斜度	∠			
	圆　度	○	定位	同轴度	◎	包容原则	Ⓔ	
	圆柱度	⌭		对称度	═	理论正确尺寸	50	
	线轮廓度	⌒		位置度	⊕			
	面轮廓度	⌓	跳动	圆跳动	↗	基准目标	⌀20/A1	
				全跳动	⌮			

第四节　表面粗糙度

一、表面粗糙度概述

表面粗糙度是指零件的被加工表面上所具有的较小间距和微小峰谷的高低不平度。也就是加工表面上加工痕迹的粗细和深浅的程度。这种微观的不平度越小，即表面粗糙度数值也越小；反之，表面粗糙度数值越大。

零件的表面粗糙度对零件的配合性质、抗腐蚀性、耐磨性、疲劳强度、接触刚度等都有直接影响。因而也影响到机器、仪器的使用性能和寿命。为了提高产品质量，促进互换性生产，我国已将原定的表面光洁度国家标准（GB 1031—68，GB 131—74）作了修订，并改名为表面粗糙度国家标准，并于 1985 年 1 月 1 日起实施。它包括：表面粗糙度术语、表面及其参数（GB 3505—83）、表面粗糙度评定参数及其数值（GB 1031—83）和表面特征代（符）号及其标注法（GB 131—83）。

二、表面粗糙度的代号（符号）和参数数值表示

对零件的表面粗糙度要求，必须给出粗糙度参数值和测定时的取样长度值两项基本要求。必要时也给出表面加工纹理、加工方法和顺序及不同区域的粗糙度等附加要求。为保证零件的表面质量，要按功能需要给出表面粗糙度参数值，不需要时不应给出，也不检查。

图样上表示零件表面粗糙度的符号及各项规定在符号中的位置见表 12-2。

表面粗糙度的符号及各项规定在符号中的位置　　　　表 12-2

符　号	意　义	表面粗糙度各项规定在符号中的位置
∨	基本符号，单独使用这符号是没有意义的。	表面粗糙度代号图 a—粗糙度高度参数的允许值（mm）；b—加工方法，镀涂或其他表面处理；c—取样长度（mm）；d—加工纹理方向符号；e—加工余量（mm）；f—粗糙度间距参数值（mm）或轮廓支撑长度率
∇	基本符号上加一短划，表示表面粗糙度是用去除材料的方法获得的。例如车、铣、钻、磨、剪切、抛光、腐蚀、电火花加工等。	
∇○	基本符号上加一小圆，表示表面粗糙度是用不去除材料的方法获得的。例如铸、锻、冲压、粉末冶金等。或者是用于保持原供应状况的表面。	

思 考 题 与 习 题

1. 什么是互换性？为什么要求零（部）件具有互换性？
2. 什么叫尺寸偏差？什么叫上偏差？什么叫下偏差？什么叫极限偏差？
3. 什么叫尺寸公差？尺寸公差与尺寸偏差之间有何关系？
4. 什么是配合公差带图？试举例说明公差带图的画法。
5. 什么叫尺寸公差带？公差带代号怎样来识别？
6. 什么是基孔制和基轴制配合？配合代号中各符号是什么意义？基准制和配合种类怎样来识别？
7. 什么是形位公差？为什么要制定它？

第十三章 常用机构

人类通过长期的生产实践，创造和发展了机器。在生产活动中，常见的机器有汽车、挖掘机、装载机、推土机、起重机、压路机、弯管机、套丝机，各种机床、内燃机、机器人等等。机器的种类繁多，其结构形式和用途也各不相同，但却具有以下共同特征：

(1) 机器都是人为的各个实物的组合；
(2) 各实物（部分）间具有确定的相对运动；
(3) 能够转换或传递能量、物料的信息，代替或减轻人类的劳动。

同时具有以上三个特征的机械称为机器。

机构具有机器的前两个特征，但不具有第三个特征。机器与机构的区别主要是：机器能完成有用的机械功或转换机械能，而机构只是完成传递运动，力或运动形式的实体组合，机器包含着机构，机构是机器的主要组成部分。一部机器可以含有一个机构或者多个机构。

构件是机构中的运动单元，机械零件是机械中的制造单位，简称为零件。机器和机构总称为机械。

常用机构有：连杆机构、凸轮机构、间歇机构、螺旋机构和齿轮机构等等。我们学习常用机构的目的就是要知道机构的组成和机构的表示方法，能判别机构的类型以及了解各种类型的机构在传递运动和动力方面的特性；学会检验机构运动的确定性；确定机构中各种构件的尺寸参数以实现机构规定的功能，为分析、选择、使用、管理、养护和维修机构掌握必要的基本知识。

第一节 平面连杆机构

机构是由构件组成的系统，其功用是传递运动和力，所以，一般情况下各构件间的相对运动是确定的，组成也是有规律的。实际机构的形状很复杂，为了便于分析和讨论，规定用简单符号，将实际机构绘制成机构运动简图。

按机构的运动空间可以分为两大类：(1) 平面机构——所有构件都在同一平面或平行平面内运动，如搅面机、内燃机等等；(2) 空间机构——各构件不在同一平面或平行平面内运动，如通用机械手等。

平面连杆机构是由若干个机构通过低副（转动副和移动副）组成的平面机构，所以又称平面低副机构。由四个构件通过低副连接而成的平面连杆机构，则称为平面四杆机构，它是平面连杆机构中最常见的形式，其构造简单、易于制造、工作可靠，因此应用广泛，而且也是组成多杆机构的基础。

一、运动副

当机件组成机构时，需要以一定的方式把各构件连接起来，使彼此连接的两构件间既保持直接接触又能产生相对运动。这种使两构件直接接触而又产生一定相对运动的连接，称为运动副。两构件组成运动副时，构件上参与接触的点、线、面称为运动副元素。

在工程上，人们把运动副按其运动范围分为空间运动副和平面运动副两大类。在一般机器中，经常遇到的是平面运动副。平面运动副根据组成运动副的两构件的接触形式不同，可划分为低副和高副。

（一）低副

低副是指两构件之间作面接触的运动副（图13-1）。

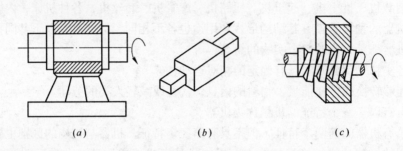

图 13-1　低副

(a) 转动副；(b) 移动副；(c) 螺旋副

（二）高副

高副是指两构件之间作点或线接触的运动副（图13-2）。

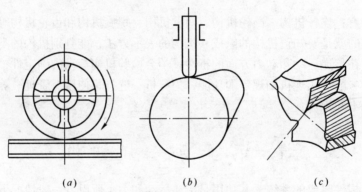

图 13-2　高副

(a) 滚动轮接触；(b) 凸轮接触；(c) 齿轮接触

二、平面连杆机构的特点

（一）平面连杆机构的优点

（1）平面连杆机构中的运动副一般为低副。低副的两元素为平面接触，在传递同样载荷的条件下两元素间的单位压力较小，所以可以承受较大的载荷。又因低副两元素之间便于润滑，故不易产生大的磨损。这些条件都能较好地满足重型机械的要求。此外，低副两元素的几何形状简单，故制造精度较高。

（2）平面连杆机构能实现各种运动形式的转换，连杆上不同点的轨迹能满足不同运动轨迹的要求。

(3) 平面连杆机构可以方便地达到增力、扩大行程和实现较远距离的传动。

(4) 平面连杆机构中低副两元素的接触是依靠运动副本身的几何约束保证的，不必依靠弹簧等的回复力，故工作可靠。

(二) 平面连杆机构的缺点

(1) 平面连杆机构通常难以精确地实现任意的运动规律与运动轨迹。

(2) 因为平面连杆机构的运动链较长，构件数和运动副数较多，故整个机构产生较大的累积误差，从而影响其运动精度。

(3) 平面连杆机构中存在作平面复杂运动、往复运动的构件，它们所产生的惯性力难以平衡，故高速时会产生较大的动载荷和振动。

三、铰链四杆机构

如图 13-3（a）所示，由 4 个构件通过铰链（转动副）连接而成的机构，称为铰链四杆机构。在该机构中，固定不动的杆 4 称为机架；与机架用转动副相连接的杆 1 和杆 3 称为连架杆；不与机架直接连接的杆 2（通常作平面运动）称为连杆。如果杆 1 或杆 3 能绕其回转中心 A 或 D 作整周转动，则称为曲柄。若仅能在小于 360° 的某一角度内摆，则称为摇杆。图 13-3（b）为铰链四杆机构的简图。

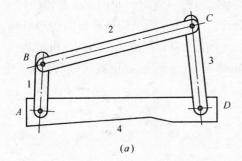 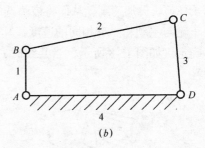

图 13-3 铰链四杆机构
（a）实体；（b）简图

下面介绍铰链四杆机构的基本形式。

1. 铰链四杆机构类型的判别

对于铰链四杆机构来说，机架和连杆总是存在的，因此可按曲柄的存在情况，分为三种基本形式：曲柄摇杆机构、双曲柄机构和双摇杆机构。

从上述铰链四杆机构的三种基本形式中可知，它们的根本区别就在于连架杆是否为曲柄。而连架杆能否成曲柄，则取决于机构中各杆件的相对长度和最短杆件所处的位置。可按下述方法判断铰链四杆机构的类型。

当最短杆长度 L_{min} 与最长杆长度 L_{max} 之和小于或等于其余两杆长度 L'、L'' 之和（即 $L_{min} + L_{max} \leq L' + L''$）时，有以下三种情况：

(1) 若取与最短杆相邻的任一杆为机架，则机构为曲柄摇杆机构，且最短杆为曲柄。

(2) 若取最短杆为机架，则该机构为双曲柄机构。

(3) 若取最短杆相对的杆为机架，则该机构为双摇杆机构。

当最短杆长度 L_{min} 与最长杆长度 L_{max} 之和大于其余两杆长度 L'、L'' 之和（即 $L_{min} + L_{max} > L' + L''$）时，则不论取哪一杆为机架，都无曲柄存在，机构只能为双摇机构。

2. 曲柄摇杆机构

两连架杆中一个为曲柄另一个为摇杆的四杆机构，称为曲柄摇杆机构。图 13-4 所示的搅拌机及图 13-5 所示的缝纫机脚踏机构均为曲柄摇杆机构。在曲柄摇杆机构中，当曲柄为主动件时，可将曲柄的整周连续转动转变为摇杆的往复摆动，当摇杆为主动件时，可将摇杆的往复摆动转变为曲柄的整周连续转动。在缝纫机的脚踏机构中（见图 13-5），踏板 3 即为摇杆，曲轴 1 即为曲柄，当踏板作往复摆时，通过连杆 2 能使曲轴作整周的连续转动。

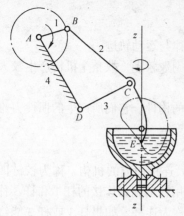

图 13-4 搅拌机

3. 双曲柄机构

两连架杆均为曲柄的四杆机构称为双曲柄机构，如图 13-6 所示的惯性筛及图 13-7 所示的机车车辆机构，均为双曲柄机构。惯性筛机构中，主动曲柄 AB 等速回转一周时，曲柄 CD 变速回转一周，使筛子 EF 获得加速度，从而将被筛选的材料分离。机车车辆机构是平行四边形机构，它使各车轮与主动轮具有相同的速度，其内含有一个虚约束，以防止在曲柄与机架共线时运动不确定（如图 13-8 所示，当共线时，B 点转到 B_1 点，而 C 点位置可能转到 C_2 或 C'_2 位置）。

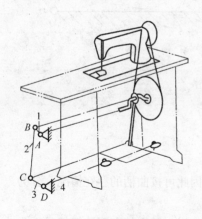

图 13-5 缝纫机脚踏机构

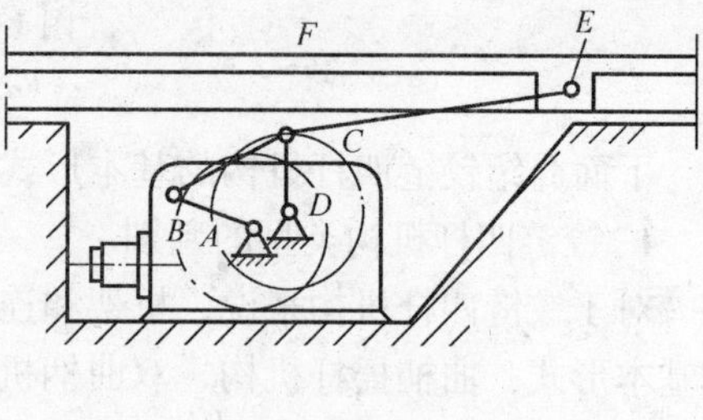

图 13-6 惯性筛机构

4. 双摇杆机构

两连架杆均为摇杆的四杆机构称为双摇杆机构，图 13-9 所示的起重机及图 13-10 所示电风扇的摇头机构，均为双摇杆机构。

在起重机中，CD 杆摆动时，连杆 CB 上悬挂重物的点 M 在近似水平直线上移动。图 13-10 所示的机构中，电机安装在摇杆 4 上，铰链 A 处装有一个与连杆 1 固接在一起的蜗轮。电机转动时，电机轴上的蜗杆带动蜗轮迫使连杆 1 绕 A 点作整周转动，从而使连架杆 2 和 4 作往复摆动，达到风扇摇头的目的。

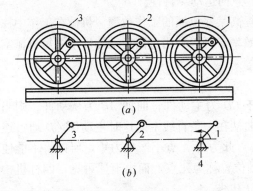
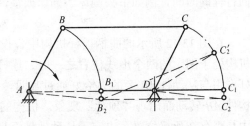

图 13-7 机车车辆机构　　　　　图 13-8 运动的不确定性

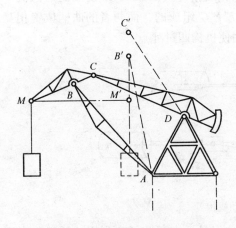
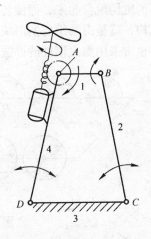

图 13-9 鹤式起重机　　　　　图 13-10 摇头机构

四、铰链四杆机构的运动特性

（一）急回运动特性

图 13-11 所示为一曲柄摇杆机构，设曲柄 AB 为原动件，在其转动一周的过程中，有两次与连杆共线。这时摇杆 CD 分别位于两极限位置 C_1D 和 C_2D。曲柄摇杆机构所处的这两个位置，称为极位。曲柄与连杆两次共线位置之间所夹的锐角 θ 称为极位夹角。

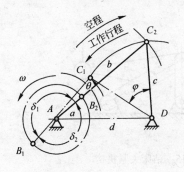
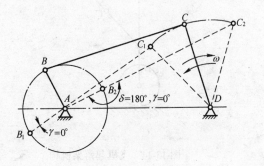

图 13-11 急回特性　　　　　图 13-12 死点位置

摇杆 CD 的返回速度较快,我们称它具有"急回运动"特性。

曲柄摇杆机构摇杆的急回运动特性有利于提高某些机械的工作效率。机械在工作中往往具有工作行程和空回程两个过程,为了提高效率,可以利用急回运动特性来缩短机械空回行程的时间,例如牛头刨床、插床或惯性筛等。

(二) 死点

在图 13-12 所示的曲柄摇杆机构中,设摇杆 CD 为主动件,曲柄 AB 为从动件,则当机构处于图示的两个虚线位置之一时,连杆与曲柄在一条直线上。这时主动件 CD 通过连杆作用与从动件 AB 上的力恰好通过其回转中心,此力对 A 点不产生力矩。所以将不能使构件 AB 转动而出现"顶死"现象。机构的此种位置称为死点。而由上述可见,四杆机构中是否存在死点位置,决定于从动件是否与连杆共线。

为了使机构能够顺利地通过死点,继续正常运转,可以采用机构错位排列的办法,即将两组以上的机构组合起来,而使各组机构的死点相互错开(如图 13-13 所示的蒸汽机车车轮联动机构,就是由两组曲柄滑块机构 EFG 与 E'F'G' 组成的,而两者的曲柄位置相互错开 90°);也常采用加大惯性的办法,借惯性作用使机构闯过死点。

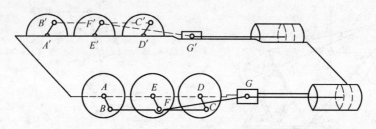

图 13-13　车辆联动机构

"死点"位置是有害的,应当设法消除其影响。但是,在某些场合利用"死点"来实现工作要求。

(1) 图 13-14 所示的飞机起落架机构,在机轮放下时,杆 BC 与杆 CD 成一直线,此时虽然机轮上可能受到很大的力,但由于机构处于死点,经杆 BC 传给杆 CD 的力通过其回转中心,所以起落架不会反转(折回),这样可使降落更加可靠。

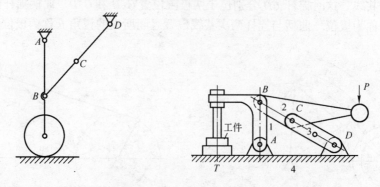

图 13-14　飞机起落架机构　　　图 13-15　钻床夹紧机构

(2) 图 13-15 所示的钻床工件夹紧机构,也是利用机构的死点进行工作的,当工件夹紧后，BCD成一直线，即机构在力T的作用下处于死点。所以，即使此反力很大，也可保证在钻削加工时，工件不会松脱。

第二节 凸轮机构

凸轮是一种具有曲线轮廓或凹槽的构件，它通过与从动件的高副接触，在运动时可以使从动件获得连续或不连续的任意预期运动。凸轮机构通常由原动件凸轮、从动件和机架组成，由于凸轮与从动件组成的是高副，所以属于高副机构。凸轮机构的功能是将凸轮的连续转动或移动转换为从动件的连续或不连续的移动或摆动。

凸轮机构广泛应用于各种自动机械、仪器和操纵控制装置。凸轮机构之所以得到广泛的应用，主要是由于凸轮机构可以实现各种复杂的运动要求，而且结构简单紧凑。

一、凸轮机构的组成和特点

凸轮机构与连杆机构相比，它能严格地实现给定的从动件运动规律，即便于准确地实现给定的运动规律和轨迹。但是，由于凸轮与从动件之间构成的高副为点或线接触，所以容易磨损，凸轮轮廓制造也比较困难。因此，凸轮机构常用于传力不大，轻载、低速的自动机械或半自动机械的控制机构中。

由图13-16可知，凸轮机构是由凸轮1、从动件（气门）2和机架5三个基本构件组成的高副机构。凸轮是一个具有曲线轮廓或凹槽的构件，一般为主动件，作等速回转运动或往复直线运动。与凸轮轮廓接触，并传递动力和实现预定的运动规律的构件，一般作往复直线运动或摆动，称为从动杆。

凸轮机构在应用中的基本特点在于能使从动件获得较复杂的运动规律。因为从动件的运动规律取决于凸轮轮廓曲线，所以在应用时，只要根据从动件的运动规律来设计凸轮的轮廓曲线就可以了。

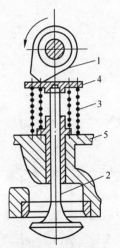

图13-16 内燃机配气机构
1—凸轮；2—气门；3—气门弹簧；4—气门弹簧座；5—机架

二、凸轮机构的分类

凸轮机构的类型很多，通常可按下述方法分类：

（一）按凸轮的形状分类（表13-1）

1. 盘形凸轮

这种凸轮是具有变化向径的盘形构件，绕固定轴线转动。它的从动件在垂直于凸轮轴的平面内往复移动或摆。又称圆盘凸轮，是凸轮的最基本形式，盘形凸轮的结构简单，应用最为广泛，但从动杆件的行程不能太大，所以多用于行程较短的场合。

2. 移动凸轮

又称为板状凸轮。当盘形凸轮的转动中心趋于无穷远时，凸轮的某一局部即演化为移动凸轮。工作时凸轮作往复移动，从动件与凸轮在同一平面内移动或摆动。

3. 圆柱凸轮

将移动凸轮绕于圆柱体外柱面后即演化成圆柱凸轮，其从动件在过凸轮轴的平面或与轴线平行的平面内移动或摆动。

4. 锥形凸轮

将盘形凸轮的某一扇形部分绕于圆锥体上即演化成锥形凸轮,其从动件在过轴线的平面或与轴线平行的平面内移动或摆动。

可见盘形凸轮是凸轮的最基本形式,其他形状的凸轮都是由盘形凸轮演化而来的。

(二)按从动件形状分类(表13-1)

常用的凸轮机构 表13-1

按凸轮形状分	按从动件形状分	按从动件的运动形式分	
		直动	摆动
移动凸轮	尖顶	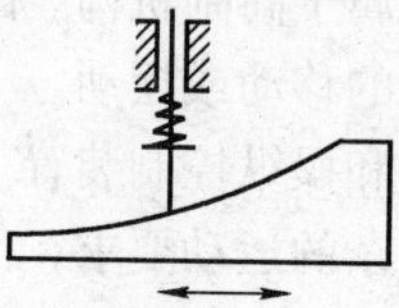	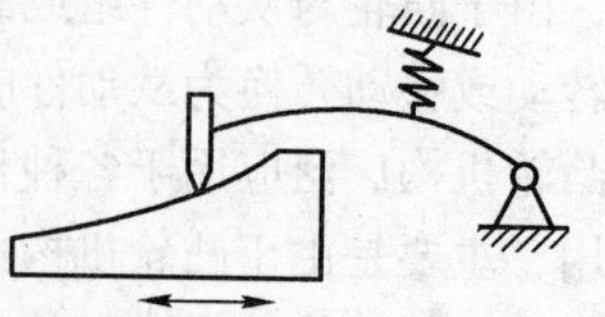
盘形凸轮	滚子	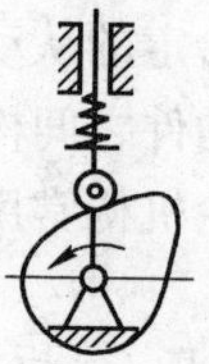	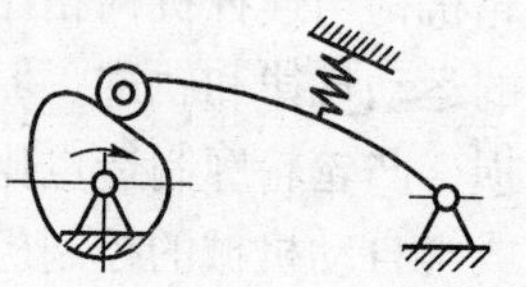
	平底	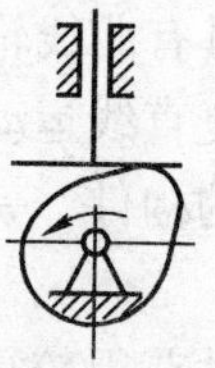	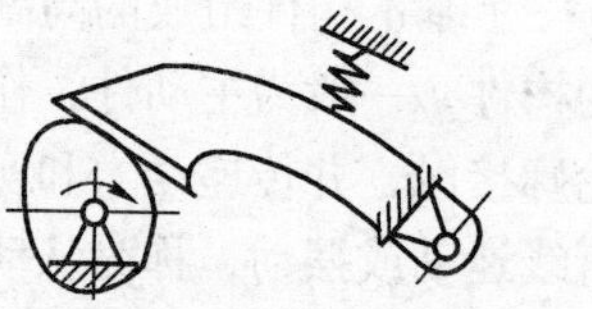
圆柱凸轮	滚子	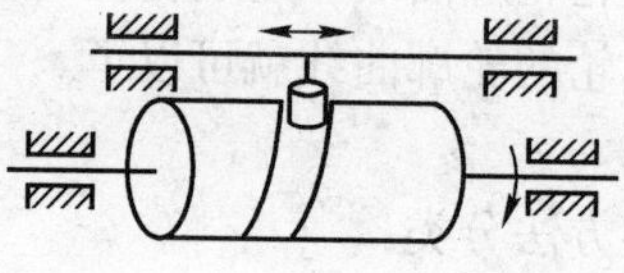	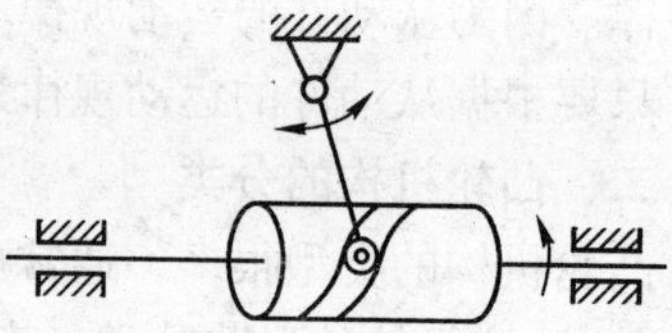
锥形凸轮	滚子	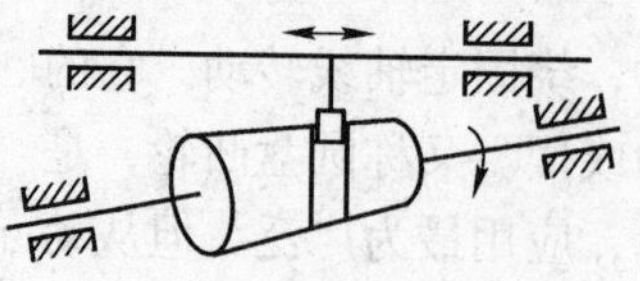	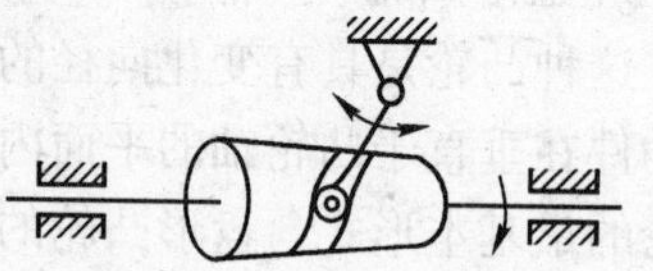

1. 尖顶从动件

尖顶能与任意复杂的凸轮轮廓保持接触,因而能实现任意预期的运动规律,且结构简单。但它与凸轮为点接触,易磨损,故只适用于受力不大和速度较低的场合。

2. 滚子从动件

为克服尖顶从动件的缺点,在尖顶处安装一个滚子,即成为滚子从动件。它改善了从动件与凸轮轮廓间的接触条件,耐磨损,可承受较大载荷,故应用最广。

3．平底从动件

从动件平底与凸轮轮廓间的接触，运动时接触处容易形成润滑油膜，而且压力较小、效率高，故适于高速场合。但它不能用于轮廓具有内凹线型的凸轮。

（三）按凸轮与从动件维持高副接触（锁合）的方式分类

1．力锁合

依靠重力或弹力保证凸轮与从动件的接触。

2．形锁合

依靠凸轮与从动件的同体形状实现锁合（表13-2）。

表13-2 几种形锁合的凸轮机构

沟槽凸轮	等宽凸轮	等径凸轮	共轭凸轮

（四）按从动件的运动形式分类

（1）直动从动件（亦称移动从动件）；
（2）摆动从动件。

此外还根据直动从动件的移动方向线相对凸轮回转中心的位置分为对心和偏置凸轮机构。

三、凸轮机构的应用

凸轮机构应用实例：

（一）图13-16所示为内燃机配气机构

当凸轮1转动时，依靠凸轮的轮廓，可以使从动件（气门）2向下移动打开气门（借助弹簧的作用力关闭），这样，就可以按预定时间打开或关闭气门，以完成内燃机的配气动作。

（二）自动车床横刀架进给机构（图13-17）

当凸轮1转动时，依靠凸轮的轮廓可使从动杆2作往复摆动。从动杆2上装有扇形齿轮3，通过它可带动横刀架4完成进刀和退刀动作。

（三）车床仿形机构（图13-18）

移动凸轮3，可使从动杆2沿凸轮轮廓运动，从而带动刀架进退，进而完成与凸轮轮廓曲线相同的工件1外形加工。

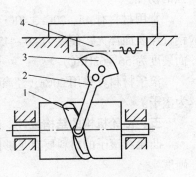

图13-17 自动车床横刀架进给机构
1—凸轮；2—从动杆；
3—扇形齿轮；4—横刀架

（四）绕线机（图13-19）

摇动手柄使轴7转动，同时使固联于轴上的齿轮5和线轴4一起转动；通过齿轮5与齿轮6减速带动凸轮1缓慢转动，靠凸轮轮廓与从动杆（摆杆）2上尖顶A之间的接触，推动从动杆2绕B点摆动，其端部拨叉使导线均匀地绕在线轴上。

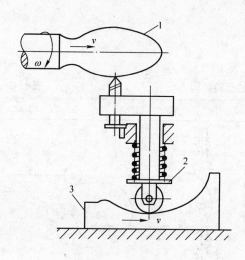
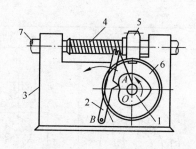

图13-18　车床仿形机构
1—工件；2—从动杆；3—凸轮

图13-19　绕线机
1—凸轮；2—摆杆；3—机架；4—线轴；
5、6—齿轮；7—轴

可见，凸轮机构从动件的运动规律决定于凸轮轮廓曲线的形状。只需适当地设计凸轮轮廓，便可使从动件获得任意所需的运动规律，其结构简单、紧凑，设计也方便。因此，凸轮广泛应用于各种机械、仪器和操纵控制装置中。但由于凸轮与从动件是高副接触，压强较大而易于磨损，故这种机构一般仅用于传递动力不大的场合。

四、凸轮与滚子的材料

凸轮机构的主要失效形式为磨损和疲劳点蚀，这就要求凸轮和滚子的工作表面硬度高、耐磨并且有足够的表面接触强度。对于经常受到冲击的凸轮机构还要求凸轮芯部有较强的韧性。

常用材料有45、20Cr、40Cr、18CrMnTi或T9、T10A等。一般凸轮的材料常采用40Cr钢（经表面淬火，硬度为40～45HRC）；也可采用20Cr、20CrMnTi（经表面渗碳淬火，表面硬度为56～62HRC）。

滚子材料可采用20Cr（经渗碳淬火，表面硬度为56～62HRC），也有的用滚动轴承作为滚子。

五、凸轮机构的结构设计

凸轮和滚子的材料要有足够的接触强度和耐磨性能，因而要求它们的表面具有一定的硬度。

（一）凸轮的固定方式

当凸轮的轮廓尺寸与轴的直径尺寸相近时，凸轮与轴可做成一体（图13-20），当尺寸相差比较大时，应将凸轮与轴分开制造，可采用键连接（图13-21）或销连接（图13-22(a)）；图13-22(b)所示为采用弹簧锥套与螺母连接，这种连接可用于凸轮与轴的相对角度需要自由调节的场合。

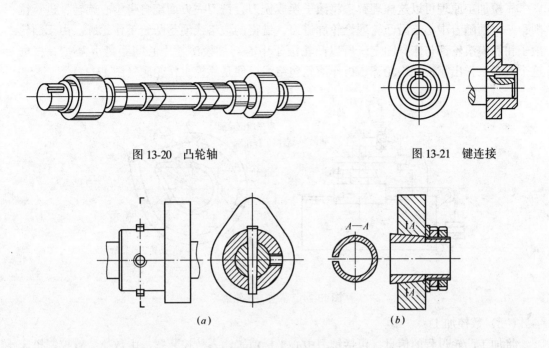

图 13-20　凸轮轴　　　　　　　图 13-21　键连接

图 13-22　固定方式
（a）销连接；（b）螺母连接

（二）滚子及其连接

滚子可以是专门制作的圆柱体（图 13-23a、b），也可以直接采用滚动轴承（图 13-23c）。滚子与从动件末端可以用螺栓连接（图 13-23a），也可以用小轴连接（图 13-23b、c），但滚子都要能自由转动。

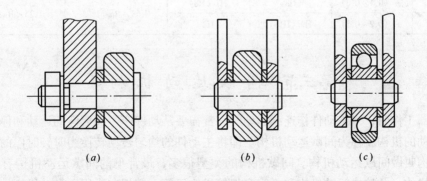

图 13-23　滚子及其连接
（a）螺栓连接；（b）圆柱体；（c）滚动轴承

六、凸轮的加工

（一）划线加工

适用于单件生产，精度不高的凸轮。

(二) 靠模加工

靠模加工原理可以这样理解：将滚子换成铣刀，铣刀一方面绕自身中心旋转，进行铣削；一方面随着中心、沿凸轮理论轮廓进刀，铣得的包络线便是凸轮工作轮廓。由于凸轮滚子和靠模滚轮都与床身固定，所以凸轮滚子中心与靠模滚轮中心间距离 a 不变，根据这个关系，作出靠模理论轮廓，再作滚轮包络线，便是靠模工作轮廓（图 13-24）。

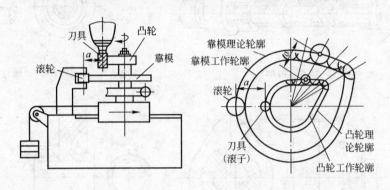

图 13-24 靠模工作轮廓

(三) 数控加工

将加工凸轮过程的信息（包括铣刀中心坐标值）输入数控装置，由数控装置控制机床加工凸轮。数控机床加工适用于多规格的批量生产。凸轮的加工精度和表面粗糙度见表 13-3。

凸轮的公差和表面粗糙度　　　　　　　　　　　　表 13-3

凸轮精度	公差等级或极限偏差 (mm)			表面粗糙度 (μm)	
	向 径	凸轮槽宽	基准孔	盘形凸轮	凸轮槽
较高	±(0.05~0.1)	H8 (H7)	H7	0.32 < Ra ≤ 0.63	0.63 < Ra ≤ 1.25
一般	±(0.1~0.2)	H8	H7 (H8)	0.63 < Ra ≤ 1.25	1.25 < Ra ≤ 2.5
低	±(0.2~0.5)	H9 (H10)	H8		

第三节 间歇运动机构

在机器工作时，当主动件作连续运动时，常需要从动件产生周期性的运动和停歇，实现这种运动的机构就称为间歇运动机构。即将主动件的均匀转动转换为时转时停的周期性运动的机构叫做间歇运动机构。间歇机构的类型很多，最常见的间歇运动机构有棘轮机构、槽轮机构、凸轮式间歇机构和不完全齿轮机构等等。它们广泛用于自动机床的进给机构、送料机构、刀架的转位机构、精纺机的成形机构、电影放映机的送片机构等等。这里只简要介绍三种间歇机构的组成和特点。

一、棘轮机构

(一) 棘轮机构的组成

如图 13-25 所示，该机构由棘轮 1、棘爪 2 和机架等组成。当摇杆 3 向左摆动时，装在摇杆上的棘爪嵌入棘轮的齿槽内，推动棘轮朝逆时针方向转过一角度；当摇杆向右摆动时，棘爪便在棘轮的齿背上滑回原位，棘轮则静止不动。为了使棘轮的静止可靠和防止棘轮的反转，安装止回棘爪5。这样，当曲柄4作连续回转时，棘轮便作单向的间歇运动。

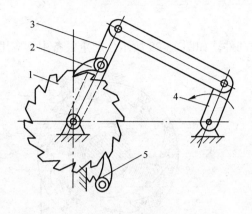
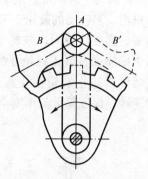

图 13-25　棘轮机构

1—棘轮；2—棘爪；3—摇杆；4—曲柄；5—止回棘爪

图 13-26　双向式棘轮机构

（二）棘轮机构的类型

1．单向式棘轮机构

如图 13-25 所示。

2．双向式棘轮机构

如图 13-26 所示，把棘轮的齿制成端面为矩形的，而棘爪制成可翻转的。当棘爪处在图示位置 B 时，棘轮可获得逆时针单向间歇运动；而当把棘爪绕其销轴 A 翻转到虚线所示位置 B' 时，棘轮即可获得顺时针单向间歇运动。

3．双动式棘轮机构

这种棘轮机构如图 13-27 所示，同时应用两个棘爪 3，可以分别与棘轮 2 接触。当主动件 1 作往复摆动时，两个棘爪都能先后使棘轮朝同一方向转动。棘爪的爪端形状可以是直的，也可以是带钩头的，这种机构使棘轮转速增加一倍。

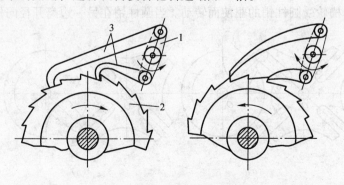

图 13-27　双动式棘轮机构

1—主动件；2—棘轮；3—棘爪

4. 摩擦式棘轮机构

摩擦式棘轮机构是一种无棘齿的棘轮，靠摩擦力推动棘轮转动和止动，如图 13-28 所示，棘轮 2 是通过与棘爪 1 之间的摩擦来传递转动的，图示为逆时针转动，棘爪 3 是用来作制动用的。

5. 防止逆转的棘轮机构

棘轮机构中棘爪常是主动件，棘轮是从动件。如图 13-29 所示，起重设备中常应用这种机构。当转动的鼓轮 2 带动工件 4 上升到所需的高度位置时，鼓轮 2 就停止转动，棘爪 1 依靠弹簧嵌入棘轮 3 的轮齿凹槽中，这样就可以防止鼓轮在任意位置停留时产生的逆转，保证起重工作安全可靠。

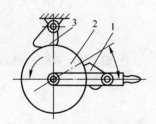
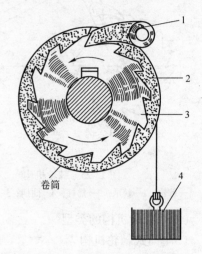

图 13-28　摩擦棘轮机构
1、3—棘爪；2—棘轮

图 13-29　起重设备防倒转机构
1—棘爪；2—鼓轮；3—棘轮；4—工件

二、槽轮机构

(一) 槽轮机构的组成

槽轮机构又称马尔他机构，如图 13-30 所示。它是由带圆柱销 2 的主动拨盘 1 与带径向槽的从动槽轮 3 及机架组成。拨盘以等角速度作连续回转，槽轮则时而转动，时而静止。当圆柱销未进入槽轮的径向槽时，由于槽轮的内凹弧被拨盘的外凸圆弧卡住，故槽轮静止不动。图示为圆柱销刚开始进入槽轮径向槽时的位置。这时槽轮的内凹弧也刚好开始被松开。此后，槽轮受圆柱销的驱使而转动。当圆柱销在另一边离开径向槽时，内凹弧又

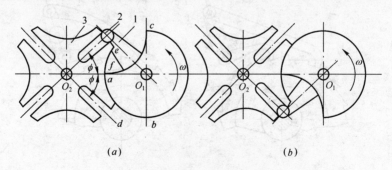

图 13-30　槽轮机构
(a) 圆柱销插入径向槽；(b) 圆柱销脱出径向槽
1—拨盘（曲柄）；2—圆柱销；3—槽轮

被卡住，槽轮又静止不动，直至圆柱销再一次进入槽轮的另一个径向槽时，又重复上述的运动。这样拨盘每转一周（2π），槽轮转过2φ转角。

（二）槽轮机构的类型和特点

1. 图13-31为槽轮机构应用在电影放映机上的卷片机构。为适应人们的视觉暂留现象，要求影片作间歇运动，槽轮2开有4个径向槽，当传动轴带动圆柱销1，每转过一周时，槽轮转过90°，所以能使影片的画面有一段停留时间。

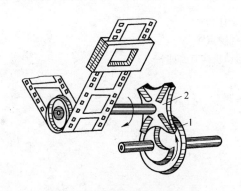

图13-31 电影放映机移片机构
1—圆柱销；2—槽轮

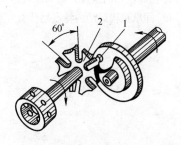

图13-32 刀架转位机构
1—圆柱销；2—槽轮

2. 图13-32为转塔车床的刀架转位机构。为了按照零件加工工艺的要求，能自动地改变需要的刀具，而采用了槽轮机构。由于刀架上装有6种可以变换刀具，因而槽轮2上开有6条径向槽，当圆柱销1进、出槽轮一次，则可推动槽轮转60°，这样可以间歇地将下一工序需要的刀具，依次转换至工作位置上。

槽轮机构的特点是构造简单，外形尺寸小，机械效率较高，并能较平稳地、间歇地进行转位。

三、凸轮式间歇运动机构

凸轮式间歇运动机构是利用空间凸轮与转位拨销的相互作用，将原动凸轮的连续转动转换为从动件转盘的间歇运动，从而实现交错轴间的分度运动。

凸轮式间歇运动机构结构简单，运转可靠，传动平稳，适用于高速间歇转动的场合。特别是蜗杆凸轮间歇运动机构，在保证正确设计、制造的前提下，其间歇运动次数每分钟可达千次以上。凸轮式间歇运动机构在轻工机械、冲压机械和其他许多方面得到应用。

思考题与习题

1. 什么是运动副？根据两构件的接触形式，运动副可分为哪两类？
2. 什么是平面连杆机构？
3. 铰链四杆机构由哪几部分组成？它们的特征是什么？
4. 四杆机构中曲柄存在的条件是什么？
5. 四杆机构的基本形式有哪几种？
6. 如图13-33所示，判断四杆机构都是什么机构？为什么？
7. 图13-34所示的四杆机构 $AB = 150mm$，$BC = 200mm$，$CD = 175mm$，$AD = 210mm$。试用作图法画出 CD 的两个极限位置。如以 AB 为机架是什么机构？以 CD 为机架将是什么机构？

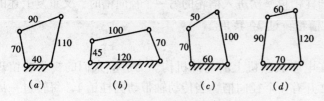 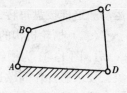

图 13-33 四杆机构　　　　　　　　　　　图 13-34 四杆机构

8. 何谓机构的急回特性？机构有无急回特性取决于什么？
9. 凸轮机构的组成，基本原理是什么？它有什么优缺点？
10. 间歇机构运动的特点是什么？最常见的间歇运动机构有哪些？

第十四章 常用机械传动

机械传动通常是指作回转运动的啮合传动和摩擦传动。其目的是用来协调工作部分与原动机的速度关系，实现减速、增速和变速要求，达到力或力矩的改变。常用的机械传动有：

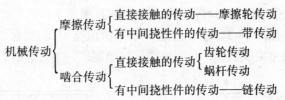

第一节 带传动

带传动是一种常用的机械传动形式，它的主要作用是传递转矩和改变转速。大部分带传动是依靠挠性传动带与带轮间的摩擦力来传递运动和动力的。如图 14-1 所示，带传动是由主动轮、从动轮、传动带和机架所组成。当原动机驱动带轮 1（即主动轮）转动时，由于带与带轮间摩擦力的作用，使从动轮 2 也一起转动，从而实现运动和动力的传递。

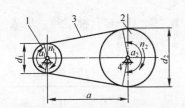

图 14-1 带传动
1—主动轮；2—从动轮；3—传动带；
4—机架

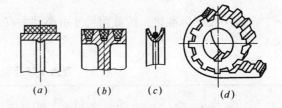

图 14-2 带传动的类型
（a）平带；（b）V 带；（c）圆带；（d）同步齿形带

一、带传动的类型、特点和应用

（一）类型

根据带的横剖面形状不同，带可以分为平带、圆带、V 带、同步带等类型（图 14-2），以平带与 V 带使用最多。在本节我们着重讨论 V 带传动。

（二）带传动的使用特点

(1) 带传动柔和，能缓冲、吸振、传动平稳、无噪声。

(2) 过载时产生打滑，可防止损坏零件，起到安全保护作用，但不能保证传动比的准确性。

(3)结构简单,制造容易,成本低廉,适用于两轴中心距较大的场合。

(4)外廓尺寸较大,传动效率较低。

带传动是一种应用广泛的机械传动方式。无论是精密机械,还是工程机械、矿山机械、化工机械、交通运输、农业机械等,它都得到了广泛应用。由于带传动的效率和承载能力较低,故不适用于传动。平带传动传递功率小于500kW,而V带传动传递功率小于700kW;工作速度一般为5~30m/s。速度太低(1~5m/s或以下)时,则传动尺寸大而不经济。速度太高时,离心力又会使带轮间的压紧程度减少,降低传动能力。离心力使带受到附加拉力作用,降低寿命。

二、V带的结构、标准

V带传动是依靠带的两侧面与带轮轮槽侧面相接触而工作的。我国生产的V带分为帘布、线绳两种结构。如图14-3所示,普通V带是由顶胶1、抗拉体2、底胶3和包布4组成,其中顶胶和底胶由橡胶制成;包布由橡胶帆布制成,主要起耐磨和保护作用。

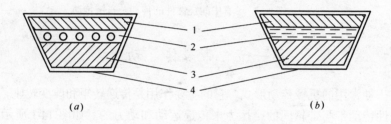

图14-3 普通V带的结构
(a)线绳结构;(b)帘布结构
1—顶胶;2—抗拉体;3—底胶;4—包布

普通V带已标准化,按截面尺寸由小到大有Y、Z、A、B、C、D、E七种型号,见表14-1。

普通V带截面尺寸　　　　　　　　　表14-1

型别	Y	Z	A	B	C	D	E
b_p (mm)	5.3	8.5	11	14	19	27	32
b (mm)	6	10	13	17	22	32	38
h (mm)	4	6	8	11	14	19	25
φ	40°						

普通V带是无接头的环形带,当其绕过带轮而弯曲时,顶胶受拉而伸长,底胶受压而缩短。

抗拉体部分必有一层既不受拉伸,也不受压缩的中性层,称为节面,其宽度叫节宽,用b_p表示。带在轮槽中与节宽相应的槽宽称为轮槽中的基准宽度,用b_d表示;带轮在此处的直径称为基准直径,用 d_d 表示;普通 V 带在规定的张紧力下,位于测量带轮基准直径上的周长称为基准长度(也称节线长度)用 L_d 表示,它用于带传动的几何尺寸计算。普通 V 带基准长度系列见表 14-2。

普通 V 带的基准长度系列(mm)　　　　　　　　表 14-2

基准长度 L_d 的基本尺寸									
200	225	250	280	315	355	400	450	500	560
630	710	800	900	1000	1120	1250	1400	1600	1800
2000	2240	2500	2800	3150	3550	4000	4500	5000	5600
6300	7100	8000	9000	10000	11200	12500	14000	16000	

三、带轮的材料、结构

带轮是带传动中的重要零件,它必须满足下列条件要求:质量分布均匀,安装对中性好,工作表面经过精细加工,以减少磨损,重量尽可能轻,强度足够,旋转稳定。

在圆周速度 $v < 30\text{m/s}$ 时,带轮最常用材料为铸铁,如 HT150,HT100,速度大时用 HT200,高速时,常用铸钢或轻合金,以减轻重量。低速转动 $v < 15\text{m/s}$ 或小功率传动时,常常用木材和工程塑料。

如图 14-4 所示,带轮通常由轮缘、轮辐、轮毂组成。轮缘是带轮的外缘,在轮缘上面有梯形槽,槽数及结构尺寸要与所选的 V 带型号相对应,可参考表 14-3 来确定。

轮毂是带轮与轴配合的内圈。其结构尺寸(图 14-5a)如下:

轮毂内径 d = 轴的直径;轮毂外径 d_1 =(1.8~2)d;轮毂长度以 L =(1.5~2)d。

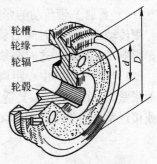

图 14-4　V 带带轮结构

轮缘与轮毂连接的部分称为轮辐。带轮的结构形式根据带轮直径决定。一般小带轮,即 $D < 150\text{mm}$ 时,可制成实心式,如图 14-5(a)所示;中带轮,即 $D = 150 \sim 450\text{mm}$ 时,可制成腹板式或孔板式,如图 14-5(b)所示;大带轮即 $D > 450\text{mm}$ 时,可制成轮辐式,如图 14-5(c)所示,轮辐截面是椭圆形,其长轴与回转平面重合。

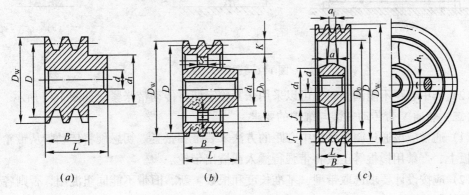

图 14-5　V 带轮的轮辐结构

普通 V 带带轮轮槽尺寸　　　　表 14-3

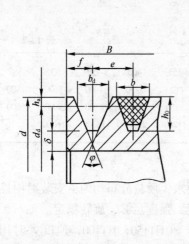

槽型剖面尺寸		型　号						
		Y	Z	A	B	C	D	E
b		6.3	9.5	12	15	20	28	33
$h_{a\,min}$		1.6	2.0	2.75	3.5	4.8	8.1	9.6
e		8	12	15	19	25.5	37	44.5
f		7	8	10	12.5	17	23	29
b_d		5.3	8.5	11	14	19	27	32
δ		5	5.5	6	7.5	10	12	15
B		$B=(z-1)e+2f$，z 为轮槽数						
φ	32°	d_d	≤60					
	34°			≤80	≤118	≤190	≤315	
	36°		>60				≤475	≤600
	38°			>80	>118	>190	>315	>475	>600

四、V 带传动的张紧、安装、维护

（一）普通 V 带传动的张紧

带传动工作一段时间后就会由于塑性变形而使带松弛，使初拉力减小，传动能力下降，影响工作能力，这时必须要重新张紧。常用的张紧方法有如下两种：

（1）当两带轮的中心距离可以调整时，宜采用如图 14-6 所示的方法使传动带具有一定的张紧力。图 14-6（a）适用于两轴线水平或倾斜不大的传动；图 14-6（b）适用于垂直或接近垂直的传动；图 14-6（c）适用于中、小功率传动。

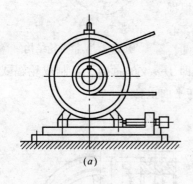
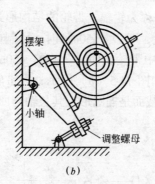
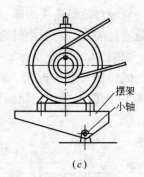

(a)　　　　　(b)　　　　　(c)

图 14-6　调整中心距

（2）当中心距不能调整时，可以采用张紧轮定期将传动带张紧，如图 14-7 所示。

（二）普通 V 带传动安装与维护的要求

（1）通常应该通过调整各轮中心距的方法来装带和张紧。切忌硬将传动带从带轮上扳下或扳上，严禁用撬棍等工具将带强行撬入或撬出带轮。

（2）应按设计要求选取带型、基准长度和根数。新、旧带不能同组混用，否则各带受力就不均匀。

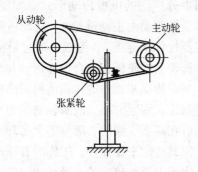
图 14-7 采用张紧轮

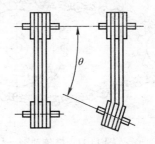
图 14-8 两带轮的安装位置

(3) 安装带轮时,两轮的轴线应相互平行,端面与中心要垂直,且两带轮装在轴上不得晃动,否则会使传动带侧面过早磨损,如图 14-8 所示。

(4) 安装时,先将中心距缩小,待将传动带套在带轮上后再慢慢拉紧,以使带松紧适度。一般可凭经验来控制,如图 14-9 所示,带张紧程度以大拇指能按下 10～15mm 为宜。

(5) V 带在轮槽中应有正确的位置,如图 14-10 所示。

(6) 在使用过程中要对带进行定期检查且及时调整。若发现个别 V 带有疲劳撕裂现象时,应及时更换所有 V 带。

(7) 严防 V 带与酸、碱、油类等对橡胶有腐蚀作用的介质接触,尽量避免日光曝晒,带传动的工作温度不应超过 60℃。

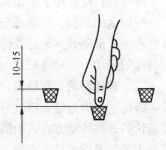
图 14-9 传动带的张紧程度

(8) 为了保证安全生产,应给 V 带传动加防护罩。

(9) 若带传动装置需闲置一段时后再用,应将传动带放松。

图 14-10 V 带的安装位置

第二节 链 传 动

链传动是一种常见的机械传动形式,兼有带传动和齿轮传动的一些特点。

一、概述

链传动是一种具有中间挠性件(链条)的啮合传动,它同时具有刚、柔特点,是一种

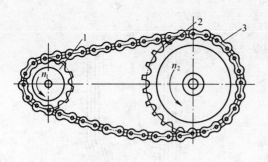

图 14-11 链传动

应用十分广泛的机械传动形式。如图 14-11 所示,链传动由主动链轮 1、从动链轮 2 和中间挠性件(链条)3 组成,通过链条的链节与链轮上的轮齿相啮合传递运动和动力。

与带传动相比,链传动能得到准确的平均传动比,张紧力小,故对轴的压力小。链传动可在高温、油污、潮湿等恶劣环境下工作,但其传动平稳性差,工作时有噪声,一般多用于中心距较大的两平行轴间的低速传动。

链传动适用的一般范围为:传递功率 $P \leqslant 100kW$,中心距 a 为 $5 \sim 6m$,传动比 $i \leqslant 8$,链速 $v \leqslant 15m/s$,传动效率为 $0.95 \sim 0.98$。

链传动广泛应用于矿山机械、冶金机械、运输机械、机床传动及轻工机械中。

按用途的不同,链条可分为传动链、起重链和曳引链。用于传递动力的传动链又有齿形链和滚子链两种。齿形链传动较平稳,噪声小,又称为无声链。它适用于高速、运动精度较高的传动中,链速可达 40m/s,但缺点是制造成本高、重量大。

二、链传动的工作原理,特点及应用

链传动是通过链条将具有特殊齿形的主动链轮的动力和运动传递到具有特殊齿形的从动链轮的一种传动方式,如图 14-12。链传动有许多优点,与带传动相比:无弹性滑动和打滑现象,平均传动比准确,工作可靠,效率较高;传递功率大,过载能力强,相同工况下的传动尺寸小;所需张紧力小,作用于轴上的压力小;能在高温、多尘、潮湿、有污染等恶劣环境中工作。

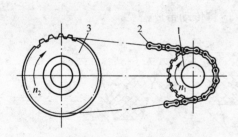

图 14-12 链传动
1—主动链轮;2—链条;3—从动链轮

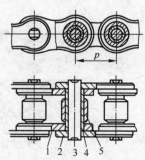

图 14-13 套筒滚子链结构
1—内链板;2—外链板;3—销轴;
4—套筒;5—滚子

链传动的主要缺点是:仅能用于两平行轴之间传动;成本高,易伸长,传动平稳性差,运转时会产生附加动载荷、振动、冲击和噪声,不宜用在急速反向的传动中。因此,链传动多用在不宜采用带传动与齿轮传动,而两轴平行,且距离较远,功率较大,平均传动比准确的场合。

三、传动链的类型

机械中传递动力的链传动装置,常用的是传动链,主要有套筒滚子链和齿形链两种。

(一) 套筒滚子链

套筒滚子链的结构见图 14-13 的形式，它由内链板 1．外链板 2．销轴 3．套筒 4 和滚子 5 组成。内链板与套筒、外链板与销轴各用过盈配合连接。销轴与套筒，滚子与套筒之间都是用间隙配合连接的，以形成传动。当链与链轮啮合时，滚子与轮齿之间是滚动摩擦。若受力不大而速度较低时，也可不要滚子，这种链叫套筒链。承受较大功率时，也可采用多排链，如图 14-14 所示。但为了避免受力不匀，一般多采用两排、三排、最多四排链。

套筒滚子链接头有三种形式，如图 14-15 所示。当链节为偶数时，大链节可采用开口销式，小链节可采用卡簧式（卡簧开口应装在其运动相反方向）；当链节为奇数时，可采用过渡链节式。

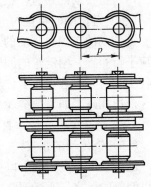

图 14-14　双排套筒滚子链

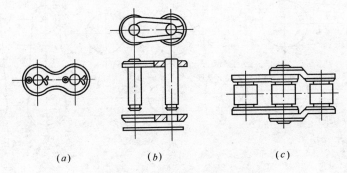

图 14-15　套筒滚子链接头形式
(a) 开口销式；(b) 卡簧式；(c) 过渡链节式

(二) 齿形链

如图 14-16 所示，齿形链是由铰链连接的齿形板组成。与套筒滚子链相比较，它的传动平稳、噪声比较小，能传动较高速度，但是摩擦力较大，易磨损。

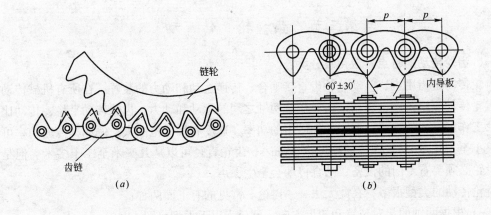

图 14-16　齿形链

四、链传动的布置、张紧及润滑

(一) 链传动的布置

链传动的布置对传动的工作状况和使用寿命有较大的影响。通常情况下链传动的两轴线应平行布置,两链轮的回转平面应在同一平面内,否则易引起脱链和不正常磨损。链条应使主动边(紧边)在上,从动边(松边)在下,以免松边垂度过大时链与轮齿相干涉或紧、松边相碰。如果两链轮中心的连线不能布置在水平面上,其与水平面的夹角应小于45°。应尽量避免中心线垂直布置,以防止下链轮啮合不良。

(二) 链传动的张紧

链传动需适当张紧,以免垂度过大而引起啮合不良。一般情况下链传动设计成中心距可以调整的形式,通过调整中心距来张紧链轮。也可采用张紧轮(图 14-17)张紧,张紧轮应设在松边。

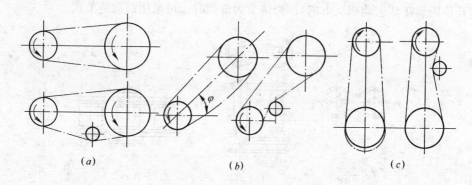

图 14-17 链传动的张紧

(三) 链传动的润滑

链传动的润滑是影响传动工作能力和寿命的重要因素之一,润滑良好可减少链条磨损。润滑方式可根据链速和链节距的大小来选择。润滑油应加于松边,以便润滑油渗入各运动接触面。润滑油一般采用 L-AN32、L-AN46、L-AN68 油。

第三节 齿 轮 传 动

一、齿轮传动的特点、应用及分类

齿轮传动是指用主、从动轮轮齿直接啮合、传递运动和动力的装置。在所有机械传动中,齿轮传动应用最广,可用来传递任意两轴之间的运动和动力。齿轮传动平稳,传动比精确,工作可靠,效率高,寿命长,适用的功率、速度和尺寸范围大。例如,传递功率可以从很小至十几万 kW;速度最高可达 300m/s;齿轮直径可以从几毫米至二十多米。但是制造齿轮必须要有专门的设备,啮合传动会产生噪声。

齿轮传动的类型很多,在此无法一一讨论。常见的有下面两种:

(一) 根据两轴的相对位置和轮齿方向,可分为以下类型(图 14-18):

(1) 圆柱齿轮传动;

(2) 锥齿轮传动;

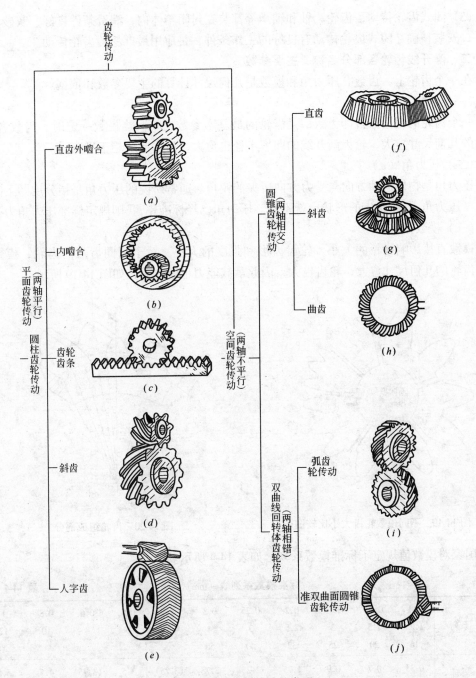

图 14-18 齿轮传动的类型

(a) 直齿圆柱齿轮；(b) 内啮合齿轮；(c) 齿轮齿条；(d) 斜齿圆柱齿轮；(e) 人字齿圆柱齿轮；(f) 直齿圆锥齿轮；(g) 斜齿圆锥齿轮；(h) 曲齿圆锥齿轮；(i) 交错轴斜齿轮；(j) 交错轴斜齿轮

(3) 交错轴斜齿轮传动。

(二) 根据齿轮传动的工作条件，可分为：

(1) 开式齿轮传动，齿轮暴露在外，不能保证良好的润滑。

(2) 半开式齿轮传动，齿轮浸入油池中，有护罩，但不封闭。

(3) 闭式齿轮传动，齿轮、轴和轴承等都装在封闭箱体内，润滑条件良好，灰砂不易进入，安装精确。闭式齿轮传动有良好的工作条件，是应用最广泛的齿轮传动。

二、渐开线齿轮各部分名称、主要参数

在一个齿轮上，齿数、压力角和模数是几何尺寸计算的主要参数和依据。

（一）齿数（z）

一个齿轮的轮齿数目即齿数，是齿轮的最基本参数之一。当模数一定时，齿数愈多，齿轮的几何尺寸愈大，轮齿渐开线的曲率半径也愈大，齿廓曲线趋于平直。

（二）压力角（α）

压力角是物体运动方向与受力方向所夹的锐角。通常所说的压力角是指分度圆上的压力角。压力角不同，轮齿的形状也就不同。压力角已经标准化，我国规定标准压力角为 20°。

（三）模数（m）

模数直接影响齿轮的大小、轮齿齿形和强度的大小。对于相同齿数的齿轮，模数愈大，齿轮的几何尺寸愈大，轮齿也大，因此承载能力也就愈大，如图 14-19 所示。

图 14-19 不同模数轮齿大小比较图

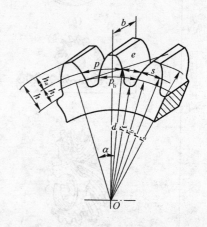

图 14-20 齿轮组成部分

国家对模数值规定了标准模数系列，如表 14-4 所示。

标准模数系列表（mm） 表 14-4

第一系列	0.1	0.12	0.15	0.2	0.25	0.3	0.4	0.5	0.6	0.8	1
	1.25	1.5	2	2.5	3	4	5	6	8	10	12
	16	20	25	32	40	50					
第二系列	0.35	0.7	0.9	1.75	2.25	2.75	(3.25)	3.5	(3.75)	4.5	5.5
	(6.5)	7	9	(11)	14	18	22	28		36	45

三、标准直齿圆柱齿轮的基本尺寸、计算

外啮合标准直齿圆柱齿轮各部分的名称和符号如图 14-20 所示。

常用外啮合标准直齿圆柱齿轮几何尺寸的计算公式见表 14-5。标准直齿圆柱齿轮压力角 $\alpha = 20°$，齿顶高系数 $h_a^* = 1$，顶隙系数 $c^* = 0.25$；而短齿制的齿轮顶高系数 $h_a^* = 0.8$，顶隙系数 $c^* = 0.3$。

外啮合标准直齿圆柱齿轮计算公式 表 14-5

名　称	代　号	计　算　公　式
模　数	m	通过计算定出
压力角	α	$\alpha = 20°$
齿　数	z	由传动比计算求得
齿　距	p	$p = \pi m$
齿　厚	s	$s = p/2 = \pi m/2$
槽　宽	e	$e = s = p/2 = \pi m/2$
基圆齿距	p_b	$p_b = p\cos\alpha = \pi m\cos\alpha$
齿顶高	h_a	$h_a = h_a^* m = m$
齿根高	h_f	$h_f = (h_a^* + c^*)m = 1.25m$
全齿高	h	$h = h_a + h_f = 2.25m$
顶　隙	c	$c = c^* = 0.25m$
分度圆直径	d	$d = mz$
基圆直径	d_b	$d_b = d\cos\alpha = mz\cos\alpha$
齿顶圆直径	d_a	$d_a = d + 2h_a = m(z+2)$
齿根圆直径	d_f	$d_f = d - 2h_f = m(z-2.5)$
齿　宽	b	$b = (6\sim12)m$，通常取 $b = 10m$
中心距	a	$a = d_1/2 + d_2/2 = (m/2)(z_1 + z_2)$

例：相啮合的一对标准直齿圆柱齿轮（压力角 $\alpha = 20°$，齿顶高系数 $h_a^* = 1$，顶隙系数 $c^* = 0.25$），齿数 $z_1 = 20$，$z_2 = 32$，模数 $m = 10$mm，试计算其分度圆直径 d，顶圆直径 d_a，根圆直径 d_f，齿厚 s，基圆直径 d_b 和中心距 a。计算结果列于表 14-6。

计　算　结　果 表 14-6

名　称	代号	应用公式	小齿轮 z_1	大齿轮 z_2
分度圆直径	d	$d = mz$	$d_1 = 10 \times 20 = 200$	$d_2 = 10 \times 32 = 320$
顶圆直径	d_a	$d_a = m(z+2)$	$d_{a1} = 10(20+2) = 220$	$d_{a2} = 10(32+2) = 340$
根圆直径	d_f	$d_f = m(z-2.5)$	$d_{f1} = 10(20-2.5) = 175$	$d_{f2} = 10(32-2.5) = 295$
齿　厚	s	$s = \dfrac{p}{2} = \dfrac{\pi m}{2}$	$s_1 = \dfrac{3.14 \times 10}{2} = 15.7$	$s_2 = \dfrac{3.14 \times 10}{2} = 15.7$
基圆直径	d_b	$d_b = d\cos\alpha$	$d_{b1} = 200 \times \cos 20° = 188$	$d_{b2} = 320 \times \cos 20° = 301$
中心距	a	$a = \dfrac{m}{2}(z_1 + z_2)$	\multicolumn{2}{c}{$a = \dfrac{10}{2}(20+32) = 260$}

四、渐开线齿轮的啮合传动与安装

前面讨论了单个齿轮齿廓和部分尺寸的计算，下面进一步讨论一对齿轮的啮合传动。图 14-21 为一对啮合的齿轮。设主动轮轮齿 1 推动从动轮轮齿 2 运转，其受力方向根据渐开线性质是沿二轮齿接触点或叫啮合点 P 作公法线指向轮齿 2。这时，轮齿在啮合点 P 的运动方向是沿 P 点垂直于两齿轮中心连线的方向，这个受力方向与运动方向所夹的锐角 α 叫啮合角。以两齿轮中心 O_1、O_2 为圆心，过两齿轮啮合点（也叫节点）P，所作的两个相切的圆，叫做两齿轮的节圆。齿轮传动就相当于两个节圆的摩擦轮滚动。只有当二齿轮分度相切时啮合角等于压力角，节圆与分度圆才会重合。否则分度圆、压力角就只是标准的、理想的，而节圆、啮合角才是实际形成的。

为保证齿轮的正确安装，如图 14-22 所示，从理论上讲就是两齿轮在啮合线上齿距相等才能啮合。同样从渐开线的性质推理，可以证明必须模数和压力角相等，这样才能互不干涉，平稳传动。

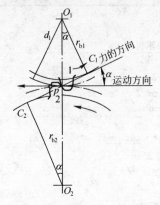

图 14-21 实际齿轮啮合

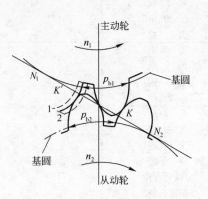

图 14-22 齿轮正确啮合条件

第四节 蜗杆传动

蜗杆传动传递的是空间两交错轴之间的运动和动力，如图 14-23 所示。通常两轴交错角为 90°，蜗杆为主动件。蜗杆传动广泛应用于各种机器和仪器设备之中。

一、蜗杆传动特点和应用、类型和基本参数及几何尺寸计算

（一）蜗杆传动的特点和应用

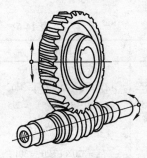

图 14-23 蜗杆传动

蜗杆传动用于传递空间交错的两轴之间的运动和转矩，通常两轴间的交错角等于 90°。

与齿轮传动相比，蜗杆传动的主要优点是：（1）传动比大，结构紧凑，一般传动比 $i = 10 \sim 40$，最大可达 80。若只传递运动（如分度运动），其传动比可达 1000；（2）由于蜗杆齿连续不断地与蜗轮齿啮合，所以传动平稳噪声小；（3）在一定条件下，蜗杆传动可以自锁，有安全保护作用。蜗杆传动的主要缺点是：（1）摩擦发热大，效率低，这是由于蜗轮和蜗杆在啮合处有较大的相对滑动，因而发热量大，效率较低。传动效率一般为 0.7～0.8，当蜗杆传动具有自锁性时，效率小于 0.5；（2）蜗轮需要用有色金属材料制造，成本较高。

蜗杆传动广泛用于各类机床、矿山机械、起重运输机械的传动系统中，但因其效率低，所以通常用于功率不大或不连续工作的场合。

（二）蜗杆传动的类型

按蜗杆形状的不同可分为圆柱传动（图 14-24a），圆弧面蜗杆传动（图 14-24b）、锥蜗杆传动（图 14-24c）三类。按蜗杆螺旋面的形状不同，圆柱蜗杆有阿基米德蜗杆（图 14-25a）、渐开线蜗杆（图 14-25b）、法向直廓蜗杆（图 14-25c）等多种。按螺旋的方向不同，蜗杆有左旋与右旋之分。

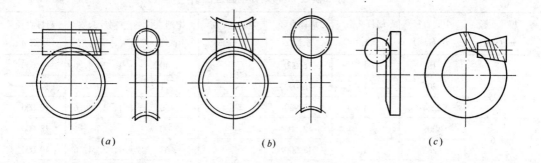

图 14-24 蜗杆传动的类型

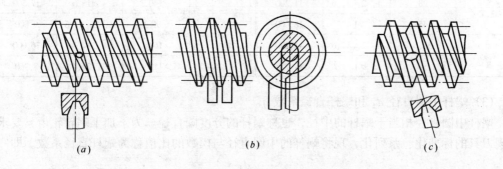

图 14-25 圆柱蜗杆的主要类型

(三) 蜗杆传动的基本参数、几何尺寸计算

(1) 通常我们把沿着蜗杆轴线垂直于蜗轮轴线剖切的平面称为中间平面。在该平面内蜗轮蜗杆之间的啮合相当于齿轮和齿条的啮合,如图 14-26 所示。对于单线蜗杆,旋转一圈,相当于齿条沿轴线方向移动一个齿距 p_1,与它相啮合的"齿轮"同时转动一个齿距 p_2,而 $p_1 = p_2$。齿条的齿距 $p_1 = \pi m_1$ 齿轮的齿距 $p_2 = \dfrac{\pi d_2}{z_2} = \pi m_2$,即 $m_1 = m_2$。所以蜗杆的轴向模数等于蜗轮的端面模数,且应符合表 14-7 规定的标准。

蜗杆齿廓为直线,夹角 $2\alpha = 40°$,蜗杆的压力角 α_1 应等于蜗轮的端面压力角 α_{t2},即 $\alpha_1 = \alpha_{t2} = 20°$。

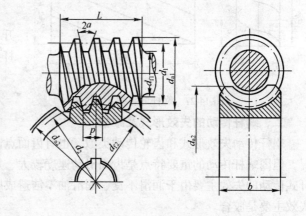

图 14-26 蜗轮-蜗杆传动

(2) 传动比 i、蜗杆头数 z_1 和蜗轮齿数 z_2。

蜗杆旋转一圈,蜗轮转过 z_2 个齿,即传动比 $i = \dfrac{n_1}{n_2} = \dfrac{z_2}{z_1}$。蜗杆头数 $z_1 = 1 \sim 4$;蜗轮齿数 z_2 可根据选定的 z_1 和传动比 i 的大小,由 $z_2 = iz_1$ 确定。

标准模数 m 和蜗杆中圆直径 d_1 表 14-7

模数 m (mm)	中圆直径 d_1 (mm)	蜗杆头数 z_1	蜗杆直径系数 q	模数 m (mm)	中圆直径 d_1 (mm)	蜗杆头数 z_1	蜗杆直径系数 q
1	18	1	18.000	4	40	1, 2, 4, 6	10.000
1.25	20	1	16.000		71	1	17.750
	22.4	1	17.920	5	50	1, 2, 4, 6	10.000
1.6	20	1, 2, 4	12.500		90	1	18.000
	28	1	17.500	6.3	63	1, 2, 4, 6	10.000
2	22.4	1, 2, 4, 6	11.200		112	1	17.778
	35.5	1	17.750	8	80	1, 2, 4, 6	10.000
2.5	28	1, 2, 4, 6	11.200		140	1	17.500
	45	1	18.000	10	90	1, 2, 4, 6	9.000
3.15	35.5	1, 2, 4, 6	11.270		160	1	16.000
	56	1	17.778	12.5	112	1, 2, 4	8.960

(3) 蜗杆中圆直径 d_1 和蜗杆直径系数 q。

蜗杆中圆直径相当于蜗杆的中径,也称蜗杆的分度圆直径。为了加工蜗轮轮齿,要求实现刀具的标准化、系列化,现将蜗杆的中圆直径与模数的比值称为蜗杆直径系数。即

$$q = \frac{d_1}{m}$$

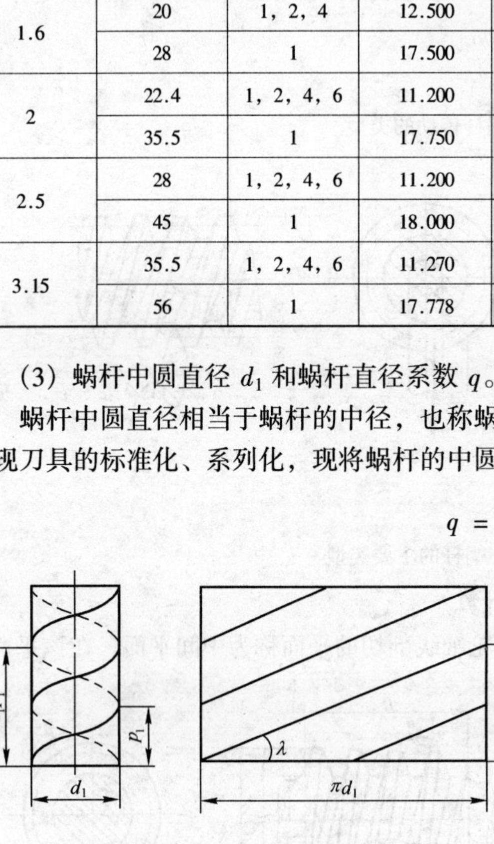

因为 d_1 和 m 均为标准值,所以 q 为导出值,不一定是整数。

(4) 蜗杆导程角 λ。

若把蜗杆中圆直径上的螺旋线展开,如图 14-27 所示,图中 λ 角即为蜗杆导程角(也叫螺旋升角)。

$$\tan\lambda = \frac{z_1 \times p_1}{\pi d_1} = \frac{z_1 \pi m}{\pi d_1} = \frac{z_1}{q}$$

图 14-27 蜗杆的导程角

二、蜗杆传动的失效形式及维护

蜗杆传动失效形式和齿轮传动类似,也有齿面点蚀、胶合、磨损与齿根折断等几种情况,但因蜗杆传动的重要特点是齿面滑动速度较大、发热量大、磨损较为严重,所以一般开式传动的失效主要由于润滑不良、润滑油不洁造成磨损严重;一般润滑良好的闭式传动失效主要是胶合。

三、蜗杆、蜗轮的材料和结构

(一) 蜗杆、蜗轮的材料

蜗杆在低、中速时可采用 45 钢调质,高速时采用 40Cr、40MnB、40MnVB,调质后表面淬火,或采用 20、20CrMnTi、20MnVB 渗碳淬火。

一般蜗轮材料多采用摩擦系数较低、抗胶合性较好的锡青铜(ZCuSn10Pb1、ZCuSnPb6Zn3)、铝青铜(ZCuAl10Fe3)或黄铜,低速时可采用铸铁(HT150,HT200)等。

（二）蜗杆、蜗轮的结构

蜗杆螺纹部分的直径不大时，一般和轴做成一体，当蜗杆齿根圆直径 d_{f1} 与轴直径 d 之比 $d_{f1}/d \geqslant 1.7$ 时，才将蜗杆齿圈和轴分别制作，然后套装在一起。

整体式蜗杆结构形状如图 14-28 所示，其中图 a 无退刀槽，图 b 有退刀槽。

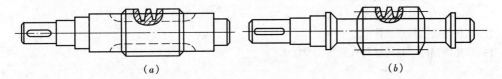

图 14-28 蜗杆结构

蜗轮的结构形式有以下几种：

1. 齿圈式

如图 14-29（a）所示，齿圈由青铜制成，轮芯由铸铁制成，用螺钉固定。

2. 螺栓连接式

如图 14-29（b）所示，一般多为铰制孔，用螺栓连接，这种结构装拆方便，常用于尺寸较大或容易磨损的蜗轮。

3. 整体式

如图 14-29（c）所示，主要用于铸铁蜗轮和尺寸较小（$D_2 < 100$mm）青铜蜗轮。

4. 镶铸式

如图 14-29（d）所示，将青铜轮缘铸在铸铁轮芯上，轮芯上制出榫槽，以防轴向滑动。

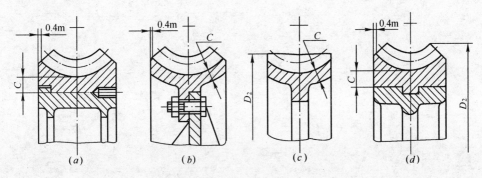

图 14-29 蜗轮的结构形式（m 为模数，m 和 c 的单位为 mm）

（a）$c \approx 1.6m + 1.5$mm；（b）$c \approx 1.5m$；（c）$c = 1.5m$；（d）$c \approx 1.6m + 1.5$mm

思 考 题 与 习 题

1. 带传动有什么特点？适用哪些场合？
2. 在相同的条件下，V 带传动比平带传动传递的功率大，这是因为带与带轮之间的_____大。
3. 带轮有哪几种形式？常用哪些材料制成？
4. 带传动为什么要设张紧装置？
5. 带传动安装时应注意哪些事项？
6. 常用的链有哪几种？各应用于什么地方？

7. 与带传动相比，链传动有什么特点？
8. 齿轮传动有哪些特性？它分哪几类？
9. 模数是齿轮几何尺寸_____的基础，也是齿轮_____能力的标志。在我国模数已经标准化了。
10. 有一标准外啮合直齿圆柱齿轮 $m = 4$mm，$z = 32$。求：d、h、d_a、d_f、s。
11. 相啮合的一对标准直齿圆柱齿轮，$z_1 = 20$，$z_2 = 50$，中心距 $a = 210$mm，求分度圆直径 d_1，d_2。
12. 蜗杆传动的特点是什么？
13. 常用的蜗杆、蜗轮材料有哪些？为什么？

第十五章 轴 系 零 件

第一节 轴

一台机器（或设备）上的传动零件必须被支承起来才能进行工作，而支承传动件的零件我们称之为轴。同样地，轴本身也必须被支承起来，轴上被支承的部分称之为轴颈，而支承轴颈的支座称之为轴承。

轴是组成机器的重要零件之一，其主要功用是支承旋转零件（如：齿轮、蜗轮、带轮等）、承受弯矩、传递转矩和运动。轴工作状况的好坏将直接影响到整台机器的性能和质量。因此，对轴的认识非常重要。本节则主要介绍轴的分类、用途、结构和轴上零件的固定方法。

一、轴的分类

轴的分类方法很多，现在根据不同的分类方法来说明轴的种类及其特点和应用场合。

（一）根据轴的承载性质不同，可将其分为转轴、心轴和传动轴三类。

1. 转轴

如果工作时既承受弯矩又承受转矩的轴称之为转轴。如图 15-1 所示齿轮减速器中的轴和金属切削机床的主轴等都属于转轴。转轴是机器中最常见的轴。

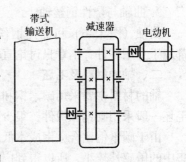

图 15-1 转轴

2. 心轴

如果工作时只承受弯矩而不传递转矩的轴称之为心轴。心轴是用来支承转动零件的。如果按工作时心轴是否转动，则它又可分为固定心轴和旋转心轴两种。固定心轴在工作时不转动。如图 15-2 所示自行车的前轮轴就属于固定心轴。旋转心轴则在工作时是随转动件一起转动的。如图 15-3 所示铁路机车的轮轴，它与车轮紧固在一起，就属于旋转心轴。

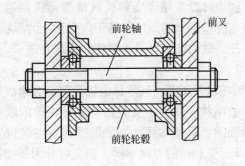

图 15-2 固定心轴

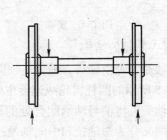

图 15-3 旋转心轴

3. 传动轴

如果工作时主要传递转矩而不受弯矩（或所承受的弯矩很小）的轴称之为传动轴，如图 15-4 所示，汽车中连接变速箱与后桥之间的轴就属于传动轴。

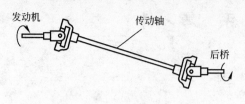

图 15-4 传动轴

（二）根据轴线的形状不同，轴又可分为直轴、曲轴和挠性钢丝轴三类。

1. 直轴

如果按其外形的不同直轴又可分为光轴（图 15-5a）和阶梯轴（图 15-5b）两种。

光轴形状简单、加工容易、应力集中源少，主要用作传动轴；而阶梯轴各轴段截面的直径不同，这种设计可使各轴段的强度相接近，且便于轴上零件的装拆和固定，因此，阶梯轴在机器中的应用最为广泛。

直轴一般都制成实心轴，但有时为了减轻重量或为了满足有些机器结构上的需要，也可以采用空心轴（图 15-5c）。

2. 曲轴与挠性钢丝轴

曲轴（图 15-6）和挠性钢丝轴（图 15-7）都属于专用零件，本章只讨论直轴。

二、轴的材料及毛坯

轴的材料主要采用碳素钢和合金钢。轴的毛坯一般采用圆钢和锻件，很少采用铸件。

由于碳素钢比合金钢成本低，且对于应力集中的敏感性较小，所以得到广泛的应用。常用的碳素钢有 30、40、45 钢等，其中最常用的为 45 钢。为保证轴材料的机械性能，则应对轴材料进行调质或正火处理。对于受载荷较

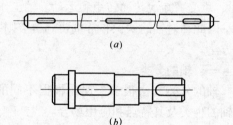

图 15-5 直轴
(a) 光轴；(b) 阶梯轴；(c) 空心轴

小或用于不重要场合的轴，可用普通碳素钢（如 Q235A、Q275 等）作为轴的材料。

合金钢则具有较高的机械性能，淬火性也好，因此，往往在一些较重要的场合用作轴的材料。

轴也可以采用合金铸铁或球墨铸铁制造，其毛坯是铸造成型的，所以易于得到复杂的形状。

三、轴的结构与轴上零件的固定方法

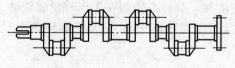

图 15-6 曲轴

（一）轴的结构

轴通常是由轴头、轴颈、轴臂、轴环、轴端以及不装任何零件的轴段等部分组成。如图 15-8 所示的圆柱齿轮减速器中带轮输入轴的结构。我们将安装传动零件轮毂的轴段称之为轴头；将轴与轴承配合处的轴段称之为轴颈。对于轴颈，如果根据其所在的位置不同，则又分为端轴颈和中间轴颈；如果根据其所受载荷的方向不同，则又可分为承受径向力的径向轴颈（简称轴颈）和承受轴向力的止推轴颈。而轴头与轴颈间的轴段称之为轴身。

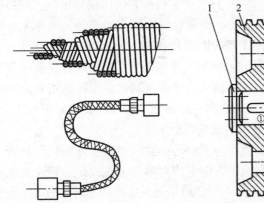
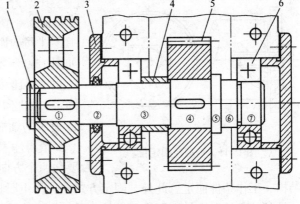

图 15-7 挠性钢丝轴

图 15-8 轴的结构
1—端盖；2—皮带轮；3—轴承盖；4—套筒；5—齿轮；6—轴承

在进行轴的结构设计时，应当注意：

1. 轴颈、轴头的直径应取标准值，直径的大小由与之配合部件的内孔决定；
2. 轴身尺寸应取以 mm 为单位的整数，最好取为偶数或 5 进位的数；
3. 轴的结构和形状主要取决于：轴的毛坯种类；轴上作用力的大小及其分布情况；轴上零件的位置、配合性质以及连接固定的方法；轴承的类型、尺寸和位置；轴的加工方法与装配方法；其他特殊要求。

（二）轴上零件的固定方法

为了保证轴上零件能够正常工作，则要求轴上零件应当有确定的位置。零件在轴上的固定或连接方式是随零件的作用而异。

零件在轴上的固定方式分为周向固定和轴向固定两种。

1. 周向固定

所谓周向固定，就是使轴与轴上的零件不能作相对转动。其目的，就是为了传递运动和转矩，防止轴上零件与轴作相对转动。常用的周向固定方法有键、花键、销和过盈配合等连接形式。例如在图 15-8 中，齿轮、皮带轮与轴的周向固定就采用了平键连接。

2. 轴向固定

轴向固定的目的，就是为了防止工作时零件产生轴向位移（但如果要求零件轴向移动则例外）。常见的轴向固定方法有轴肩、轴环定位，螺母定位，套筒定位，弹性挡圈、紧定螺钉及轴端档圈定位等。

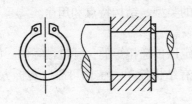
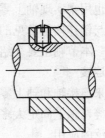

图 15-9 弹性挡圈固定　　　　　图 15-10 紧定螺钉固定

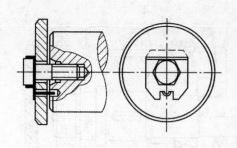

在图 15-8 中，齿轮右边用轴肩定位，左边用套筒定位，使齿轮轴向固定。当轴向力不大而轴上零件间的距离较大时，可采用弹性挡圈固定，如图 15-9 所示。当轴向力很小，转速很低或仅为防止零件偶然沿轴向滑动时，则可采用紧定螺钉固定，如图 15-10 所示。轴端零件则可采用图 15-11 所示的轴端挡圈定位。

图 15-11　轴端挡圈定位

值得注意的是：轴向固定有方向性，是否需要在两个方向上均对零件进行固定，则应视机器的结构、工作条件而定。此外，固定方式的选择主要是根据轴上零件传递转矩的大小和性质、轴与轮毂的对中精度要求以及轴和轮毂加工难易程度等因素来决定。

第二节　键连接与销连接

一、连接

为了满足机器或者机械设备的结构、加工、装配、使用维修和运输等方面的要求，它们总是以一定的连接方式和方法组合起来的。连接一般分为静连接和动连接。若被连接件间相互固定，而不能作相对运动的连接称为静连接；若能按一定的运动形式作相对运动的连接称为动连接（如铰链等）。但习惯上，机械设计中的连接通常指的是静连接，因此，这里讨论的所谓连接主要是静连接。

连接按工作原理可以分为：形锁合连接、材料锁合连接和力锁合连接三大类。

1．形锁合连接

形锁合连接有：键连接、花键连接、销连接、铰制孔用螺栓连接和铆接等。

2．材料锁合连接

材料锁合连接（利用分子连接）包括：无附加材料（如接触焊、摩擦焊等）和有附加材料（如钎焊、电弧焊、胶焊等）连接。

3．力锁合连接

力锁合连接包括：直接力锁合（如弹性力、磁力等）和摩擦力锁合（如过盈配合、普通螺栓等）连接。

常见的轴毂连接有键连接、花键连接和销连接等。轴毂连接主要是用来实现轴和轮毂（例如齿轮、带轮）之间的周向固定，以传递运动和转矩，防止轴上零件与轴作相对转动；但有些时候也用来实现轴上零件的轴向固定或者轴向移动（导向）。

键连接与销连接是常见的形锁合连接方法之一，键与销是轴毂连接方法中的重要的标准零件之一。本节则主要介绍键连接与销连接的类型、结构特点和用途。

二、键连接

键是用来连接轴和轴上零件，用于周向固定以传递扭矩的一种机械零件。如齿轮、带轮、联轴器等在轴上固定大多用键连接。它具有结构简单、工作可靠、装拆方便等优点，因此获得广泛的应用。

键已标准化，因此，在设计时首先要根据工作条件和各类键的特点和应用场合来选择键的类型;然后再根据轴径和轮毂的长度确定键的尺寸,在必要时还需要对其进行强度校核。

如果根据结构特点和用途不同,键可分为:平键、半圆键、楔键和切向键等类型;其中以平键最为常用。

(一) 平键连接

平键是靠键的侧面来传递扭矩的,只能对轴上零件作周向固定,而不能承受轴向力。如图 15-12 所示。

平键连接具有结构简单、工作可靠、装拆方便、对中较好等特点,因此得到了非常广泛的应用。

按用途的不同,平键可分为普通平键、导向平键和滑键等类型。

1. 普通平键

普通平键其结构如图 15-12 所示。按其端部形状的不同可分为圆头(A 型)、方头(B 型)和半圆头(C 型)三类。其中,A 型和 C 型平键在键槽中的轴向固定较好,但键槽加工时其两端易产生较大的应力集中;而采用 B 型平键,则在键槽加工中轴的应力集中较小。A 型应用最广,C 型平键则一般用于轴端,B 型键应用相对较少。

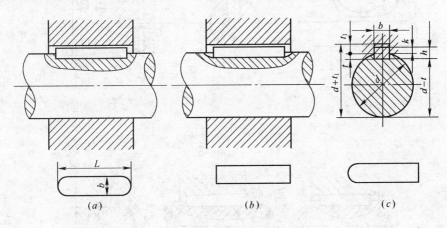

图 15-12 平键连接
(a) A 型;(b) B 型;(c) C 型

2. 导向平键和滑键

导向平键其结构如图 15-13 所示,当被连接零件的轮毂需要在轴上作轴向滑动且滑动距离不大时,则可采用这种连接。

滑键其结构如图 15-14 所示,它也是用于动连接的连接元件。但滑键适宜于当被连接零件轴向滑动距离较大场合。

平键是标准件,其剖面尺寸是按轴径 d 从有关标准中选定,而键的长度应当略小于轮毂长度并且必须符合标准系列。

(二) 半圆键连接

半圆键其结构如图 15-15 所示,它与平键一样,也是以两侧面作为工作面,并有较好的对中

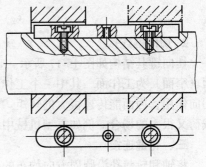

图 15-13 导向平键连接图

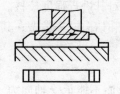 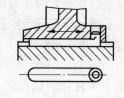

图 15-14 滑键连接

性,但由于键可以在轴上的键槽中绕槽圆弧的曲率中心摆动,且键槽较深,所以一般用于轻载场合的连接。

（三）楔键连接和切向键连接

1. 楔键连接

楔键其结构如图 15-16 所示,其上、下面是工作面,键的上表面和轮毂键槽的底面均有 1∶100 的斜度,在工作时,则依靠键与轴及轮毂的槽底之间、轴与毂孔之间的摩擦力来传递扭矩,同时还能轴向固定零件和传递单向轴向力。其缺点是轴与毂孔容易产生偏心和偏斜,并且它又是靠摩擦力工作,因而在冲击、振动或载荷作用下,键易松动,所以楔键连接仅适用于对中性要求不高、载荷平稳和低速的场合。

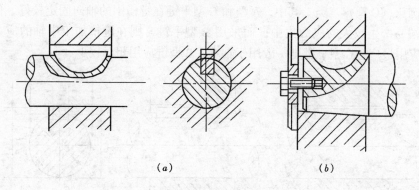

图 15-15 半圆键连接

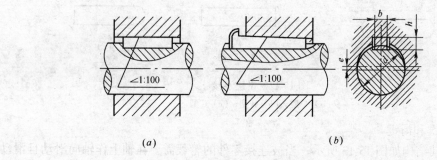

图 15-16 楔键连接
（a）普通楔键；（b）钩头楔键

2. 切向键连接

切向键其结构如图 15-17 所示。它是由两个斜度为 1∶100 的普通楔键组成,其上下两面（窄面）为工作面,其中一个工作面在通过轴心线的平面内,使工作面上的压力沿轴的切向作用,因而能传递很大的转矩。切向键主要用于轴径大于 100mm、对中性要求不高而载荷又很大的场合,例如重型机械中往往采用切向键。

三、花键连接

将轴和轮毂孔沿圆周方向均布的多个键齿所构成的连接称为花键连接,如图 15-18 所示。花键连接键的齿侧是工作面,与平键连接相比较,由于它是多齿传递载荷,因此花键连接比平键连接的承载能力大，且定心性和导向性较好。此外，花键连接的键齿浅、应力集中小，所以对轴的削弱少，故适用于载荷较大、定心精度要求较高的静连接和动连接中。例如，在汽车、机床变速箱中广泛应用。花键连接的缺点是加工需专用设备和工具，因而花键连接的成本较高。如果按齿形的不同，则可分为矩形花键（图 15-18a），渐开线花键（图 15-18b）及三角形花键（图 15-18c），前面两种花键都已标准化。

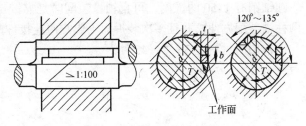

图 15-17　切向键连接

不同类型的花键，其定心方式不同。矩形花键采用小径定心，渐开线花键和三角形花键则常用齿侧定心。矩形花键加工方便，定心精度较高，应力集中小，因而应用最为广泛。三角形花键由于齿细小而多，适用于薄壁零件的连接。花键的选用方法和强度验算方法与平键连接相类似，具体可参见有关的机械设计手册。

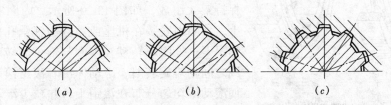

图 15-18　花键连接
(a) 矩形花键；(b) 渐开线花键；(c) 三角形花键

四、销连接

销连接的主要作用是定位、连接或锁定零件，并可传递不大的载荷，有时还可作为安全装置中的过载剪断元件，如图 15-19 所示。

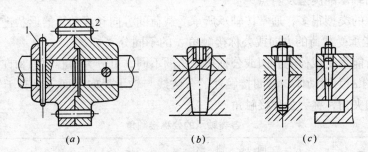

图 15-19　销连接
(a) 销连接装配图；(b) 内螺纹圆锥销；(c) 螺尾圆锥销
1—圆锥销；2—圆柱销

销是一种标准件，形状和尺寸都已标准化。销的种类较多，应用广泛，其中最多的是圆柱销及圆锥销。

圆柱销一般依靠微量的过盈固定在铰光的销孔中，用以定位和连接。如果多次装拆，销会松动，则失去定位的精确性和连接的紧固性。

圆锥销有 1:50 的锥度，可自锁，装配时是靠锥挤作用固定在铰光的销孔中，因而它比圆柱销装配方便，并且多次装拆而不影响两连接件的定位的精确性。

销常用的材料是 35 号、45 号钢。

第三节 滚 动 轴 承

在各种机器设备中广泛使用着轴承。例如，机床、减速器等机器设备上就广泛使用大量的轴承。轴承是支承轴及轴上零件、保持轴的旋转精度和减少转轴与支承之间的摩擦和磨损的重要零部件。根据支承处相对运动表面摩擦性质，轴承分为滑动摩擦轴承和滚动摩擦轴承，前者简称为滑动轴承，后者简称为滚动轴承。本节主要介绍滚动轴承的组成、类型、代号、特点及应用。

一、滚动轴承的组成及特点

滚动轴承一般是由内圈 1、外圈 2、滚动体 3 和保持架 4 组成，如图 15-20 所示。内圈安装在轴颈上，外圈则安装在机座或零件的轴承孔内。在多数情况下，外圈不转动，内圈与轴一起转动。当内外圈之间相对旋转时，滚动体沿着滚道滚动。保持架使滚动体均匀分布在滚道上，并减少滚动体之间的碰撞和磨损。滚动体是滚动轴承的核心元件，它使相对运动表面之间的滑动摩擦变为滚动摩擦。

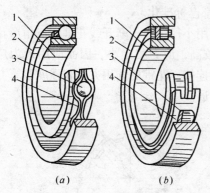

图 15-20 滚动轴承的组成
（a）球轴承；（b）滚子轴承
1—内圈；2—外圈；3—滚动体；4—保持架

滚动轴承具有摩擦阻力小、启动灵敏、效率高、旋转精度高、润滑简便和装拆方便等优点，因此被广泛应用于各种机器和机构中。

滚动轴承为标准零部件，由轴承厂批量生产，设计者可以根据需要直接选用。

二、滚动轴承的类型及特点

滚动轴承的类型很多，通常按轴承所承受载荷的方向和滚动体的形状进行分类。

1. 按所能承受载荷的方向或公称接触角 α 的不同分

如果按所能承受载荷的方向或公称接触角的不同，可分为向心轴承和推力轴承（见表 15-1）。表中的 α 为滚动体与套圈接触处的公法线与轴承径向平面（垂直于轴承轴心线的平面）之间的夹角，称为公称接触角。

各类轴承的公称接触角　　　表 15-1

轴承种类	向 心 轴 承		推 力 轴 承	
	径向接触	角接触	角接触	轴向接触
公称接触角 α (°)	$\alpha = 0$	$0 < \alpha \leqslant 45$	$45 < \alpha < 90$	$\alpha = 90$
图例（以球轴承为例）				

(1) 向心轴承：向心轴承主要用于承受径向载荷。如果按公称接触角 α 分，它又可分径向接触和向心角接触轴承。径向接触的公称接触角 α = 0°，主要承受径向载荷，有些可承受较小的轴向载荷；而向心角接触轴承的公称接触角 α 的范围为 0°～45°，能同时承受径向载荷和轴向载荷。

(2) 推力轴承：推力轴承主要用于承受轴向载荷。如果按公称接触角 α 分，它又可分为角接触和轴向接触推力轴承。角接触推力轴承公称接触角 α 的范围为 45°～90°，主要承受轴向载荷，也可以承受较小的径向载荷，而轴向接触推力轴承的公称接触角 α = 90°，只能承受轴向载荷。

2. 按滚动体的种类分

如果按滚动体的种类分，滚动轴承可分为球轴承和滚子轴承。

(1) 球轴承：球轴承的滚动体为球，球与滚道表面的接触为点接触。如图 15-20（a）所示。

(2) 滚子轴承：滚子轴承的滚动体为滚子，滚子与滚道表面的接触为线接触。如图 15-20（b）所示。如果按滚子的形状不同，它又可分为圆柱滚子轴承、滚针轴承、圆锥滚子轴承和调心滚子轴承。

在外廓尺寸相同的条件下，滚子轴承比球轴承的承载能力和耐冲击能力都好，但球轴承摩擦小、高速性能好。

常用滚动轴承的类型、代号及特性列于表 15-2 中。

滚动轴承的主要类型、特性及应用　　　　　表 15-2

轴承名称、类型及代号	结构简图	承载方向	极限转速	允许角偏差	主要特性和应用
调心球轴承 10000			中	2°～3°	主要承受径向载荷、同时也能承受少量的轴向载荷。因为外圈滚道表面是以轴承中点为中心的球面，故能调心
调心滚子轴承 20000C	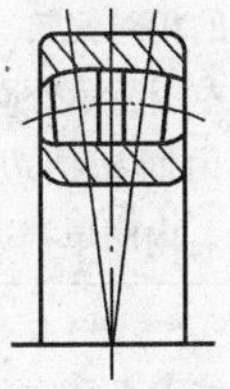	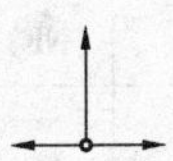	低	0.5°～2°	能承受很大的径向载荷和少量轴向载荷，承载能力大，具有调心性能
圆锥滚子轴承 30000	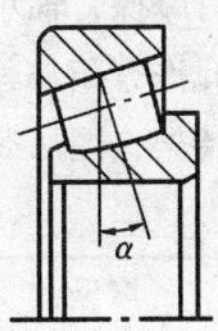		中	2′	能同时承受较大的径向、轴向联合载荷，因是线接触，承载能力大于"7"类轴承，内外圈可分离，装拆方便，成对使用

续表

轴承名称、类型及代号	结构简图	承载方向	极限转速	允许角偏差	主要特性和应用
推力球轴承 50000	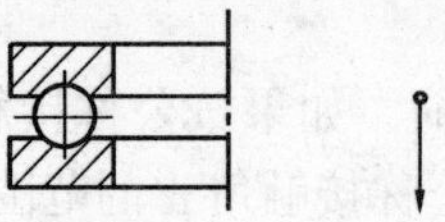 (a)单向 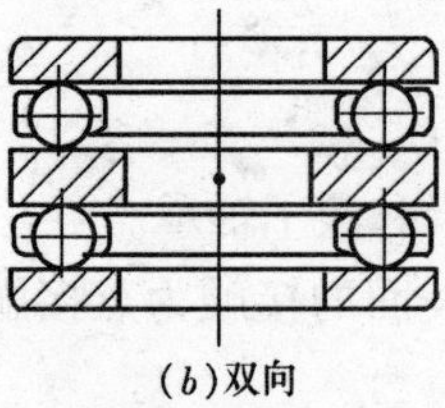 (b)双向		低	不允许	$\alpha=90°$，只能承受轴向载荷，而且载荷作用线必须与轴线相重合，不允许有角偏差。有两种类型： 单向——承受单向推力 双向——承受双向推力 高速时，因滚动体离心力大，球与保持架摩擦发热严重，寿命较低，可用于轴向载荷大、转速不高之处
深沟球轴承 60000	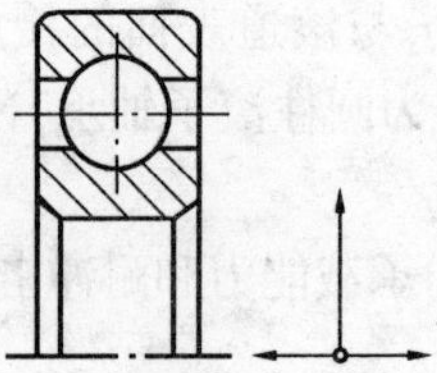		高	8′~16′	主要承受径向载荷，同时也可承受一定量的轴向载荷。当转速很高而轴向载荷不太大时，可代替推力球轴承承受纯轴向载荷 当承受纯径向载荷时，$\alpha=0°$
角接触球轴承 70000C（$\alpha=15°$）70000AC（$\alpha=25°$）70000B（$\alpha=40°$）	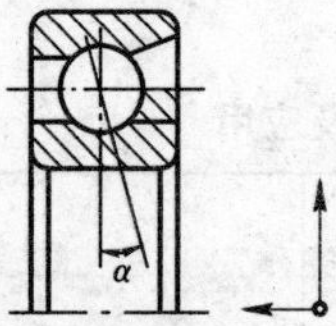		较高	2′~10°	能同时承受径向，轴向联合载荷，公称接触角越大，轴向承载能力也越大。公称接触角α有15°、25°、40°三种。通常成对使用，可以分装于两个支点或同装于一个支点上
推力圆柱滚子轴承 80000	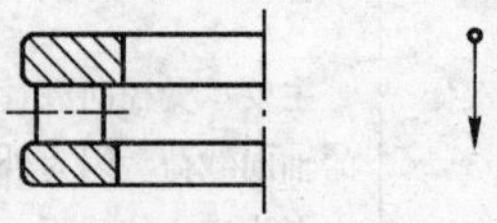		低	不允许	能承受很大的单向轴向载荷
圆柱滚子轴承 N0000	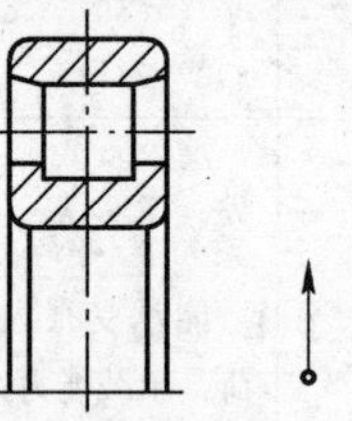		较高	2′~4′	能承受圆套的径向载荷，不能承受轴向载荷，因系统接触，内外圈只允许有极小的相对偏转 除左图所示外圈无挡边（N）结构外，还有内圈无挡边（NU）、外圈单挡边（NF）、内圈单挡边（NI）等结构形式
滚针轴承 （a）NA0000 （b）RNA0000	(a) 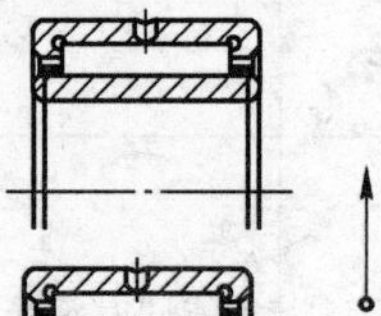 (b) 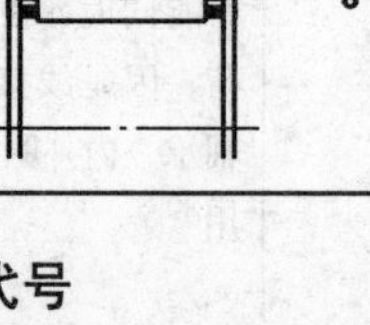		低	不允许	只能承受径向载荷，承载能力大，径向尺寸特小，一般无保持架，因而滚针间有摩擦，轴承极限转速低。这类轴承不允许有角偏差。左图结构特点是：有保持架，图a带内圈，图b不带内圈

三、滚动轴承的代号

在使用的各类滚动轴承中，每种类型轴承又可以做成不同的结构、尺寸、公差等级，以适应不同的技术要求。为了统一表征各类滚动轴承的特点，便于生产组织和选用，GB/T272-93 中规定用代号来表示其结构、尺寸、公差等级和技术性能等特征。轴承代号由基本代号、前置代号和后置代号构成，其表达方式如表 15-3 所列。

滚动轴承代号　　　　　　　　　　　　　　　表 15-3

前置代号	基　本　代　号				后置代号
□	×	× ×		× ×	□或加 ×
	(□)	尺寸系列代号		内径代号	
成套轴承分部件代号	类型代号	宽（高）度系列代号	直径系列代号		内部结构改变、公差等级及其他

1. 基本代号

基本代号是滚动轴承的代号的核心，它表示轴承的基本类型、结构和尺寸。它包括：轴承类型代号、尺寸系列代号及内径代号三部分。

(1) 类型代号　用数字或大写拉丁母表示不同类型，如表 15-2 第一栏所列。

(2) 尺寸系列代号　由轴承的宽（高）度系列代号的直径系列号组合而成，见表 15-4 所列。

(3) 内径代号　表示轴承的内径尺寸，用数字表示，如表 15-5 所列。

2. 前置代号和后置代号

前置代号是当轴承的结构形状、公差、技术要求等改变时，在轴承基本代号左边添加的补充代号。后置代号用字母或字母加数字表示，置于基本代号右边，并且与基本代号空半个汉字距离或者采用符号"—"、"/"分隔。

内部结构代号及含义如表 15-6 所列；公差等级代号及含义如表 15-7 所列。有关后置代号的其他内容可查阅轴承标准及设计手册。

向心轴承和推力轴承常用尺寸系列代号　　　　　表 15-4

直径系列代号		向心轴承			推力轴承	
		宽度系列代号			高度系列代号	
		(0)	1	2	1	2
		窄	正常	宽	正常	
		尺寸系列代号				
0	特轻	(0) 0	10	20	10	—
1		(1) 1	11	21	11	
2	轻	(0) 2	12	22	12	22
3	中	(0) 3	13	23	13	23
4	重	(0) 4	—	24	14	24

滚动轴承的内径代号　　　　　　　　　　　　表 15-5

内径代号	00	01	02	03	04～09
轴承内径尺寸（mm）	10	12	15	17	数字×5

滚动轴承内部结构常用代号　　　　　　　　　　表 15-6

轴承类型	代号	含义	示例
角接触球轴承	B	$\alpha = 40°$	7210B
	C	$\alpha = 15°$	7005C
	AC	$\alpha = 25°$	7210AC
圆锥滚子轴承	B	接触角 α 加大	32310B
	E	加强型	N207E

滚动轴承公差等级代号　　　　　　　　　　表 15-7

代号	省略	/P6	/P6x	/P5	/P4	/P2
公差等级符合标准规定的	0 级	6 级	6x 级	5 级	4 级	2 级
示例	6203	6203/P6	30210/P6x	6203/P5	6203/P4	6203/P2

滚动轴承代号示例：

【例 1】 71908/P5

7——轴承类型为角接触球轴承；

19——尺寸系列代号。1 为宽度系列代号，9 为直径系列代号；

08——内径代号，$d = 40mm$；

P5——公差等级为 5 级。

【例 2】 6308

6——轴承类型为深沟球轴承；

(0) 3——尺寸系列代号，宽度系列代号为 0（省略），3 为直径系列代号（中系列）；

08——内径代号，$d = 40mm$；

公差等级为 0 级（公差等级代号/P0 省略）。

值得注意的是，轴承代号中的基本代号最为重要，而 7 位数字中以左起头 4 位数字最为常用。

四、滚动轴承的选择

滚动轴承的选择是机械设计和机械设备使用、维护与维修的重要工作之一。滚动轴承的选择包括滚动轴承类型的选择和滚动轴承的尺寸选择。

1. 滚动轴承类型的选择

滚动轴承的选择，首先是选择类型。在选择轴承类型时，首先应综合考虑轴承所受载荷的大小、方向及性质，轴承转速，轴向的固定方式，工作环境，调心性能要求，经济性和其他特殊要求等多种因素；然后再参照各类轴承的特性和用途，正确合理地选择轴承的类型。

2. 轴承尺寸的选择

在轴承的类型选择后，则可求出轴承的当量动载荷（或当量静载荷），将其代入求基本额定动载荷的公式，则求出基本额定动载荷，然后以此查有关的轴承手册，则可确定轴承的尺寸。

在进行滚动轴承的选择时要注意：

若轴承的工作转速不同则其失效形式也不同，因而轴承的寿命计算方法及轴承尺寸选择的原则也不同，具体可查阅机械设计手册。

第四节 滑 动 轴 承

滑动轴承是机械设备中应用相当普遍的另一类重要轴承。滑动轴承是指工作时轴承和轴颈的支承面间形成直接或者间接滑动摩擦的轴承。本节主要介绍滑动轴承的特点、应用及分类，滑动轴承的结构等。

一、滑动轴承的特点、应用及分类

（一）滑动轴承的特点

与滚动轴承相比较，由于滑动轴承所包含的零件少，工作面间一般有润滑油膜，并且为面接触，因此它具有承载能力大、噪声低、工作平稳性好、抗冲击能力强、回转精度高、高速性能好等优点，但它也存在着启动摩擦阻力大、维护比较复杂等缺点。

（二）滑动轴承的应用

在高速、高精度、重载荷、冲击大、结构上要求剖分并且要求径向尺寸特别小以及特殊工作条件等场合，滑动轴承则就显示出它的优异性能。因此，它在金属切削机床、内燃机、汽轮机、轧钢机等场合得到了广泛的应用。

（三）滑动轴承的分类

滑动轴承的分类方法很多，如果按轴承和轴颈的工作表面的摩擦状态分，则可分为液体摩擦和非液体摩擦滑动轴承两大类；如果按承受载荷的方向分，则可分为径向和止推（推力）滑动轴承两大类；如果按轴系和轴承的装拆需要分，则可分为整体式和剖分式滑动轴承两大类。对于液体摩擦滑动轴承，如果按其工作时相对运动表面间油膜形成原理的不同分，则可分为液体动压和液体静压滑动轴承，它们分别简称为动压轴承和静压轴承。

二、滑动轴承的结构

滑动轴承一般由轴承座、轴瓦、润滑装置和密封装置等部分组成。

1. 径向滑动轴承

径向滑动轴承用于承受径向载荷，它分为整体和剖分式滑动轴承两大类。

（1）整体式滑动轴承　如图 15-21 所示为整体式滑动轴承。轴承座用螺栓与机座相连接，在其顶部装有润滑油杯，内孔中压入带有油沟的轴瓦，并用骑缝螺钉将其与轴承座连接。

整体式滑动轴承结构简单，加工方便，制造成本较低，但装拆不便，即在装拆它时，轴或者轴承必须作轴向移动，并且轴承磨损后其径向间隙无法调整。因此，整体式滑动轴承多用于低速、轻载的简单机械设备中。整体式滑动轴承的结构尺寸已经标准化，所以在设计时可以直接根据需要进行选择。

（2）剖分式滑动轴承　如图 15-22 所示为剖分式滑动轴承。其轴承座和轴瓦均为剖分式结构。

剖分式滑动轴承克服了整体式滑动轴承装拆不便并且轴承磨损后其径向间隙无法调整的缺点，尤其是在轴承磨损后，其径向间隙可以通过适当减薄剖分面间的垫片厚度并进行

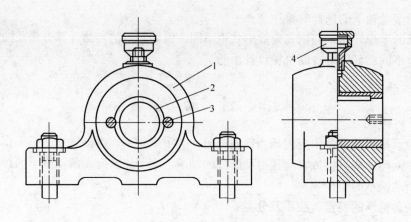

图 15-21 整体式滑动轴承
1—轴承座；2—轴瓦；3—骑缝螺钉；4—油杯

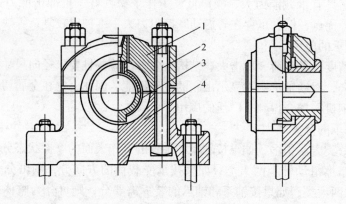

图 15-22 剖分式滑动轴承
1—轴承盖；2—螺栓；3—剖分轴瓦；4—轴承座

刮瓦的方法来调整。因此，剖分式滑动轴承得到了广泛应用，并且它已经标准化。

2. 推力滑动轴承

推力（止推）滑动轴承主要用于承受径向载荷。其结构如图 15-23 所示。它主要由轴承座、衬套、止推轴瓦、径向轴瓦组成。为了使止推轴瓦在工作时其工作表面受力均匀，因此往往将其底部设计成球面。润滑油则从底部油管注入，从顶部油管导出。

三、轴瓦结构和轴承材料

1. 轴瓦结构

轴瓦是滑动轴承上的重要零件，它与轴颈直接接触，起支承轴颈的作用。常用的轴瓦有整体式和剖分式两类，它们分别用于整体式和剖分式滑动轴承。

2. 轴承材料

轴承材料主要是指轴瓦和衬套材料。常见的材料有：轴

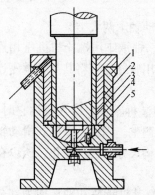

图 15-23 推力滑动轴承
1—轴承座；2—衬套；3—径向轴瓦；4—止推轴瓦；5—销钉

承合金和青铜等。轴承合金的熔点较低,所以只适用于温度在150℃以下的场合;而青铜具有较高的强度,较好的耐磨性,并且承载能力强,因此它可以用于温度在250℃工作的场合。

第五节 联 轴 器

联轴器和离合器都是用来连接两轴,使两轴一起传动并传递转矩的装置。所不同的是,联轴器只能保持两轴的接合,而离合器却可在机器的工作中随时完成两轴的接合和分离。本节主要介绍联轴器的类型和功用。

联轴器通用于连接两轴、并在其间传递运动和转矩;但有时也可作为一种安全装置,用来防止被连接机件承受过大的载荷而起到过载保护的作用。用联轴器连接两轴时,只有在机器停止运转、经拆卸后才能使其分离。

一、联轴器的类型及其功用

根据联轴器补偿两轴相对位移能力的不同,可将其分为刚性联轴器和弹性联轴器两大类。

(一) 刚性联轴器

刚性联轴器由刚性传力件组成,它可分为固定式和可移式两类。前者不能补偿两轴的相对位移,只能用于两轴能严格对中、并在工作中不发生相对位移的场合;后者用在两轴有相对位移或者偏斜的连接中。

1. 固定式刚性联轴器

常用的固定式刚性联轴器有套筒联轴器和凸缘联轴器等。

(1) 套筒联轴器 套筒联轴器是利用套筒及连接零件(键或销)将两轴连接起来。如果用销连接,则当轴超载时销会被剪断,可起到安全保护作用。

套筒联轴器结构简单、径向尺寸小、容易制造,但在装拆时因需要套筒作轴向移动,因而使用不太方便。这种联轴器适用于载荷不大、工作平稳、两轴严格对中并要求联轴器径向尺寸小的场合。套筒联轴器目前尚未标准化。

(2) 凸缘联轴器 凸缘联轴器其结构如图15-24所示,它由两个带凸缘的半联轴器和一组螺栓组成。这种联轴器有两种对中方式:一种是通过分别具有凸槽和凹槽的两个半联轴器的相互嵌合来对中,两个半联轴器之间采用普通螺栓连接(图15-24a);另一种是通过铰制孔用螺栓与孔的紧配合对中(图15-24b)。当尺寸相同时,后者传递的转矩较大,且装拆时不必轴向移动。

凸缘联轴器的主要特点是:结构简单、成本低、传递的转矩较大,但对两轴同轴度要求较高。因此,它适用于刚性大、振动冲击小和低速大转矩的连接场合。凸缘联轴器已标准化。

2. 可移式刚性联轴器

联轴器所连接的两轴,由于受到制造及安装误差、承载后变形以及温度变化等因素

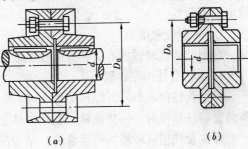

图15-24 凸缘联轴器
(a) 相互嵌合对中;(b) 紧配合对中

的影响，往往存在着不同程度的相对位移和偏斜，因此在设计和安装联轴器时，必须采取措施，使联轴器具有补偿上述偏移量的性能；否则，在工作时就会在轴、联轴器、轴承中引起附加载荷，从而导致机器工作情况的恶化。而可移式刚性联轴器（又称为无弹性元件联轴器）的组成零件所构成的连接，由于具有在某一个或某几个方向的活动度，因此它能补偿两轴的相对位移。常见的可移式刚性联轴器有：十字滑块联轴器、万向联轴器和齿式联轴器等。

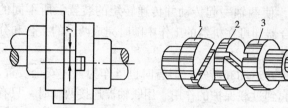

图 15-25 十字滑块联轴器
1、3—半联轴器；2—中间滑块

（1）十字滑块联轴器 十字滑块联轴器其结构如图 15-25 所示，它由两个在端面上开有凹槽的半联轴器 1、3 和一个两端面均带有凸牙的中间滑块 2 组成。由于中间滑块的凸牙可在凹槽中滑动，故可补偿安装及运转时两轴间的相对位移和偏斜；又因为半联轴器与中间滑块组成移动副，不能相对转动，故主动轴与从动轴的角速度应相等。但如果在两轴间有偏移的情况下工作，则中间滑块会产生很大的离心力，故十字滑块联轴器工作转速不宜过大。

（2）齿式联轴器 齿式联轴器其结构如图 15-26（a）所示，它是利用内、外齿啮合来实现两个半联轴器的连接。它是由密封圈 1、螺栓 2、外壳 3（内齿圈）和套筒 4（外齿圈）组成。齿式联轴器结构紧凑、承载能力大、适用速度范围广，但制造困难，适用于重载高速的水平轴连接。为使联轴器具有良好的补偿两轴综合位移的能力，特将外齿齿顶制成球面（图 15-26b），齿顶与齿侧均留有较大间隙，还可将外齿轮轮齿做成球形齿。齿式联轴器已标准化。

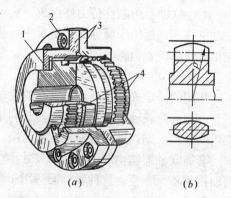

图 15-26 齿式联轴器
1—密封圈；2—螺栓；3—外壳；4—套筒

（3）万向联轴器 万向联轴器其结构如图 15-27 所示，它是由分别装在两轴端的叉形接头 1、2 以及与叉头相连的十字形中间连接件 3 组成。这种联轴器允许两轴间有较大的夹角 α（最大可达到 35°~45°），且机器工作时即使夹角发生改变仍可正常传动，但 α 过大会使传动效率显著降低。

（二）弹性联轴器

常用的弹性联轴器有：弹性套柱销联轴器、弹性柱销联轴器等。

1. 弹性套柱销联轴器

弹性套柱销联轴器其结构如图 15-28 所示，它的构造与凸缘联轴器相似，只是用套有弹性套的柱销代替了连接螺栓，利用弹性套的弹性变形来补偿两轴的相对位移。

弹性套柱销联轴器具有重量轻，结构简单的优点，但弹性套易磨损、寿命较短，因此用于冲击载荷小、启动频繁的中、小功率传动中。弹性套柱销联轴器已标准化。

2. 弹性柱销联轴器

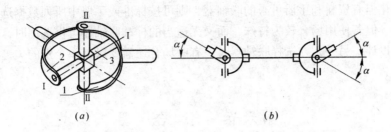

图 15-27 万向联轴器
1、2—叉形接头；3—十字形中间连接件

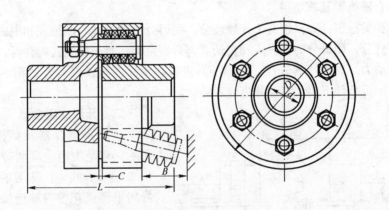

图 15-28 弹性套柱销联轴器

弹性柱销联轴器其结构如图 15-29 所示，这种联轴器与弹性套柱销联轴器很相似，仅用弹性柱销（通常用尼龙制成）将两半联轴器连接起来。因此它传递的能力更大、结构更简单、耐用性更好。因此它主要用于轴向窜动量较大、需要正反转或者频繁启动的场合。

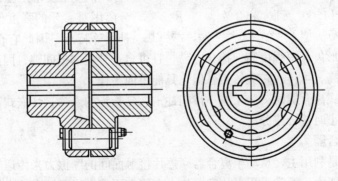

图 15-29 弹性柱销联轴器

此外，还有一些具有特殊用途的联轴器，如安全联轴器等，其具体结构、工作原理、特点及应用场合可查阅机械设计手册。

二、联轴器的选择

在对联轴器进行选择时，首先应当根据使用要求和工作条件选择其类型，然后再根据要求传递的转矩、转速以及被联轴径来确定其结构尺寸。需要注意的是，如果已经标准化或虽未标准化但有资料和手册可查的联轴器,则可按标准或手册中所列数据选定联轴器的型号和尺寸。但若使用场合较为特殊,而又无适当的标准联轴器可供选用时,则可按照实际需要自行设计。另外,在选择联轴器时,有些场合还需要对其中个别的关键零件作必要的验算。

第六节 离 合 器

用离合器来连接的两轴,可在机器运动过程中随时进行接合或分离。这是它与联轴器不同之处。例如,汽车上所采用的离合器。

一、离合器类型及其功用

离合器种类很多,如果按其工作原理分,则可分为牙嵌式、摩擦式和电磁式三类;如果按控制方式分,则可分为操纵式和自动式离合器两类。对于操纵式离合器,需要借助于人力或其他动力(如液压、气压、电磁等)进行操纵;而自动式离合器则不需要外来操纵,它可在一定条件下实现自动分离或者接合。

二、牙嵌式离合器

牙嵌式离合器其结构如图 15-30 所示,它是由两个端面带牙的离合器 1、2 组成。其中,从动半离合器 2 用导向平键或花键与轴连接,而另一半离合器 1 用平键 3 与轴连接,对中环 5 则用来使两轴对中,而拨叉 4 可操纵离合器的分离或接合。

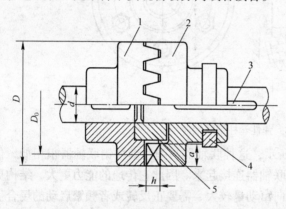

图 15-30 牙嵌式离合器
1、2—半离合器(端面带牙);3—平键;4—拨叉;5—对中环

牙嵌式离合器的常用牙型有矩形、梯形和锯齿形等。矩形齿具有接合与分离困难、牙的强度低、磨损后无法补偿等特点,因此它仅用于静止状态的手动接合;梯形齿牙根强度高、接合容易、且可自动补偿磨损间隙,因此应用广泛;而锯齿形牙根强度高,可传递较大转矩,但它只能单向工作。

在操纵牙嵌式离合器时,为了减小齿间冲击、延长齿的寿命,牙嵌式离合器应在两轴静止或转速差很小时接合或分离。

三、摩擦离合器

摩擦离合器是利用主、从动半离合器摩擦片接触面间的摩擦力来传递转矩和运动。为提高传递转矩的能力,通常采用多片摩擦片。它能在不停车或两轴有较大转速差时进行平稳接合,且可在过载时因摩擦片打滑起到过载保护的作用。如图 15-31 所示为多片摩擦离合器结构,它有两组间隔排列的内、外摩擦片。其中,外摩擦片 5 通过外圆周上的花键与鼓轮 2 相连(鼓轮与轴固连),而内摩擦片 6 利用内圆周上的花键与套筒 4 相连(套筒与另一轴固连),如果移动滑环 7,则可使杠杆 8 压紧或放松摩擦片,从而实现离合器的接合与分离。

内、外摩擦片的结构如图 15-32 所示。

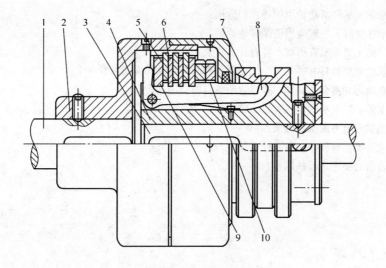

图 15-31 多片摩擦离合器
1—主动轴；2—鼓轮；3—从动轴；4—套筒；5—外摩擦片；6—内摩擦片；7—滑环；8—杠杆；9—压板；10—调节螺母

四、特殊功用离合器

除了上述常用离合器外，还有特殊功用离合器，例如：安全离合器和超越离合器。安全离合器是指当传递转矩超过一定数值后，主、从动轴可自动分离，从而保护机器中其他零件不被损坏的离合器。超越离合器是能根据两轴角速度的相对关系自动接合和分离。当主动轴转速大于从动轴时，离合器将使两轴接合起来，把动力从主动轴传递给从动轴；而当主动轴速小于从动轴时则使两轴脱离。因此这种离合器只能在一定的转向上传递转矩。

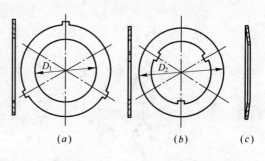

图 15-32 内、外摩擦片结构图

思考题与习题

1. 根据轴所承载性质的不同，可分为哪几种类型？并且举例说明它在实际机械设备中的应用及其特点。
2. 常见的轴的材料和毛坯有哪几种类型？试指出其应用场合。
3. 轴上零件为什么要进行轴向固定？它有哪些定位方法？试说明各定位方法的特点及其应用场合。
4. 轴上零件为什么要进行周向固定？它有哪些定位方法？试说明各定位方法的特点及其应用场合。
5. 试述平键连接和花键连接的特点及其应用。
6. 按用途的不同，平键可分为哪几种类型？试说明各自的特点及其应用场合。
7. 试述楔键连接和切向键连接的特点及其应用。
8. 销连接的主要作用是什么？销有几种类型？试说明各自的特点及其应用场合。
9. 滚动轴承的主要类型有哪些？各有什么特点？
10. 试述采用滚动轴承的代号的意义，并且说明代号 6308 和 7211C/P5 表示的意义。

11. 试比较滚动轴承和滑动轴承的特点和应用。
12. 滚动轴承选择时，一般应当遵循哪些原则？
13. 滑动轴承的主要类型有哪些？各有什么特点？
14. 滑动轴承的常见材料有哪几类？试说明各自的特点及其应用场合。
15. 试比较联轴器和离合器异同，并且说明各自的应用场合。
16. 联轴器主要类型有哪些？各有什么特点？
17. 选择联轴器时要考虑哪些因素？
18. 离合器主要类型有哪些？各有什么特点？
19. 选择离合器时要考虑哪些因素？

第十六章 螺纹连接

第一节 螺纹的类型和用途

一、概述

我们曾经在第十五章、第二节键连接与销连接中指出：为了便于机器的制造、安装、维修和运输，必须在机器和设备的各零、部件之间广泛地采用各种连接。螺纹连接则是广泛应用的可拆连接中的一种。本节主要介绍螺纹的类型和用途。

二、螺纹的形成

如果在直径为 d_1 的圆柱体上绕以底边长为 πd_1 的直角三角形 abc，并且将底边 ab 与圆柱体底边重合，则在圆柱体的表面上形成一条螺旋线。如果取一平面图形沿螺旋线并且始终位于圆柱体的轴平面内进行移动，则该平面图形在空间运动轨迹就是螺纹。如图16-1所示。

三、螺纹的类型和用途

螺纹的类型很多，如果根据形成螺纹时的平面图形的不同，则可构成不同牙型的螺纹。例如三角形、矩形、梯形和锯齿形等。

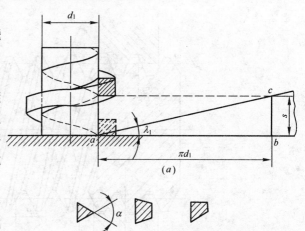

图 16-1 螺纹的形成

螺纹有外螺纹和内螺纹之分，二者共同组成螺纹副用于连接和传动。螺纹有米制和英制两种，我国除管螺纹外都采用米制螺纹。

螺纹轴向剖面的形状称为螺纹的牙型，常用的螺纹牙型有三角形、矩形、梯形和锯齿形等，如图16-2所示。其中，三角形螺纹主要用于连接，其余则多用于传动。

如果按螺旋线绕行方向的不同，螺纹可分为右旋螺纹和左旋螺纹，如图16-3所示。机械制造中常用右旋螺纹。

根据螺纹线的数目，还可将螺纹分为单线（单头）螺纹（主要用于连接）和多线螺纹（多用于传动）。图16-3（a）为单线螺纹，图16-3（b）为双线螺纹，图16-3（c）为三线螺纹。

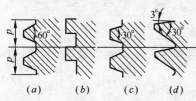

图 16-2 螺纹的分类
（a）三角形螺纹；（b）矩形螺纹；（c）梯形螺纹；（d）锯齿形螺纹

四、螺纹的主要参数

现以图16-4所示的圆柱普通螺纹为例说明螺纹的主要几何参数。

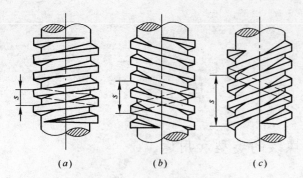

图 16-3 不同旋向和线数的螺纹
(a) 单线螺纹;(b) 双线螺纹;(c) 三线螺纹

1. 大径 d（D）

与外螺纹牙顶或内螺纹牙底相重合的假想圆柱的直径,是螺纹的最大直径。在有关螺纹的标准称为公称直径。

2. 小径 d_1

与外螺纹牙底或内螺纹牙顶相重合的假想圆柱体的直径,是螺纹的最小直径,常用为强度计算直径。

3. 中径 d_2

在螺纹的轴向剖面内,牙厚和牙槽宽相等处的假想圆柱的直径。

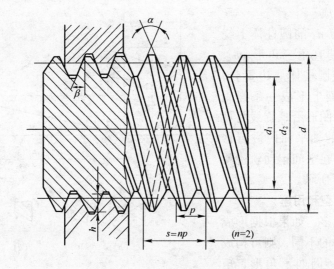

图 16-4 螺纹的主要几何参数

4. 螺距 p

螺纹相邻两牙在中径线上对应两点间的轴向距离。

5. 导程 s

同一条螺旋线上相邻两牙在中径线上对应两点间的轴向距离。设螺纹线数为 n,则对于单线螺纹有 $s = p$;对于多线螺纹则有 $s = np$。

6. 升角 λ

在中径 d_2 的圆柱面上,螺纹线的切线与垂直于螺纹轴线的平面间的夹角,由图 16-1 可得:$\tan\lambda = s/\pi d_2 = np/\pi d_2$。

7. 牙型角 α 与牙型斜角 β

在螺纹的轴向剖面内,螺纹牙型相邻侧边的夹角称为牙型角 α。牙型侧边与螺纹轴线的垂线间的夹角称为牙型斜角 β,对称牙型的 $\beta = \alpha/2$。如图 16-1 所示。

五、常用螺纹的特点及应用

1. 普通螺纹

如图 16-5 所示，普通螺纹即米制三角形螺纹，其牙型角 $\alpha = 60°$，螺纹大径为公称直径，以毫米为单位。同一公称直径下有多种螺距，其中螺距最大的称为粗牙螺纹，其余的称为细牙螺纹。

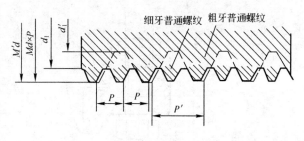

图 16-5 普通螺纹

普通螺纹的当量摩擦系数较大，自锁性能好，螺纹牙根的强度高，广泛用于各种紧固连接。一般连接多用粗牙螺纹。细牙螺纹螺距小、升角小、自锁性能好，但螺纹强度、耐磨性较差、易滑脱，常用于细小零件、薄壁零件或受冲击、振动和变载荷的连接，还可用于微调机构的调整。

2. 管螺纹

管螺纹是英制螺纹，其牙型角 $\alpha = 55°$，公称直径为管子的内径。如按螺纹是制作在柱面上还是锥面上，则可将其分为圆柱和圆锥管螺纹。圆柱管螺纹用于低压场合，而圆锥管螺纹适用于高温、高压或密封性要求较高的管连接。

3. 矩形螺纹

矩形螺纹的牙型为正方形，其牙型角 $\alpha = 0°$。矩形螺纹具有传动效率最高的优点，但其精加工较困难，牙根强度也低，且螺旋副磨损后的间隙难以补偿，从而导致其传动精度降低。因此，矩形螺纹常用于传动或传导螺旋。矩形螺纹未标准化。

4. 梯形螺纹

梯形螺纹的牙型为等腰梯形，其牙型角 $\alpha = 30°$。梯形螺纹的传动效率略低于矩形螺纹，但它的工艺性好，牙根强度高，螺纹副对中性好，并且间隙可以调整。因此，梯形螺纹广泛用于传力或传导螺旋。例如金属切削机床的丝杆传动螺纹副采用的就是梯形螺纹。

5. 锯齿形螺纹

锯齿形螺纹工作面的牙型角为 3°，非工作面的牙型斜角为 30°。锯齿形螺纹综合了矩形螺纹效率高和梯形螺纹牙根强度高的优点，但它仅能用于单向受力的传力螺旋。

第二节 螺纹连接与螺纹连接件

一、螺纹连接的基本类型

1. 螺栓连接

螺栓连接是将螺栓穿过被联件上的光孔并用螺母锁紧。这种连接结构简单、装拆方便、应用广泛。

螺栓连接分为普通螺栓连接和铰制孔螺栓连接两种。如图 16-6（a）所示为普通螺栓连接，其结构特点是螺杆与被连接件孔壁之间有间隙，工作载荷只能使螺栓受拉伸。图 16-6（b）所示为铰制孔的螺栓连接，其结构特点是被连接件上的铰制孔与螺栓的光杆部分的配合，多采用基孔制过渡配合，此时螺杆受剪切和挤压作用。

2. 双头螺柱连接

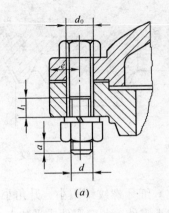
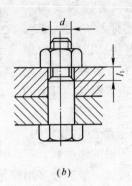

图 16-6 螺栓连接

（a）普通螺栓连接；（b）铰制孔螺栓连接

如图 16-7 所示为双头螺栓连接。这种连接用于被连接件之一较厚而不宜制成通孔，且需经常拆卸的场合。拆卸时，只需拧下螺母而不必从螺纹孔中拧出螺柱即可将连接件分开。

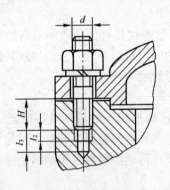
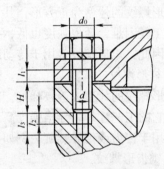

图 16-7 双头螺栓连接　　　　　图 16-8 螺钉连接

3. 螺钉连接与紧定螺钉连接

如图 16-8 所示为螺钉连接。这种连接不需要用螺母，适用于一个被连接较厚，不便钻成通孔，且受力不大，不需要经常拆卸的场合。图 16-9 所示为紧定螺钉连接。将紧定螺钉旋入一零件的螺纹孔中，其端部则顶住或者顶入另一个零件，以紧固两个零件的相对位置，并可传递不大的力或转矩。

二、标准螺纹连接件

螺纹连接件有很多类型，但在机械制造中常见的螺纹连接件则主要有螺栓、双头螺栓、螺钉、螺母和垫圈等。而这些螺纹连接件大多已标准化，在设计时可根据有关标准选用。常用标准螺纹连接件的结构特点及应用可查阅机械设计手册。

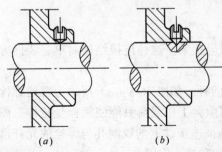

图 16-9 紧定螺钉连接

三、螺纹连接预紧与防松

1. 螺纹连接的预紧

螺纹连接在装配时一般都必须拧紧，以增强连接的可靠性、紧密性和防松能力。连接件在承受工作载荷之前就预加上的作用力称为预紧力。如果预紧力过小，则会使连接不可靠；如果预紧力过大，又会导致连接过载甚至被拉断的后果。对于一般的连接，可凭经验控制预紧力 F 的大小；但对于重要的连接，就必须严格控制其预紧力的大小。

2. 螺纹连接的防松

连接中常用的单线普通螺纹和管螺纹都能满足自锁条件，在静载荷或冲击振动不大、温度变化不大时不会自行松脱。但是在冲击、振动或变载荷的作用下，或当温度变化较大时，则会产生自松脱现象。因此，设计螺纹连接必须考虑防松的问题。防松的方法很多，按其工作原理可分为摩擦防松、机械防松、永久防松和化学防松四大类，其结构、原理和应用场合可查阅有关机械设计手册。

思 考 题 与 习 题

1. 常用的螺纹有哪些类型？各有何用途？
2. 螺纹的主要参数有哪些？试分别说明各自的含义。
3. 螺距 P 和导程 S 有何区别？螺距 P、导程 S 与线数有何关系？
4. 根据螺纹的牙型不同，螺纹又可分为哪几种？并且指出各自特点及应用。
5. 试述普通螺纹的特点及应用。
6. 试述管螺纹的特点及应用。
7. 试述矩形螺纹的特点及应用。
8. 试述梯形螺纹的特点及应用。
9. 螺纹连接有哪几种类型？
10. 何谓螺栓连接？试述螺栓连接的特点、类型及应用。
11. 试述双头螺柱连接的特点及应用。
12. 试述螺钉连接与紧定螺钉连接的特点及应用。
13. 常见的螺纹连接件有哪几种？并指出其结构特点及应用。
14. 为何要进行螺纹连接的预紧？常见的螺纹连接预紧方法有哪些？
15. 为何要进行螺纹连接的防松？常见的螺纹连接的防松方法有哪些？

参 考 文 献

1. 陈立德主编．机械设计基础．第1版．北京：高等教育出版社，2000
2. 何元庚主编．机械原理与机械零件．第1版．北京：高等教育出版社，1989
3. 徐锦康主编．机械设计（上册）．第1版．北京：高等教育出版社，2001
4. 李世维主编．机械基础．第1版．北京：高等教育出版社，2001
5. 王昌明主编．机械设计基础．第1版．南京：东南大学出版社，1995
6. 刘泽深，郑贵臣，孙鼎伦主编．高等学校试用教材机械基础．北京：中国建筑工业出版社，1989
7. 重庆建筑学院主编．金属工艺学．北京：中国建筑工业出版社，1980
8. 许德珠，司马钧主编．金属工艺学．北京：高等教育出版社，1995
9. 薛迪甘主编．焊接概论．机械工业出版社，1992
10. 技工编写委员会．焊工工艺学，机械工业出版社，1997
11. 王亚忠等．电焊工基本技术，金盾出版社，2000
12. 电力部建设司编．焊工技术问答，中国电力出版社，2002